DATA SCIENTIST

合格対策

データサイエンティスト検定 ［リテラシーレベル］

教科書

第2版

一般社団法人 データサイエンティスト協会［監修］
株式会社クロノス 園部康弘／藤丸卓也／安福香花／住原達也［著］

リックテレコム

- 本書は、2025 年 1 月時点の情報をもとにしています。本書に記載された内容は、将来予告なしに変更されることがあります。あらかじめご了承願います。

- 本書の記述は、筆者の見解にもとづいています。

- 本書の記載内容にもとづいて行われた作業やその成果物がもたらす影響については、本書の監修者、著者、発行人、発行所、その他関係者のいずれも一切の責任を負いませんので、あらかじめご了承願います。

- 本書に記載されている会社名、製品名、サービス名は一般に各社の商標または登録商標であり、特にその旨明記がなくても本書は十分にこれらを尊重します。なお、本文中では、TM、®マークなどは明記していません。

はじめに

本書は、「データサイエンティスト検定™ リテラシーレベル」の対策書です。「データサイエンティスト検定™ リテラシーレベル」は、データサイエンティストとしての知識および実務能力を問う試験で、一般社団法人データサイエンティスト協会によって実施されています。

本書の初版を刊行してから2年近くになります。今回の第2版では、データサイエンティストに求められるスキルがまとめられた「データサイエンティスト スキルチェックリスト」の最新バージョン（ver.5）にもとづいて、初版の内容を改訂しました。

かねてよりデータ流通量は増加しており、データはますます貴重なリソースになっています。こうした中、近年大きなトレンドになっているのが生成AIです。文章や画像などを生成するAI、およびそれらのAIを搭載したサービスが続々と登場し、データを利活用する機会がさらに拡大しています。データをより効率的に活用するための新たな技術や手法が生まれる一方で、データを取り扱う際の留意点も増えてきています。

試験では、生成AIに関するスキルや知識が問われるようになったことが大きな変更点の1つであり、各領域で求められるスキルも全面的に再編成されています。

本書は、初学者の方でもスムーズに学習できるように多くの図解を用いています。また、節末問題や模擬試験、用語チェックリストで理解度を測りながら学習を進めることができる構成になっています。一方で、本書はあくまで試験対策書であるため、プログラミングや環境構築などの具体的な手順は割愛しています。

なお、本書は一般社団法人データサイエンティスト協会にご監修頂きました。

読者の皆様が本書を十分に活用し、「データサイエンティスト検定™ リテラシーレベル」に合格できることはもちろん、学習を通じて獲得した知識をビジネスシーンで発揮されることを心より願っています。

著者一同

データサイエンティスト検定™ リテラシーレベルについて

　一般社団法人データサイエンティスト協会は、社会のビッグデータ化にともない重要視されているデータサイエンティスト（分析人材）の育成のために、その技能（スキル）要件の定義・標準化を推進し、社会に対する普及啓蒙活動を行っています[*]。

　「データサイエンティスト検定™ リテラシーレベル」は、一般社団法人データサイエンティスト協会によって実施されている試験です。本項では、試験の概要等を紹介します。

[*] データサイエンティスト協会のホームページ (https://www.datascientist.or.jp/aboutus/background/) より引用。

▶ データサイエンティスト検定™ リテラシーレベルとは

　データサイエンティスト検定™ リテラシーレベル（略称：DS 検定™ ★）とは、一般社団法人データサイエンティスト協会が定義した「データサイエンティスト スキルチェックリスト」の中で、アシスタントデータサイエンティスト（見習いレベル：★、下表参照）を対象としたスキル項目と、数理・データサイエンス・AI 教育強化拠点コンソーシアムが公開している数理・データサイエンス・AI（リテラシーレベル）モデルカリキュラムの内容をあわせた出題範囲から成る、データサイエンティストとしての基礎的な知識および実務能力を持つことを証明する試験です。

「データサイエンティスト スキルチェックリスト」で規定されているスキルレベル、および各スキルレベルの対応できる課題

スキルレベル		目安	対応できる課題
Senior Data Scientist シニアデータサイエンティスト	★★★★	業界を代表するレベル	・産業領域全体 ・複合的な事業全体
Full Data Scientist フルデータサイエンティスト	★★★	棟梁レベル	・対象組織全体
Associate Data Scientist アソシエートデータサイエンティスト	★★	独り立ちレベル	・担当プロジェクト全体 ・担当サービス全体
Assistant Data Scientist アシスタントデータサイエンティスト	★	見習いレベル	・プロジェクトの担当テーマ

データサイエンティスト協会のホームページ (https://www.datascientist.or.jp/dscertification/what/) より引用。

4

▶ 試験の概要

　データサイエンティスト検定™ リテラシーレベル試験は、年3回実施されています。受験対象者としては、データサイエンティスト初学者、データサイエンティストを目指すビジネスパーソン、データサイエンティストに興味を持つ大学生や専門学校生などを想定しています。

受験資格

　制限はありません。どなたでも受験可能です。

出題範囲

　以下の2つを総合した範囲が出題範囲です。

- 「データサイエンティスト スキルチェックリスト」*のうち、3カテゴリ（データサイエンス力、データエンジニアリング力、ビジネス力）の★1（アシスタントデータサイエンティストレベル）

　　＊ 2025年1月時点では、「データサイエンティスト スキルチェックリスト ver.5」。本書は、スキルチェックリスト ver.5 に対応している。

- 数理・データサイエンス・AI（リテラシーレベル）モデルカリキュラムのコア学習項目（社会におけるデータ・AI利活用、データリテラシー、データ・AI利活用における留意事項）

試験実施要項

- 受験形式：指定された各地の試験会場にて受験（CBT形式）
- 出題形式：多肢選択式
- 問題数：100問程度
- 試験時間：100分
- 合格基準：非公開
- 受験料：一般 11,000円（税込）、学生 5,500円（税込）

　試験の出題範囲、試験実施日、および受験申込等の詳細は、一般社団法人データサイエンティスト協会のホームページ（https://www.datascientist.or.jp/dscertification/）をご確認ください。

本書の構成

本書は、全7章で構成されています。そのうち第1章から第5章までは次のような構成になっています。各章に沿って学習していき、データサイエンティストとして必要となる基礎知識およびビジネスシーンにおける実践の要点を理解していきます。

第1章　データサイエンス力（基礎）
データサイエンティストとして必要不可欠な基礎数学や、データの加工について説明します。

第2章　データサイエンス力（実践）
機械学習とそれに関連する統計用語について説明します。

第3章　データエンジニアリング力
データエンジニアとして必要な環境構築や実装などの要素について説明します。

第4章　ビジネス力
データサイエンス力をビジネスに活用するときの行動規範や、データ分析時に必要となる能力や思考について説明します。

第5章　データとAIの利活用
社会におけるデータ・AIの活用方法などについて説明します。

1つの章は複数の節から成り、各節の終わりに節末問題を掲載しています。各節でインプットとアウトプットを行いながら学習を進めていく形式になっています。

〔ページレイアウトのイメージ〕

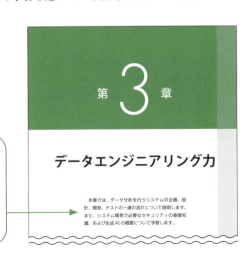

重要用語
重要度の高い用語を黒太字で示しています。

図　解
図を豊富に用いており、直感的に理解しながら学習を進めることができます。

ポイント
試験対策および学習をする上で特に押さえておきたい事項を適宜記載しています。

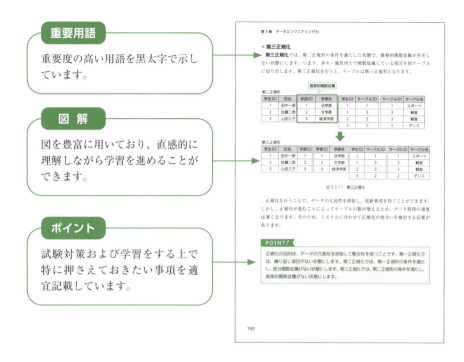

第5章まで学習したら、「**第6章　用語チェックリスト**」で、本書で解説している重要用語の意味を整理します。

〔**用語チェックリストのイメージ**〕

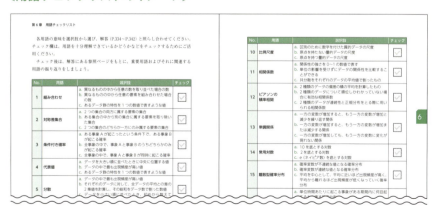

用語チェックリストで重要用語を整理したら、「**第7章　模擬試験**」に取り組みます。模擬試験は、本試験を想定した問題（全100問）を取り揃えています。実際に時間を計りながら取り組み、知識の定着度合いを確認しましょう。

目次

はじめに 3
データサイエンティスト検定™ リテラシーレベルについて 4
本書の構成 6

第 1 章　データサイエンス力（基礎）　　　13

1.1 基礎数学①（統計数理基礎）........................... 14
- 1.1.1　場合の数 14
- 1.1.2　集合 15
- 1.1.3　条件付き確率 19
- 1.1.4　代表値 20
- 1.1.5　分散と標準偏差 23
- 1.1.6　母平均と標本平均 24
- 1.1.7　正規分布 25
- 1.1.8　相関関係と因果関係 26
- 1.1.9　対数 29
- 1.1.10　確率分布 31
- 1.1.11　ベイズの定理 33
- 節末問題 36

1.2 基礎数学②（線形代数基礎）........................... 39
- 1.2.1　スカラーとベクトル 39
- 1.2.2　行列 42
- 1.2.3　固有ベクトルと固有値 45
- 節末問題 48

1.3 基礎数学③（微分・積分基礎）......................... 50
- 1.3.1　微分 50
- 1.3.2　積分 51
- 1.3.3　極大点と極小点 54
- 1.3.4　確率密度関数 55

| 1.3.5 | 偏微分 | 56 |

節末問題 58

1.4 データの加工 60

1.4.1	データの加工と可視化	60
1.4.2	標本調査と標本誤差	63
1.4.3	分散分析	64
1.4.4	因果推論	65
1.4.5	アウトプットとアウトカム	66
1.4.6	バイアス	67
1.4.7	ダミー変数	68
1.4.8	外れ値と異常値	68
1.4.9	標準化とスケーリング	69
1.4.10	データを読む	70
1.4.11	アニメーション	71
1.4.12	多次元データの可視化	72

節末問題 75

第2章 データサイエンス力 (実践) 81

2.1 データの分析 82

2.1.1	データの理解	82
2.1.2	関係性の可視化	84
2.1.3	パターンの把握	86

節末問題 90

2.2 機械学習技法 93

2.2.1	機械学習の種類	93
2.2.2	教師データの生成方法	95
2.2.3	回帰と分類	97
2.2.4	回帰／分類の代表的な分析手法	99
2.2.5	クラスタリング	107
2.2.6	機械学習における留意事項	112
2.2.7	特徴量エンジニアリング	117

2.2.8	レコメンドアルゴリズム	119
2.2.9	AI システム運用	121
節末問題		124

2.3 評価／検定 127

2.3.1	評価	127
2.3.2	推定／検定	134
節末問題		142

2.4 領域ごとのデータ処理 145

2.4.1	時系列データ	145
2.4.2	自然言語処理	151
2.4.3	画像処理	154
2.4.4	動画処理	159
2.4.5	音声処理	160
節末問題		165

第3章 データエンジニアリング力 169

3.1 環境構築 170

3.1.1	システム企画	170
3.1.2	システム設計	171
節末問題		178

3.2 データの取り扱い 181

3.2.1	データの収集	181
3.2.2	データの構造	184
3.2.3	データの蓄積	191
3.2.4	データの加工	194
3.2.5	データの共有	209
節末問題		213

3.3 プログラミング 216

| 3.3.1 | 基礎プログラミング | 216 |
| 3.3.2 | テスト技法 | 227 |

	3.3.3	バージョン管理	230
	節末問題		233
3.4	ITセキュリティ		236
	3.4.1	攻撃と防御手法	237
	3.4.2	暗号化技術	240
	節末問題		246
3.5	生成AI		249
	3.5.1	生成AI	249
	3.5.2	プロンプトエンジニアリング	249
	3.5.3	プログラムでの活用	252
	3.5.4	コーディング支援	253
	節末問題		255

第4章 ビジネス力 257

4.1	行動規範		258
	4.1.1	ビジネスマインド	258
	4.1.2	データ倫理	261
	4.1.3	コンプライアンス	264
	4.1.4	契約・権利保護	267
	節末問題		269
4.2	論理的思考		272
	4.2.1	MECE	272
	4.2.2	言語化能力	274
	4.2.3	ストーリーライン	275
	4.2.4	ドキュメンテーション	277
	4.2.5	説明能力	279
	4.2.6	KPI	280
	節末問題		282
4.3	事業への実装		285
	4.3.1	課題の定義	285

4.3.2	データの入手	287
4.3.3	ビジネス観点のデータ理解	289
4.3.4	評価・改善の仕組み	291
4.3.5	プロジェクトマネジメント	292
	節末問題	296

第5章 データとAIの利活用　301

5.1 社会におけるデータ・AI利活用　302
節末問題　307

5.2 データリテラシー　311
節末問題　313

5.3 データ・AI利活用における留意事項　315
節末問題　320

第6章 用語チェックリスト　323

第7章 模擬試験　343

7.1 模擬試験問題　344

7.2 模擬試験問題の解答と解説　381

索引　401

参考文献　412

著者プロフィール　414

第 1 章

データサイエンス力
（基礎）

　本章では、データサイエンティストにとって必要不可欠な基礎数学、およびデータの加工について説明します。データを活用するために必要な手法などの基礎について見ていきます。

第1章　データサイエンス力（基礎）

1.1 基礎数学①（統計数理基礎）

1.1.1 場合の数

場合の数とは、ある事象が生じたときに起こりうる場合の総数です。ここでは、場合の数の種類と規則性について見ていきます。

▶ 順列

順列とは、「異なるものの中から任意の個数を取り、順序をつけて並べた場合の数」です。n 個の異なるものから r 個ずつ取り並べてできる順列の総数を、順列（permutation）の頭文字 P を使い ${}_nP_r$ と表現します。n の階乗を $n!$ とした場合の ${}_nP_r$ の計算式は次のとおりです。

$$ {}_nP_r = \frac{n!}{(n-r)!} = n \times (n-1) \times \cdots \times (n-r+1) $$

データ分析の実例では、順位が重要なレース結果の予想に順列が利用されます。A 選手と B 選手の 2 人を選んだ場合に、1 位 A 選手、2 位 B 選手の場合と、1 位 B 選手、2 位 A 選手の場合とでは、違った状態にあるといえます。たとえば、5 人の選手が出場するレースで 1 位と 2 位を予想する場合、n は選手の人数の 5 人、取り出す数の r は 1 位と 2 位の 2 人となり、これを式に当てはめると次のようになります。

$$ {}_5P_2 = \frac{5!}{(5-2)!} = \frac{5!}{3!} = 20 \text{通り} $$

▶ 組み合わせ

組み合わせとは、「異なるものの中から任意の要素を組み合わせた場合の数」です。大勢の中から 2 人組を選び出す場合のように、組み合わせでは順番は関係ありません。n 個の異なるものから r 個ずつ取り出した組み合わせの数を、組み合わせ（combination）の頭文字 C を使い、${}_nC_r$ と表現します。${}_nC_r$ は ${}_nP_r$ を $r!$ で割ることで算出します。よって、計算式は次のようになります。

14

$$_nC_r = \frac{_nP_r}{r!} = \frac{n!}{r!(n-r)!}$$

たとえば、A 君、B 君の 2 人組を作る場合、A 君と B 君の組み合わせは AB の順でも BA の順でも違いはなく、同じ 1 種類の結果といえます。A 君、B 君、C 君、D 君、E 君の 5 人から 2 人組の組み合わせの数を計算する場合、n は 5 人、r は 2 人組の 2 となり、これを式に当てはめると次のようになります。

$$_5C_2 = \frac{5!}{2!(5-2)!} = 10 \text{ 通り}$$

POINT!
順列と組み合わせの違いを学び、式を用いて算出できるようにしておきましょう。

1.1.2 集合

ある定義をともなったデータの集まりを**集合**といいます。集合は通常、A や B などのアルファベットの大文字で表します。集合 A に含まれる対象 a を集合 A の要素といいます。対象 a が集合 A に含まれる場合、記号 $\in$ を使い $a \in A$ と表します。集合はデータサイエンスの分野でも重要な概念であるため、言葉や記号の意味をしっかり理解することが重要です。

▶ 積集合

集合 A と集合 B がある場合、A と B の共通部分を**積集合**といい、記号 ∩ を使い $A \cap B$ と表します。A と B の積集合を図で表すと、図 1.1-1 の緑色の部分になります。

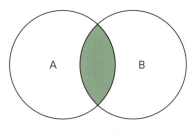

図 1.1-1　積集合

▶ 和集合

　要素が集合 A と B のどちらかに含まれる場合の全体の集合を**和集合**といい、記号 ∪ を使い $A \cup B$ と表します。A と B の和集合を図で表すと、図 1.1-2 の緑色の部分になります。

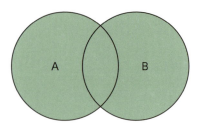

図 1.1-2　和集合

▶ 差集合

　ある集合から別の集合に含まれる要素を取り除いた集合を**差集合**といいます。集合 A から B に含まれる要素を取り除いた差集合は記号 − を使い $A-B$ と表します。A と B の差集合を図で表すと、図 1.1-3 の緑色の部分になります。

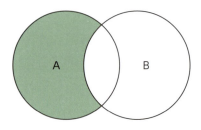

図 1.1-3　差集合

▶ 対称差集合

　要素が集合 A と B のどちらか片方にのみ含まれる場合の集合を**対称差集合**といい、記号 △ を使い $A \triangle B$ と表します。A と B の対称差集合を図で表すと、図 1.1-4 の緑色の部分になります。

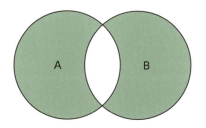

図 1.1-4　対称差集合

　対称差集合は、図 1.1-4 からも明らかなように A の差集合と B の差集合の和集合であり、次の関係が成り立ちます。

$$A \triangle B = (A - B) \cup (B - A)$$

▶ 補集合

　全体の集合のうち集合 A に含まれていない要素の集合を**補集合**といい、$\overline{A}$ または補集合（complement）の頭文字を取って A^c と表します。A の補集合を図で表すと、図 1.1-5 の緑色の部分になります。

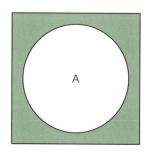

図 1.1-5　補集合

▶ 集合演算

　集合と集合の演算を行い、積集合、和集合、差集合、対称差集合、補集合を求めることを**集合演算**といいます。たとえば、10 までの素数の集合 A と 10 までの奇数の集合 B があった場合の積集合演算、和集合演算、差集合演算、対称差集合演算、補集合演算は次のように表せます。

第1章　データサイエンス力（基礎）

10 までの素数の集合　$A = \{2, 3, 5, 7\}$

10 までの奇数の集合　$B = \{1, 3, 5, 7, 9\}$

● **積集合演算**

$A \cap B = \{3, 5, 7\}$

● **和集合演算**

$A \cup B = \{1, 2, 3, 5, 7, 9\}$

● **差集合演算**

$A - B = \{2\}$

$B - A = \{1, 9\}$

● **対称差集合演算**

$A \triangle B = (A - B) \cup (B - A) = \{1, 2, 9\}$

● **補集合演算**

全体の集合を U とすると、次の式が成立します。

$U = A + \bar{A}$

$\bar{A} = U - A$

全体の集合を $U = A \cup B = \{1, 2, 3, 5, 7, 9\}$ とすると、補集合 $\bar{A}$ は次のようになります。

$\bar{A} = U - A = \{1, 9\}$

また、2つの集合の積集合、和集合、対称差集合では次の交換則が成り立ちます。

積集合　$A \cap B = B \cap A$

和集合　$A \cup B = B \cup A$

対称差集合　$A \triangle B = B \triangle A$

▶ 論理演算

真（true）と偽（false）の2種類の要素だけを持つ集合の演算を**論理演算**といい、データサイエンスの世界ではコンピュータ内のプログラムやデータベースなどで頻繁

1.1 基礎数学① (統計数理基礎)

に使われています。論理演算には主に論理積 (AND)、論理和 (OR)、排他的論理和 (XOR) などがあり、それぞれ集合演算の積集合演算、和集合演算、対称差集合演算に相当します。

POINT!

集合には積集合、和集合、差集合、対称差集合、補集合があります。それぞれについて、どういう集合なのかを学び、集合演算ができるようにしておきましょう。

1.1.3　条件付き確率

全体の事象の場合の数のうち、ある事象が起こりうる場合の数を確率といいます。一方、ある事象 A が起こったという条件下で、ある事象 B が起こる確率のことを**条件付き確率**といい、**P(B|A)** と表します。条件付き確率の定義は次のとおりです。

$$P(B|A) = \frac{P(A \cap B)}{P(A)}$$

$P(A \cap B)$ は事象 A と事象 B が両方とも起こる確率を表し、$P(A)$ は事象 A が単独で起こる確率を表します。例として次の問題を考えてみます。

箱の中に 10 本のクジが入っていて、そのうち当たりは 2 本というクジ引きがあります。クジは 1 回引いたら戻さないものとします。1 回目が当たりだった場合、2 回目も当たりを引く確率はいくらでしょうか?

1 回目で当たりを引く確率は 2/10 です。また、2 回目では、残り 9 本のうち当たりは 1 本になるので、当たりの確率は 1/9 になります。公式に当てはめると次のようになります。

$$P(B|A) = \frac{(2/10) \times (1/9)}{(2/10)} = \frac{1}{9}$$

ある確率で起こりうる事象において、1 回の試行で得られる値の平均値を**期待値**といい、各値とその値が起こる確率の積の総和で表せます。たとえば、6 面すべてが等しい確率で出るサイコロの目の期待値は、各面の目の値とそれぞれの値が出る確率

19

第1章　データサイエンス力（基礎）

の積を 6 面分足したものになり、次のようになります。

$$サイコロの目の期待値 = 1 \times \frac{1}{6} + 2 \times \frac{1}{6} + 3 \times \frac{1}{6} + 4 \times \frac{1}{6} + 5 \times \frac{1}{6} + 6 \times \frac{1}{6}$$
$$= 3.5$$

　サイコロのように各目が出る確率が同じ場合、得られる目の値は想像しやすいです。しかし、たとえば宝くじのようにそれぞれの等級で確率が異なる場合は、1 枚購入したときに実際にどのくらいの金額が得られるかは想像しにくいと思います。このような場合でも期待値を算出することで、得られる値を予想することが可能になります。

　ある確率の 2 つの事象でお互いに結果が影響しあうことがない場合、2 つの事象は**独立**であるといいます。2 つの事象 A と B が独立である場合、A と B が同時に起こる事象の確率は、それぞれの事象の確率の積で表すことができます。

$$P(A \cap B) = P(A) \times P(B)$$

　2 つの事象が独立でない場合は、事象同士の確率の単純な積で表すことができず、事象や条件に沿った複雑な計算が必要となることを考慮に入れなければなりません。

POINT!

条件付き確率について学び、式を用いて算出できるようにしておきましょう。また、データ分析を行う際には条件付き確率が適用されるのかどうかを見極める必要があります。正しい条件を見極めて確率を求めることが大切です。

1.1.4　代表値

　あるデータの全体の特徴を表す値を**代表値**といいます。代表値の主な種類として、相加平均、中央値、最頻値などが挙げられます。代表値を算出することにより、データ分析時にそのデータ群の特性を把握したり、他者に説明する際にも根拠のあるわかりやすい解説をする助けになります。

▶ 相加平均

統計学で使われる平均には、主に「相加平均」「相乗平均」「調和平均」の3種類があります。**相加平均**は、すべてのデータを足して、それをデータの数で割ったものです。一般的に、平均とは相加平均のことを指す場合が多く、本書でも相加平均を単に「平均」と称します。個数 n のデータ群の相加平均 $\bar{x}$ の計算式は次のようになります。

$$\bar{x} = \frac{x_1 + \cdots + x_n}{n}$$

▶ 中央値

データを大きい順または小さい順に並べたときに中央に位置する値を、**中央値**といいます。データ個数が偶数の場合は、中央の2つの値の平均を中央値とします。

なお、平均と中央値は必ず一致するというわけではありません。たとえば、15人の生徒がいる学級でのテスト結果の成績が図 1.1-6 のとき、平均値は 66.07、中央値は 80.00 になります。この例のように下限と上限が決まっている場合は、平均の値が大きく変動することは少ないため平均の方が適切といえます。

出席番号	点数
1	100
2	80
3	15
4	0
5	40
6	100
7	90
8	88
9	90
10	65
11	15
12	78
13	40
14	100
15	90
平均値	66.07
中央値	80.00

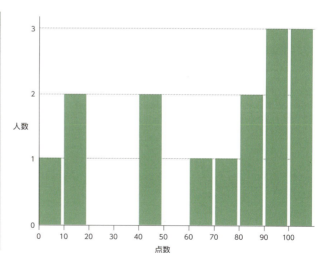

図 1.1-6　平均値の利用が適切な例

一方、年収のように、上限がわからない場合や大きく外れた値が出現する場合は、平均だと外れた値に大きく影響されてしまいます。このような場合は中央値も含めて考える必要があります。

第 1 章　データサイエンス力（基礎）

番号	年収(万円)
1	400
2	260
3	800
4	1,500
5	200
6	30,000
7	150
8	360
9	550
10	300
平均値	3,452
中央値	380

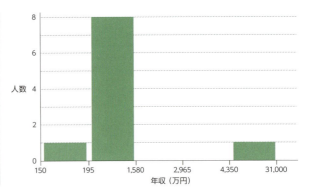

図 1.1-7　中央値の利用が適切な例

▶ 最頻値

最頻値とは、データの中で最も出現頻度が高い値を指します。

▶ 四分位数

データを小さい値から昇順に並べ、データの数で 4 等分した場合の区切りの数を**四分位数**といいます。区切りは第 1 四分位数、第 2 四分位数、第 3 四分位数の 3 つが存在し、第 2 四分位数が中央値になります。

▶ パーセンタイル

データを小さい値から昇順に並べ、値が小さい方から何パーセントの位置にあるかを表す指標を**パーセンタイル**といいます。たとえば、最小値から 70% の位置にある値であれば 70 パーセンタイルになります。四分位数の第 1 四分位数は 25 パーセンタイル、第 2 四分位数は 50 パーセンタイル、第 3 四分位数は 75 パーセンタイルになります。

> **POINT!**
>
> 代表値には主な種類として、相加平均、中央値、最頻値などがあります。それぞれについて、正しい値を算出できるようにしておきます。また、データの代表値としてどの値を用いるのが適切か見極めることも大切です。

1.1.5 分散と標準偏差

分散と標準偏差は、データの散らばりの度合いを表す指標です。特に標準偏差は直感的にわかりやすい値であり、成績の偏差値などでも利用されており馴染みが深い考え方です。

▶ 分散

分散は、それぞれのデータに対して全データの平均 ($\bar{x}$) との差の 2 乗値を計算し、その総和をデータ数で割った数値です。数値が大きいほど平均から大きく散らばっていることを意味します。人の目にはわかりにくい値ですが、2 乗したままの数値なのでコンピュータ等では扱いやすい値です。データの数を n、各データの値を x_i、平均を $\bar{x}$ とした場合の分散の式は次のとおりです。

$$\text{分散} = \frac{\displaystyle\sum_{i=1}^{n}(x_i - \bar{x})^2}{n}$$

▶ 標準偏差

標準偏差は、分散の正の平方根をとった値です。平方根をとることにより、単位が元のデータの単位に戻り、人が見て直感的にわかりやすい値になります。データの数を n、各データの値を x_i、平均を $\bar{x}$ とした場合の標準偏差の式は次のとおりです。

$$\text{標準偏差} = \sqrt{\frac{\displaystyle\sum_{i=1}^{n}(x_i - \bar{x})^2}{n}}$$

前述の成績について分散と標準偏差を算出した結果を、表 1.1-1 に示します。分散の数値は大きな数値であり、2 乗された単位になっているため人が見ても直感的にわかりにくいですが、標準偏差は比較的小さな値になり単位も元に戻るので、「平均から 34 点ぐらい散らばっている」と直感的に把握することができます。

表 1.1-1　成績の平均値、中央値、分散、標準偏差

平均値	66.07
中央値	80.00
分散	1,128.73
標準偏差	33.60

第1章　データサイエンス力（基礎）

> **POINT!**
>
> データの散らばりの度合いを表す指標として分散と標準偏差があります。それぞれの意味をしっかりと学び、式を用いて算出できるようになりましょう。

1.1.6　母平均と標本平均

▶ 母集団と標本

統計的な調査を行うとき、データの総数が少ない場合は全数の調査が可能ですが、日本全体のように規模が大きい場合は、全数の調査は難しくなります。そのような場合に、いくつか取り出して、それらを調査することによって全体的な統計を推測する手法がとられます。この場合のデータ全体を**母集団**、取り出したものを**標本**といいます。

▶ 母平均と標本平均

母集団のデータの平均を**母平均**、標本のデータの平均を**標本平均**といいます。母集団のデータ数が少ない場合は母平均を算出することは可能ですが、データ数が膨大な場合や母集団の総数が不明な場合などは、母平均の算出は現実的ではありません。この場合、標本平均をとることによって、効率的に母集団の特性を推測することが可能になります。

▶ 母分散と標本分散

母集団のデータの分散を**母分散**、標本のデータの分散を**標本分散**といいます。標本分散は、標本数が少ない場合に母分散からかけ離れていくことが統計学的に証明されています。そこで、母分散に近くなるように補正したものを**不偏分散**といい、個数 n のデータ群のそれぞれのデータを x_i、平均を $\bar{x}$ とした場合、次の式で表されます。

$$不偏分散 = \frac{1}{n-1} \sum_{i=1}^{n} (x_i - \bar{x})^2$$

統計で標本を扱う場合、標本分散ではなく、より正しく母集団の特性を推測できる不偏分散が使われます。

1.1 基礎数学① (統計数理基礎)

1.1.7　正規分布

正規分布とは、平均を中心として、平均に近いほど出現頻度が高く、平均から離れるほど出現頻度が低くなっていく確率分布です。さまざまな社会現象や自然現象がこの分布をとることが知られており、統計分析を行う上で最も重要な分布といえます。x の平均が μ、x の標準偏差が σ の場合の正規分布の計算式は次のようになります。exp は指数関数 e^x の別表記方法で $e^x = exp\ x$ を意味します。

$$f(x) = \frac{1}{\sqrt{2\pi}\sigma} \exp\left(-\frac{(x-\mu)^2}{2\sigma^2}\right)$$

また、平均 μ が 0、分散が 1 つまり標準偏差 σ も 1 の場合の正規分布を、**標準正規分布**といいます。あるデータが標準正規分布に従う場合に、ある値以上（以下）が生じる確率をまとめた標準正規分布表が作成されています。たとえば、自分の成績が上位何 % なのかなどを表から求めることが可能です。

さまざまな正規分布を標準正規分布に変形し、標準正規分布表を利用できるようにすることがしばしば行われます。これを**正規分布の標準化**といいます。正規分布の標準化は、各データから平均を引き、標準偏差で割ることで実現できます。標準化変数 Z の計算式は次のようになります。

$$Z = \frac{x-\mu}{\sigma}$$

この計算式で求めた Z を標準正規分布表に当てはめることにより、発生確率が求められます。この手法は、さまざまな社会的な統計や自然現象の分析などの分野で応用されています。

POINT !

さまざまな社会現象や自然現象が正規分布をとることが知られており、データ分析において非常に重要な考え方です。正規分布の意味をしっかりと学び、式により算出できるようになりましょう。

第1章　データサイエンス力（基礎）

1.1.8　相関関係と因果関係

　相関関係とは、2つ以上の物事の間に何らかの関連性があることを意味します。一方、**因果関係**とは、2つ以上の物事の間に原因と結果の関連性があることを意味します。相関関係と因果関係は似ていますが、異なるものです。両者を混同すると統計分析の場で混乱が生じるおそれがあるので、しっかり理解する必要があります。

　たとえば、ある新薬を対象者が服用し、その副作用が発生する件数が新薬を服用しない人に比べて多い場合に、新薬と副作用には何らかの要因の影響による相関関係があるといえます。しかし、「因果関係がある」とは即座にいえません。まずは実証が必要です。実証されれば「因果関係がある」といえるようになります。

▶ 尺度

　統計学においてデータが持つ性質による分類を**尺度**と呼びます。尺度には名義尺度、順序尺度、間隔尺度、比例尺度があり、質的データと量的データに大別できます。データ分析では、これらを正しく区別する必要があります。

【質的データ】

　質的データは、区別や順序などを表すが、値そのものの大きさや比率に意味を持たないデータです。質的データには名義尺度と順序尺度があります。

- **名義尺度**

　区別のために数字を付けたようなデータを**名義尺度**といいます。たとえば、性別を区別するために1を男性、2を女性にした場合、数字に区別の意味はありますが、数字の大小や間隔に意味を持ちません。

- **順序尺度**

　区別のために数字を付けて、数字の順序にも意味があるようなデータを**順序尺度**といいます。たとえば顧客満足度を、1を最低、5を最高の5段階評価にした場合、「評価5は評価1より良い」という表現ができます。しかしながら原点（値がゼロの点）を持たず、また数字の間隔も意味を持たないため、「評価5は評価1の5倍良い」という表現はできません。

26

1.1 基礎数学①（統計数理基礎）

【量的データ】

量的データは、身長、体重、人数、年齢、時間、温度など、数値で測ることができ、その数値の大小に意味を持つデータです。量的データには間隔尺度と比例尺度があります。

● 間隔尺度

順序だけでなく、間隔が意味を持つ尺度を**間隔尺度**といいます。原点が相対的な意味しか持たないため尺度同士の比率は意味を持ちません。たとえば摂氏温度を尺度とした場合、ゼロの点（つまり0℃）は相対的な意味しか持ちません。華氏温度を尺度としたならば0℃＝32°Fです。そのため、「30℃は15℃より15℃高い」とはいえますが、「2倍熱い」という表現はできません。間隔尺度に0がある場合でも、その0は無や停止を意味していません。

● 比例尺度

等間隔の性質に加えて原点を持つ尺度を**比例尺度**といいます。原点が絶対的な意味を持つため間隔と比率双方に意味を持ちます。たとえば、体重は0kgという原点からの重さになるので、「100kgの人は50kgの人より50kg重い」ということができ、また、「2倍の体重である」という表現が可能になります。比例尺度に0がある場合、それは無や停止を意味しています。

▶ 相関係数

2種類のデータの偏差の積の平均を計算したものを**共分散**といいます。これは、2種類のデータの関係性の強さを数字で表した指標になります。ただし、共分散の算出結果は単位を含むため、単位の異なるデータの関係性を直接比較することは難しいです。そのため、単位を含まないような指標を考える必要があります。

共分散をそれぞれのデータの標準偏差の積で割ったものを**相関係数**といいます。相関係数は単位がなくなるため、単位の影響を受けずにデータの関係性を比較することができます。相関係数を求めることによって、一方の値が増減したときにもう一方の値が増減する際の関係性の強さを -1 から +1 までの数値で表すことができます。相関係数にはピアソンの積率相関とスピアマンの順位相関があります。

● ピアソンの積率相関

ピアソンの積率相関はデータの値そのものを利用したもので、最もよく使われる相関係数の算出手法です。単に相関係数といえばピアソンの積率相関を指します。

27

第1章　データサイエンス力（基礎）

2つのデータの間には連続性があることと正規分布をとることを前提とし、ピアソンの積率相関係数は質的データでは計算できません。

● **スピアマンの順位相関**
　スピアマンの順位相関は、順位しかわかっていないようなデータや、正規分布に従っていないデータなどに利用される相関の考え方です。正規分布に従うかどうかを正確に見極めて、データ分析において適切な相関の考え方を適用することが重要になります。

● **正の相関**
　一方のデータの値が大きくなると、もう一方のデータの値も大きくなることを、**正の相関**があるといいます。相関係数を求めた結果、+1 に近いほど正の相関が強いといえます。

● **負の相関**
　一方のデータの値が大きくなると、もう一方のデータの値は小さくなることを、**負の相関**があるといいます。相関係数を求めた結果、-1 に近いほど負の相関が強いといえます。

● **その他の相関**
　相関係数が0に近い場合、2つのデータの間にほとんど相関関係はないといえ、相関係数が0の場合、2つのデータは**無相関**であるといえます。また、2つのデータの間に、相対的に同じ方向に増加または減少する関係はあるものの一定の増減の割合でない場合は、**単調関係**にあるといい、一定の増減の割合の場合は、データの分布が直線的になり**線形関係**にあるといいます。
　実際にデータを見る場合は、相関係数を算出し、散布図などのグラフでデータの分布を確認することによって、どのような相関関係があるかを把握することが望ましいです。

POINT!

相関関係と因果関係の違いをしっかりと学びましょう。また、尺度には名義尺度、順序尺度、間隔尺度、比例尺度があることを理解し、データ分析においてデータをどの尺度として考えるべきか判断できるようになりましょう。

1.1 基礎数学① (統計数理基礎)

1.1.9　対数

　データサイエンスの世界では非常に大きなデータを扱うことが多いため、計算を容易にしたり明快に表現するのに「対数」という考え方がよく用いられます。ある数 a を n 乗すると b になる場合、n を「a を底とする b の対数」といいます。対数は英語の logarithm の頭文字 log を記号として $\log_a b$ と表します。$\log_a b$ は次の関係が成り立ちます。

$$n = \log_a b \longleftrightarrow b = a^n$$

　10 を底とした対数を**常用対数**（common logarithm）といい、$\log_{10} x$ と表します。常用対数はデータを十進法で表す場合の桁数の目安にもなるため、地震のエネルギーの大きさを示すマグニチュードなど人間生活に密接に関わる部分でも利用されています。

　一方、ネイピア数 e を底とした対数を**自然対数**（natural logarithm）といい、$\log_e x$ や慣習的に $\ln x$ と表します。自然対数を用いることによって、微積分や級数などで容易に表現や計算ができるようになります。

　一見、10 を底とした常用対数の方が自然のようにも見えますが、常用対数は人間が定めた十進法という取り決めの中でのみ便利に使える対数です。一方、数学や物理などの自然の法則に支配される分野では、ネイピア数 e を底とした自然対数の方が扱いやすくなります。

　また、2 を底とした対数を**二進対数**（binary logarithm）といい、$\log_2 x$ と表します。二進対数は、コンピュータの内部処理と相性が良く、データサイエンスでもコンピュータを使う分野で利用されます。

▶ 対数グラフ

　軸の目盛を対数を使って表したグラフを対数グラフといいます。対数グラフは、大まかにいうと軸が桁数を表すグラフです。対数グラフには縦軸か横軸の一方を対数とした**片対数グラフ**と、両方を対数とした**両対数グラフ**があります。

　たとえば、$y = e^x$ という関数について通常の軸のグラフ、片対数グラフ、両対数グラフは図 1.1-8〜図 1.1-10 のようになります。

第1章 データサイエンス力（基礎）

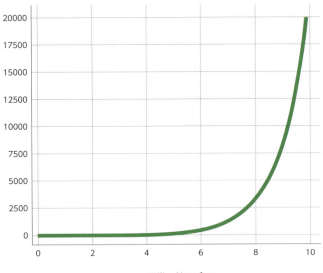

図 1.1-8　通常の軸のグラフ

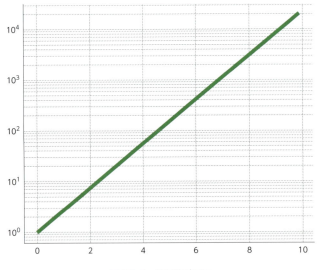

図 1.1-9　片対数グラフ

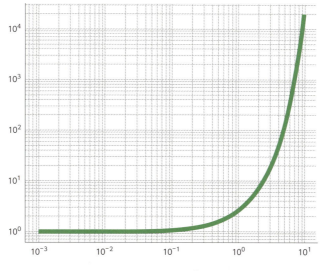

図 1.1-10　両対数グラフ

　たとえば、大きくばらついているデータについて対数グラフで直線的な分布を得ることにより指数関数的な関係を把握したり、桁数が大きく異なる複数のデータを比較する際に、対数グラフを使うことにより軸が大きくなりすぎないように表したりすることが可能になります。このように対数グラフは大まかな傾向を把握できる反面、グラフ内で表現される値の桁数が大きくなるため、グラフを読み誤ると重大な間違いを引き起こす可能性があります。対数グラフがどのような傾向にあるかを軸の値から正確に読み取る必要があります。

1.1.10　確率分布

　ある事象について、確率法則によって決まる変数を確率変数といい、その変数が法則によって決まる値をとりうる確率の一覧を確率分布といいます。確率分布の総和は、とりうる確率のすべてとなるため1になります。確率分布には離散型確率分布と連続型確率分布があります。

▶ 離散型確率分布

　離散型確率分布は、確率変数が不連続な値となる場合の確率分布です。サイコロの目や1日の迷惑メールの件数などが相当します。離散型確率分布にはベルヌーイ

第1章　データサイエンス力（基礎）

分布や二項分布、ポアソン分布などがあります。

● ベルヌーイ分布

　結果が2通りのうちどちらかになる試行を1回だけ行うときに得られる分布が、**ベルヌーイ分布**です。また、結果が2通りのみの試行を**ベルヌーイ試行**といいます。ベルヌーイ試行を1回のみ行った場合の分布がベルヌーイ分布になります。たとえば、コインを1回投げたときに表になる確率がベルヌーイ分布をとります。

● 二項分布

　ベルヌーイ試行を何度も行った場合に得られる事象の分布を**二項分布**といいます。二項分布では試行回数が増えるにつれて正規分布に近づいていきます。

　たとえば、コインを10回投げたときに5回表になる確率が二項分布をとります。サイコロを投げた場合に1の目が出るか1の目が出ないかの確率は二項分布をとりますが、6種類の目のうち1の目が出る確率は別の分布になります。

● ポアソン分布

　ポアソン分布は、一定時間内にランダムな事象が何回発生するかを表す確率分布です。ポアソン分布は稀に起こる事象を表現できます。

▶ 連続型確率分布

　連続型確率分布は、確率変数が連続した値となる確率分布です。計測した長さや質量といった値がとる分布を表します。連続型確率分布には前述した正規分布の他、指数分布、カイ二乗分布があります。

● 指数分布

　指数分布とは、確率が指数関数によって表現される確率分布のことをいいます。指数分布には、過去とは関係なく次の事象が起こる「無記憶性」という重要な性質があり、これは数学的に証明されています。指数分布は、次に事象が起こるまでの時間を表す分布によく用いられます。

● カイ二乗分布

　カイ二乗分布とは、標準正規分布に従う確率変数の2乗の和がとる確率分布のことをいいます。分散をもとに算出された確率分布であり、この分布に当てはめるこ

32

とによって分散が推定できるため、生産した商品の品質のばらつきを検定する場合などに用いられます。

1.1.11 ベイズの定理

ベイズの定理は、ベイズ統計学の基本となるものです。事象 A が起こる確率を $P(A)$、事象 A が起こる前に事象 B が起こる確率（**事前確率**）を $P(B)$、事象 A が起きた後で事象 B が起こる確率（**事後確率**）を $P(B|A)$ とした場合のベイズの定理は下記の式で表すことができます。この式にある $P(A|B)$ は、事象 B が起きた後で事象 A が起こる確率を意味しています。

$$P(B|A) = \frac{P(B)P(A|B)}{P(A)}$$

ベイズの定理は下記のように展開されて用いられます。$P(B_1)$ は事象 B が起こる確率、$P(B_2)$ は事象 B が起こらない確率、$P(A|B_1)$ は事象 B が起きた後で事象 A が起こる確率、$P(A|B_2)$ は事象 B が起こらなかった後で事象 A が起こる確率を表します。

$$P(B_1|A) = \frac{P(B_1)P(A|B_1)}{P(B_1)P(A|B_1) + P(B_2)P(A|B_2)}$$

たとえば、日本人の 1% が罹患している病気があり、その検査において、実際に罹患している人が陽性と出る確率が 90%、実際には罹患していない人が陰性と出る確率が 80% である場合を考えます。ある人がこの検査を受けて陽性という結果が出た場合に、実際に罹患している確率はいくらになるでしょうか？

ここでは、検査で陽性になる事象を A_1、陰性になる事象を A_2、実際に病気に罹患している事象を B_1、罹患していない事象を B_2 とします。

- 病気に罹患している確率：$P(B_1) = 0.01$
- 病気に罹患していない確率：$P(B_2) = 0.99$
- 実際に罹患している人が陽性と出る確率：$P(A_1|B_1) = 0.90$
- 実際に罹患していない人が陰性と出る確率：$P(A_2|B_2) = 0.80$
- 実際に罹患していない人が陽性と出る確率：$P(A_1|B_2) = 1 - 0.80 = 0.20$

これを式に当てはめると次のようになります。

$$P(B_1|A_1) = \frac{P(B_1)P(A_1|B_1)}{P(B_1)P(A_1|B_1) + P(B_2)P(A_1|B_2)}$$

$$= \frac{0.01 \times 0.90}{0.01 \times 0.90 + 0.99 \times 0.20}$$

$$\fallingdotseq 0.0434$$

このように、検査で陽性と出た場合に実際に罹患している確率は約4.34%となります。わかりやすく図で表すと、図1.1-11のようになります（図は実際の値を正確な幅や面積で再現したものではなく誇張しています）。

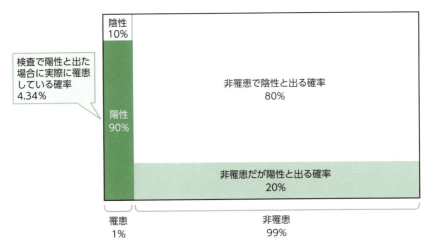

図 1.1-11　検査で陽性と出た場合に実際に罹患している確率の図解

求めたい「陽性という結果が出た場合に実際に罹患している確率」は、図の濃い緑色と薄い緑色で示される全体の陽性者のうち、濃い緑色が占める割合だということがわかります。前述の計算式は、まさにこの濃い緑色の面積（1%×90%）を、濃い緑色の面積と薄い緑色の面積の合計（1%×90%＋99%×20%）で割ったものだとわかります。

このように計算式だけでは難解な場合でも、図にすることによって理解しやすくなります。

1.1 基礎数学①（統計数理基礎）

POINT!

ベイズの定理は、機械学習の基礎として広く利用されている考え方です。しっかりと理解する必要があります。

節末問題

問題 1

ある工場では、ある製品を機械 A と機械 B で生産している。機械 A では全体の 40% の製品を生産しており、機械 B では全体の 60% の製品を生産している。また、機械 A では不良品を作る確率が 1% であり、機械 B では不良品を作る確率が 2% である。生産された製品を無作為に 1 つ取り出した際にそれが不良品である場合、その不良品が機械 A で作られた確率を 1 つ選べ。

A. 25%

B. 67%

C. 33%

D. 8%

問題 2

販売価格 300 円の宝くじにおいて、当選額は 1 等 10 万円、2 等 3,000 円、3 等 300 円である。当選確率は 1 等が 0.1%、2 等が 1%、3 等が 10% である。また、この宝くじの還元率は 53.3% と発表されている。この宝くじの期待値を 1 つ選べ。

A. 150 円

B. 160 円

C. 170 円

D. 180 円

問題 3

以下の 4 個のデータがある。このデータの標準偏差として最も適切なものを 1 つ選べ。

3, −4, 4, 1

A. 6.93

B. 3.08

C. −6.73

D. 5.45

節末問題

1

問題 4

　ある集団で学歴と年収の関係を調査したところ、学歴が高いほど年収が高くなる傾向にあるという結果が得られた。この事実から得られる説明として最も適切なものを 1 つ選べ。

- **A.** 年収が高い人は皆、学歴が高い
- **B.** 学歴の高さと年収の高さには因果関係がある
- **C.** 学歴の高さと年収の高さには相関関係がある
- **D.** 学歴が高い人は将来安泰である

解答と解説

問題 1 　　　　　　　　　　　　　　　　　　　　　　[答] **A**

　このケースでは条件付き確率の考えが必要になります。事象を整理すると、無作為に 1 つ取り出した際に機械 A で生産された製品である事象と、無作為に 1 つ取り出した際に不良品である事象の双方を考えます。そして、不良品全体のうち、機械 A で生産された製品である場合を計算します。公式に当てはめると $0.01 \times 0.4 / (0.01 \times 0.4 + 0.02 \times 0.6)$ となり、答えが求められます。よって、A が正解です。

問題 2 　　　　　　　　　　　　　　　　　　　　　　[答] **B**

　期待値は、各値とその値が起こる確率の積の総和で求められるため、$100{,}000 \times 0.001 + 3{,}000 \times 0.01 + 300 \times 0.1 = 160$ となります。また、この宝くじの還元率は 53.3% と発表されているため、還元率から算出できる期待値も $300 \times 0.533 = 159.9$ となり、公式から算出した期待値と比較することも可能になります。よって、B が正解です。

問題 3 　　　　　　　　　　　　　　　　　　　　　　[答] **B**

　分散は、それぞれのデータに対して全データの平均との差の 2 乗値を計算し、その総和をデータ数で割った数値です。そして、その平方根をとったものが標準偏差です。設問のデータの場合、平均は 1 になり、分散は 9.5 になります。9.5 の平方根を求めると、標準偏差の値 3.08 を算出できます。よって、B が正解です。

37

第1章　データサイエンス力（基礎）

［算出方法］

各データを x、データ数を n とすると次の式で求められます。

$$平均 \, \bar{x} = \frac{3-4+4+1}{4} = 1$$

$$分散 = \frac{\displaystyle\sum_{i=1}^{n}(x_i-\bar{x})^2}{n} = \frac{(3-1)^2+(-4-1)^2+(4-1)^2+(1-1)^2}{4} = \frac{4+25+9+0}{4} = 9.5$$

$$標準偏差 = \sqrt{9.5} = 3.0822\cdots$$

　計算機なしで平方根を正確に算出するのは難しいですが、分散は容易に計算できるため、その値の平方根に近い値を選びます。また、分散の算出過程で各データを2乗するため、分散や、その平方根の値である標準偏差がマイナスの値になることはありません。

問題4 [答] C

　この問題を解くには、因果関係と相関関係の違いを正確に理解している必要があります。学歴が高いほど年収が高くなる傾向にあることから、学歴と年収には相関関係があるといえますが、学歴の高さという原因によって年収が高くなるという結果が必ず得られる確証はないため、因果関係があるとまではいえません。また、年収は高いけれど学歴が低い人もおそらくいると思われるため、年収が高い人は学歴が高いともいいきれません。よって、Cが正解です。

1.2 基礎数学②（線形代数基礎）

データサイエンスの世界では膨大な数のデータを扱うため、線形代数を用いて簡潔に表し計算を行います。ここでは、線形代数の基礎について見ていきます。

1.2.1 スカラーとベクトル

独立した1つの値のことを**スカラー**といいます。スカラーは大きさを表す値として使われることが多く、スカラーで表される物理量として代表的なものに、長さや重さ、温度などが挙げられます。

▶ ベクトル

複数のスカラーの組み合わせのことを**ベクトル**といいます。a_1 から a_n までの n 個の値を持つベクトル $\vec{a}$ は、$\vec{a} = (a_1, \cdots, a_n)$ と表すことができます。また、値を横に並べたベクトルを**行ベクトル**といい、値を縦に並べたベクトルを**列ベクトル**といいます。

- 行ベクトル

$$\vec{a} = (a_1, \cdots, a_n)$$

- 列ベクトル

$$\vec{a} = \begin{pmatrix} a_1 \\ \vdots \\ a_n \end{pmatrix}$$

ベクトルを構成するそれぞれの値を**要素（成分）**といいます。n 個の要素で構成されるベクトルを n 次元ベクトルといい、次元の数に制限はありません。2次元ベクトルは一般に向きと大きさを持ち、代表的なものとして速度などが挙げられます。

2次元ベクトルは平面の2次元座標系で表現するとわかりやすくなります。たとえば、2次元ベクトル $\vec{m} = (2, 6)$ と $\vec{n} = (3, 5)$ は次ページの図 1.2-1 のように表すことができます。

第1章 データサイエンス力（基礎）

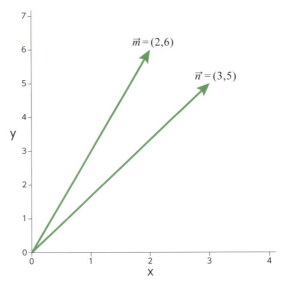

図 1.2-1　2つのベクトル

　このように、「2次元ベクトルは2次元の平面上に向きと大きさ（長さ）を持つ」と考えることができます。$\vec{n}$ を例にすると、原点である x 座標 0、y 座標 0 から、x 座標 3、y 座標 5 の方向に、ピタゴラスの三平方の定理により

$$\sqrt{x^2+y^2}=\sqrt{3^2+5^2}=\sqrt{34}$$

の大きさを持ちます。

▶ ゼロベクトルと単位ベクトル

　すべての要素が 0 のベクトルを**ゼロベクトル**といい、$\vec{0}$ と表します。

$$\vec{0}=\begin{pmatrix}0\\\vdots\\0\end{pmatrix}$$

　また、大きさが 1 のベクトルを**単位ベクトル**といいます。単位ベクトルは、前述のように「大きさが 1 のベクトル」と定義されただけのものであり、ベクトルをベクトル自身の大きさで割れば単位ベクトルが求められます。

1.2 基礎数学②（線形代数基礎）

▶ ベクトルの演算

ベクトルの演算には、和、差、スカラー倍、および内積があります。たとえば、$\vec{m} = (2, 6)$、$\vec{n} = (3, 5)$ という 2 つのベクトルの和は次のようになります。

$$\vec{m} + \vec{n} = \begin{pmatrix} 2 \\ 6 \end{pmatrix} + \begin{pmatrix} 3 \\ 5 \end{pmatrix} = \begin{pmatrix} 2+3 \\ 6+5 \end{pmatrix} = \begin{pmatrix} 5 \\ 11 \end{pmatrix}$$

$\vec{m}$ と $\vec{n}$ の差は次のとおりです。

$$\vec{m} - \vec{n} = \begin{pmatrix} 2 \\ 6 \end{pmatrix} - \begin{pmatrix} 3 \\ 5 \end{pmatrix} = \begin{pmatrix} 2-3 \\ 6-5 \end{pmatrix} = \begin{pmatrix} -1 \\ 1 \end{pmatrix}$$

スカラー倍はベクトルの定数倍のことを表し、定数 $k = 3$ の場合、次のようになります。

$$k\vec{m} = 3 \times \begin{pmatrix} 2 \\ 6 \end{pmatrix} = \begin{pmatrix} 3 \times 2 \\ 3 \times 6 \end{pmatrix} = \begin{pmatrix} 6 \\ 18 \end{pmatrix}$$

内積の計算はドット（・）を演算子として用いて次のように表します。

$$\vec{a} \cdot \vec{b} = \begin{pmatrix} a_1 \\ \vdots \\ a_n \end{pmatrix} \cdot \begin{pmatrix} b_1 \\ \vdots \\ b_n \end{pmatrix} = a_1 \times b_1 + \cdots + a_n \times b_n$$

先ほどの $\vec{m}$ と $\vec{n}$ の内積を計算すると次のようになります。

$$\vec{m} \cdot \vec{n} = \begin{pmatrix} 2 \\ 6 \end{pmatrix} \cdot \begin{pmatrix} 3 \\ 5 \end{pmatrix} = 2 \times 3 + 6 \times 5 = 36$$

内積は要素数が同じベクトル同士でしか計算できません。ベクトルの内積の重要なポイントは、内積を計算することによってベクトルがスカラーとして得られることにあります。データサイエンスにおいては、データの内積を計算しスカラーとして得ることにより、分類や比較を行ったり類似度などを求めたりすることが容易になります。

POINT!

スカラーとベクトルの違いについてしっかりと学び、ベクトルの和、差、スカラー倍、および内積の演算ができるようになりましょう。

第1章　データサイエンス力（基礎）

1.2.2　行列

　横の行方向と縦の列方向の2方向に値を並べたものを**行列**といいます。前項で解説したベクトルは1行または1列の行列と考えることができます。

　m 行 n 列の行列 A は $m \times n$ 行列ともいい、次のように表します。なお、$m=n$ となる行列は正方行列と呼ばれています。

$$A = \begin{pmatrix} a_{11} & \cdots & a_{1n} \\ \vdots & \ddots & \vdots \\ a_{m1} & \cdots & a_{mn} \end{pmatrix}$$

　行列を構成するそれぞれの値を**要素（成分）**といいます。1行で要素数が n 個の行列は n 次元の行ベクトルであり、1列で要素数が n 個の行列は n 次元の列ベクトルになります。

▶ 行列の演算

　行列の演算には、和、差、スカラー倍、および積があります。まず、行列の和について説明します。次の①すなわち $m \times n$ 行列 A と B の和「A＋B」は、②のように表します。

①

$$A = \begin{pmatrix} a_{11} & \cdots & a_{1n} \\ \vdots & \ddots & \vdots \\ a_{m1} & \cdots & a_{mn} \end{pmatrix}, B = \begin{pmatrix} b_{11} & \cdots & b_{1n} \\ \vdots & \ddots & \vdots \\ b_{m1} & \cdots & b_{mn} \end{pmatrix}$$

②

$$A + B = \begin{pmatrix} a_{11}+b_{11} & \cdots & a_{1n}+b_{1n} \\ \vdots & \ddots & \vdots \\ a_{m1}+b_{m1} & \cdots & a_{mn}+b_{mn} \end{pmatrix}$$

　また、$m \times n$ 行列 A と B の差「A-B」は、次のように表します。

$$A - B = \begin{pmatrix} a_{11}-b_{11} & \cdots & a_{1n}-b_{1n} \\ \vdots & \ddots & \vdots \\ a_{m1}-b_{m1} & \cdots & a_{mn}-b_{mn} \end{pmatrix}$$

スカラー倍は行列の定数倍のことを表し、定数を k とすると、次のようになります。

$$kA = \begin{pmatrix} ka_{11} & \cdots & ka_{1n} \\ \vdots & \ddots & \vdots \\ ka_{m1} & \cdots & ka_{mn} \end{pmatrix}$$

　行列の積は、左の行列の列数と右の行列の行数が一致している場合のみ計算できます。また、計算結果の行列は、行数が「左の行列の行数」になり、列数が「右の行列の列数」になります。たとえば、3行2列の行列 A と2行1列の行列 B の積「AB」は次のように表します。

$$A = \begin{pmatrix} a_{11} & a_{12} \\ a_{21} & a_{22} \\ a_{31} & a_{32} \end{pmatrix}, B = \begin{pmatrix} b_{11} \\ b_{21} \end{pmatrix}$$

$$AB = \begin{pmatrix} a_{11}b_{11} + a_{12}b_{21} \\ a_{21}b_{11} + a_{22}b_{21} \\ a_{31}b_{11} + a_{32}b_{21} \end{pmatrix}$$

▶ ゼロ行列と単位行列

すべての要素が0のベクトルを**ゼロ行列**といい、O と表します。

$$O = \begin{pmatrix} 0 & \cdots & 0 \\ \vdots & \ddots & \vdots \\ 0 & \cdots & 0 \end{pmatrix}$$

　また、対角の要素がすべて1でそれ以外の要素がすべて0の正方行列を**単位行列**といい、I(または E)と表します。

$$I = \begin{pmatrix} 1 & 0 & \cdots & 0 & 0 \\ 0 & 1 & \cdots & 0 & 0 \\ \vdots & \vdots & \ddots & \vdots & \vdots \\ 0 & 0 & \cdots & 1 & 0 \\ 0 & 0 & \cdots & 0 & 1 \end{pmatrix}$$

単位行列は同じ行数と列数の行列 A に対して次の関係が成り立ちます。

$$AI = IA = A$$

つまり、スカラーでいう1のような性質を持っているといえます。たとえば、あ

第1章　データサイエンス力（基礎）

る行列 A に単位行列を掛けた結果は次のように表せます。

$$A = \begin{pmatrix} 1 & 3 \\ 5 & 7 \end{pmatrix}$$

$$AI = \begin{pmatrix} 1 & 3 \\ 5 & 7 \end{pmatrix} \begin{pmatrix} 1 & 0 \\ 0 & 1 \end{pmatrix} = \begin{pmatrix} 1 \times 1 + 3 \times 0 & 1 \times 0 + 3 \times 1 \\ 5 \times 1 + 7 \times 0 & 5 \times 0 + 7 \times 1 \end{pmatrix}$$

$$= \begin{pmatrix} 1 & 3 \\ 5 & 7 \end{pmatrix}$$

▶ 逆行列と連立方程式

　ある正方行列 A に対して右から掛けても左から掛けても計算結果が単位行列となるような行列を**逆行列**といい、A^{-1} と表します。逆行列は正方行列に対してのみ定義できます。

　2行2列の行列 A の逆行列の計算式は、次のように表します。$ad - bc$ が式の分母にあることから、$ad - bc \neq 0$ の場合のみ逆行列が存在することがわかります。$ad - bc$ は行列 A の行列式といい、$\det(A)$ または $|A|$ と表します。

$$行列\ A = \begin{pmatrix} a & b \\ c & d \end{pmatrix}$$

$$逆行列\ A^{-1} = \frac{1}{ad-bc} \begin{pmatrix} d & -b \\ -c & a \end{pmatrix}$$

　逆行列を用いることによって、連立方程式を解くことができます。たとえば次の連立方程式があるとします。

$$\begin{cases} ax + by = 100 \\ cx + dy = 200 \end{cases}$$

　この連立方程式は次の行列で表すことができます。

$$\begin{pmatrix} a & b \\ c & d \end{pmatrix} \begin{pmatrix} x \\ y \end{pmatrix} = \begin{pmatrix} 100 \\ 200 \end{pmatrix}$$

行列 $\begin{pmatrix} a & b \\ c & d \end{pmatrix}$ を A とすると、次のように書き換えられます。

$$A \begin{pmatrix} x \\ y \end{pmatrix} = \begin{pmatrix} 100 \\ 200 \end{pmatrix}$$

ここで A と掛けると単位行列 E になる逆行列 A^{-1} を両辺に掛けた場合、次のようになります。

$$A^{-1}A\begin{pmatrix} x \\ y \end{pmatrix} = A^{-1}\begin{pmatrix} 100 \\ 200 \end{pmatrix}$$

$$E\begin{pmatrix} x \\ y \end{pmatrix} = A^{-1}\begin{pmatrix} 100 \\ 200 \end{pmatrix}$$

単位行列の性質「$EA = A$」を当てはめると、次のように書き換えられます。

$$\begin{pmatrix} x \\ y \end{pmatrix} = A^{-1}\begin{pmatrix} 100 \\ 200 \end{pmatrix}$$

つまり、逆行列 A^{-1} を求めることにより連立方程式の解 x と y を導き出せることがわかります。データサイエンスに用いられる計算機では逆行列を容易に求めることができ、計算機上で連立方程式を容易に解くことが可能です。

> **POINT!**
>
> 行列について和、差、スカラー倍、および積の演算ができるようになりましょう。また、逆行列の性質をきちんと理解し、連立方程式を解けるようにしておきましょう。

1.2.3 固有ベクトルと固有値

たくさんの変数を持つデータを分析する際に少ない変数に変形してデータをわかりやすくする手法を、主成分分析といいます。一般的には、1〜3程度の変数（主成分）に置き換えて主成分分析を行います。たとえば、Web サイトのさまざまなアクセスデータや個人の情報からレコメンドを作成したり、顧客アンケートの項目から顧客満足度を作成する場面などで主成分分析が活躍します。

主成分分析を行う過程で、固有ベクトルと固有値の考え方が重要になります。**固有ベクトル**とは、ある行列に対して空間の変形（線形変換）を行ってもベクトルの向きが変わらないベクトルのことをいいます。一方、**固有値**とは、あるベクトルが固有ベクトルを用いて線形変換後に何倍になるかを示すスカラー値を指します。行列を A、固有ベクトルを $\vec{x}$、固有値を λ としたとき、次の関係式が成り立ちます。

$$A\vec{x} = \lambda\vec{x}$$

第1章　データサイエンス力（基礎）

この関係式は、行列 A の固有ベクトルを用いた線形変換 $A\vec{x}$ が $\vec{x}$ のスカラー倍にしかならない（つまり、大きくなるかマイナス方向も含め小さくなるかという変化のみで、その他の方向には変換されない）ことを意味しています。この性質から前述の主成分分析だけでなく、さまざまな計算で利用されています。

さて、2行2列の行列について、固有ベクトルと固有値の算出方法を見ていきます。掛けても変わらない単位行列 I を右辺に掛けて λI を2行2列の行列とし、左辺に移項すると、次のように表せます。

$$A\vec{x} = \lambda I \vec{x}$$
$$A\vec{x} - \lambda I \vec{x} = \vec{0}$$
$$(A - \lambda I)\vec{x} = \vec{0}$$

ここでもし、行列 $(A - \lambda I)$ が逆行列 $(A - \lambda I)^{-1}$ を持つ場合、$\vec{x} = \vec{0}$ が成立してしまい、ゼロベクトル以外あり得なくなってしまいます。そうならない値を求めるには、$(A - \lambda I)$ が逆行列を持たないことが必須条件になります。そして、逆行列の式が成立しないためには、下記に示す逆行列の式で行列式 $|ad - bc| = \det(ad - bc) = 0$ となることが必須になります。

$$\text{逆行列 } A^{-1} = \frac{1}{ad - bc} \begin{pmatrix} d & -b \\ -c & a \end{pmatrix}$$

これを先ほどの式 $(A - \lambda I)\vec{x} = \vec{0}$ で考えると、次のように表せます。

$$\det(A - \lambda I) = 0$$

行列 $A = \begin{pmatrix} a & b \\ c & d \end{pmatrix}$ の場合は次のようになります。

$$\det\left(\begin{pmatrix} a & b \\ c & d \end{pmatrix} - \lambda \begin{pmatrix} 1 & 0 \\ 0 & 1 \end{pmatrix} \right) = 0$$

$$\det\left(\begin{pmatrix} a & b \\ c & d \end{pmatrix} - \begin{pmatrix} \lambda & 0 \\ 0 & \lambda \end{pmatrix} \right) = 0$$

$$\det \begin{pmatrix} a - \lambda & b \\ c & d - \lambda \end{pmatrix} = 0$$

$$(a - \lambda)(d - \lambda) - bc = 0$$

この式を満たす λ を求めればよいことになります。

46

1.2　基礎数学②（線形代数基礎）

実際に行列 $A = \begin{pmatrix} 3 & -4 \\ 1 & -2 \end{pmatrix}$ について固有値と固有ベクトルを考えてみます。

$$(a-\lambda)(d-\lambda) - bc = 0$$

$$(3-\lambda)(-2-\lambda) + 4 = \lambda^2 - \lambda - 2 = 0$$

となり、因数分解をすると

$$\lambda^2 - \lambda - 2 = (-1-\lambda)(2-\lambda) = 0$$

となり、固有値 λ は -1 または 2 という答えが得られます。$\lambda = 2$ のとき、固有ベクトルの式に当てはめると次のように計算できます。

$\lambda = 2$ のとき

$$(A - \lambda I)\vec{x} = \vec{0}$$

$$\left(\begin{pmatrix} 3 & -4 \\ 1 & -2 \end{pmatrix} - 2 \begin{pmatrix} 1 & 0 \\ 0 & 1 \end{pmatrix} \right) \begin{pmatrix} x_1 \\ x_2 \end{pmatrix} = 0$$

$$\left(\begin{pmatrix} 3 & -4 \\ 1 & -2 \end{pmatrix} - \begin{pmatrix} 2 & 0 \\ 0 & 2 \end{pmatrix} \right) \begin{pmatrix} x_1 \\ x_2 \end{pmatrix} = 0$$

$$\begin{pmatrix} 1 & -4 \\ 1 & -4 \end{pmatrix} \begin{pmatrix} x_1 \\ x_2 \end{pmatrix} = 0$$

$$x_1 - 4x_2 = 0$$

$$x_1 = 4x_2$$

$\lambda = 2$ のとき、$x_1 = 4$ および $x_2 = 1$ の値をとることができ、固有ベクトルは $\vec{x} = \begin{pmatrix} 4 \\ 1 \end{pmatrix}$ となります。同様に $\lambda = -1$ の場合も求めることができます。式からもわかるとおり、固有ベクトルは1つだけとは限らず、無数に存在する場合もあります。

POINT*!*

固有ベクトルについてしっかりと学び、式から固有ベクトルを求められるようになりましょう。

節末問題

問題 1

次の図に示す x と y の値を持つ原点からの 2 次元ベクトルの表記として、最も適切なものを 1 つ選べ。

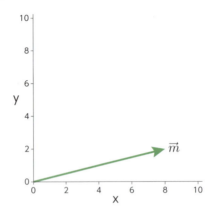

A. $\vec{m} = (0, 0, 2, 8)$
B. $\vec{m} = (0, 2, 0, 8)$
C. $\vec{m} = (2, 8)$
D. $\vec{m} = (8, 2)$

問題 2

次の 2 つの 2 次元ベクトルの内積として、最も適切なものを 1 つ選べ。

$$\vec{m} = \begin{pmatrix} 3 \\ 5 \end{pmatrix}, \quad \vec{n} = \begin{pmatrix} 8 \\ 2 \end{pmatrix}$$

A. 計算できない
B. 34
C. 46
D. $\begin{pmatrix} 24 \\ 10 \end{pmatrix}$

節末問題

1

問題 3

次の行列 A の逆行列 A^{-1} の解として、最も適切なものを 1 つ選べ。

$$A = \begin{pmatrix} 3 & 4 \\ 1 & 1 \end{pmatrix}$$

A. 逆行列は存在しない

B. $A^{-1} = \begin{pmatrix} 1 & -4 \\ -1 & 3 \end{pmatrix}$

C. $A^{-1} = \begin{pmatrix} -1 & 0 \\ 0 & -1 \end{pmatrix}$

D. $A^{-1} = \begin{pmatrix} -1 & 4 \\ 1 & -3 \end{pmatrix}$

解答と解説

問題 1 　　　　　　　　　　　　　　　　　　　　　　　　　　[答] D

　図から読み取れる値は x=8、y=2 であり、2 次元ベクトルの表記は $\vec{m} = (8, 2)$ になります。よって、D が正解です。

問題 2 　　　　　　　　　　　　　　　　　　　　　　　　　　[答] B

　内積の式により、$3 \times 8 + 5 \times 2 = 34$ となります。よって、B が正解です。

問題 3 　　　　　　　　　　　　　　　　　　　　　　　　　　[答] D

　行列 A を逆行列の式に当てはめて考えます。

$$A^{-1} = \frac{1}{ad-bc} \begin{pmatrix} d & -b \\ -c & a \end{pmatrix}$$

　まず、$ad-bc \neq 0$ であるかどうかを検証します。$3 \times 1 - 4 \times 1 = -1 \neq 0$ なので、逆行列は存在することがわかります。実際に式に当てはめて計算すると次のようになります。よって、D が正解です。

$$A^{-1} = \frac{1}{-1} \begin{pmatrix} 1 & -4 \\ -1 & 3 \end{pmatrix} = \begin{pmatrix} -1 & 4 \\ 1 & -3 \end{pmatrix}$$

49

1.3 基礎数学③（微分・積分基礎）

1.3.1 微分

微分とは、ある関数の、ある位置（その一点のみ）で接する線（**接線**）の傾きを求めることです。接線の傾きは、その接点でどのくらい変化しているかを表します。図1.3-1に、関数$f(x)=x^2$のグラフと$x=1$、$y=1$のときの接点と接線を示します。

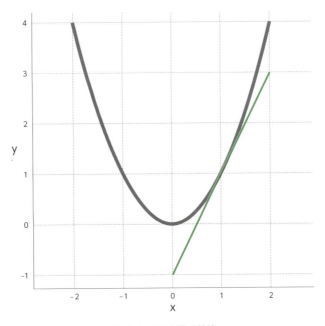

図1.3-1 2次関数の接線

$f(x)=x^2$を微分すると、微分の公式により$f'(x)=2x$となります。この関数を**導関数**といい、導関数により接線の傾きを求めることができます。

微分と聞くと難しいイメージがあるかもしれません。ノートに書かれた数式を見ると、どうしても難解に感じると思いますが、現実の世界に当てはめれば難しいものではありません。

1.3 基礎数学③（微分・積分基礎）

たとえば、ある速度で走っている自動車があるとします。ドライバーが仮に指数関数的にアクセルペダルを踏み込んで加速し続けた場合、速度は指数関数に従って大きくなっていきます。その指数関数のある一点で速度がどのくらいの勢いで変化しているかが、その指数関数の接線の傾きを意味します。アクセルペダルを強く踏んで勢いよく加速している場合は接線の傾きは右肩上がりに大きくなり、アクセルペダルを弱く踏んであまり加速していない場合は接線の傾きは小さくなり、一定の速度を保っている場合は接線の傾きはなくなります。一方、ブレーキペダルを踏んで減速している場合は、接線の傾きは右肩下がりになります。

実際に時間変化にともない速度変化をするような関数について微分をすると加速度が求められます。これは物体が移動する勢いを示す値に他なりません。

> **POINT!**
>
> 接点と接線の意味をきちんと把握することが大切です。微分を行い接線の傾きを求めることにより、接点でどのくらいの変化をしているかがわかります。

1.3.2 積分

微分と対になる考え方に積分があります。積分には、ある関数に対して微分の逆の操作、すなわち微分をするとその関数になるような関数を求める**不定積分**と、ある関数に対して特定の区間における変化量の積み重ねを求める**定積分**があります。

$F(x)$ を微分して $F'(x) = f(x)$ の関係が得られる場合の関数 $F(x)$ を、原始関数といいます。この原始関数を求める操作が不定積分です。また、この不定積分の対象の関数 $f(x)$ を被積分関数といいます。基本的な関数については不定積分の公式が存在します。たとえば、前述の関数 $f(x) = x^2$ については下記のような累乗の不定積分の公式があり、この公式を使って答えを求めることができます。

$$F(x) = \int x^n \, dx = \frac{1}{n+1} x^{n+1} + C$$

$$\int x^2 dx = \frac{1}{2+1} x^{2+1} + C$$

$$= \frac{1}{3} x^3 + C$$

この原始関数を用いて、ある区間の変化量の積み重ねすなわち面積を求めることができます。定積分の式は次のようになります。

$$\int_a^b f(x)dx = F(b) - F(a)$$

x が $a=0$ から $b=1$ まで変化したときの定積分を、先に算出した不定積分を上式に当てはめて算出してみます。

$$\int_0^1 x^2 dx = \left(\frac{1}{3}1^3 + C\right) - \left(\frac{1}{3}0^3 + C\right)$$

$$= \frac{1}{3}$$

この場合のグラフは図 1.3-2 のようになり、定積分で算出した値（面積）は緑色の部分です。

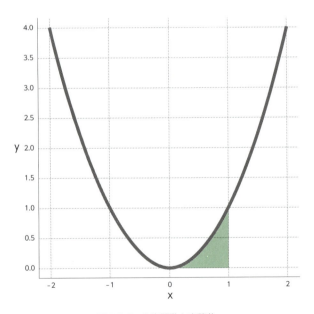

図 1.3-2 2次関数と定積分

定積分で面積を求める意味は「ある区間の変化量の積み重ね」を求めることでした。現実世界の話として、再度、自動車の運転について考えてみます。

一定の速度（100km/h）で走り続けている自動車があるとします。速度を v（km/h）、時間を t（h）とした場合のグラフは図 1.3-3 のようになります。

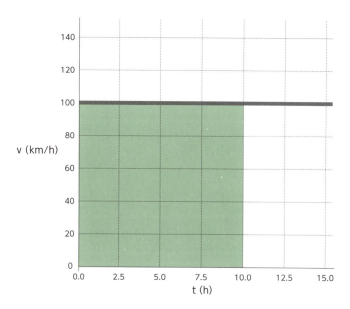

図 1.3-3　一定速度で走り続けている自動車の到達距離とグラフ面積の関係

このグラフでは、緑色の部分が定積分すなわち「ある区間の変化量の積み重ね」になります。自動車が「ある時間において一定の速度で変化したときの変化量の積み重ね」の量は「速度×時間＝距離」になることは、自動車を運転する人ならばわかると思います。たとえば、100km/h で 10 時間走れば 1,000km の距離を走ることになります。一方、長方形の面積の公式は「縦×横」なので、このグラフの面積は「縦軸 × 横軸」になります。すなわち「速度 v（km/h）× 時間 t（h）」となり、定積分によって面積を求めることは、距離（km）すなわち変化量の積み重ねを求めることと同義になることがわかります。

> **POINT!**
>
> 積分には不定積分と定積分があります。不定積分によって原始関数を求め、原始関数を用いて定積分を行うことにより、特定の区間における変化量の積み重ねを算出できるようになりましょう。

1.3.3 極大点と極小点

関数 $f(x)=x^3-3x+4$ のグラフを図1.3-4に示します。また、導関数 $f'(x)=3x^2-3$ によって導き出される $x=-1$ および $x=1$ のときの接線を緑色の直線で示します。

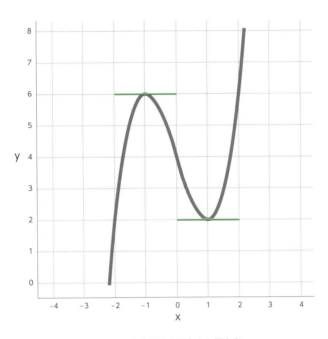

図 1.3-4　3次関数の極大点と極小点

この関数 $f(x)$ では、$x=-1$ 未満から $x=-1$ まで y の値が増加し、$x=-1$ から $x=1$ まで減少し、$x=1$ から再び増加に転じます。$x=-1$ では増加から減少に転じ、接線の傾きが 0 になっています。このような点を極大点といいます。一方、$x=1$ では減少から増加に転じ、接線の傾きが 0 になっています。このような点を極小点といいます。

なお、微分が 0 でも、必ず極大点か極小点になるわけではありません。微分が 0 の場合に極大点もしくは極小点であるかを知るためには、導関数をさらに微分して導関数の変化の度合いを調べます。この導関数 $f'(x)$ を微分した導関数 $f''(x)$ を **2階の導関数** といいます。$f''(x)<0$ のとき接線の傾きが減少し、$f''(x)>0$ のとき接線の傾きが増加します。また、$f''(x)=0$ のときは、接線の傾きが変わる変曲点となります。

POINT!

関数の極大点と極小点についてしっかりと理解しましょう。また、導関数を微分した2階の導関数を用いて極大点と極小点を算出できるように学習しておきましょう。

1.3.4 確率密度関数

連続して変化する値 x に対する確率がどのような分布になるか、すなわち確率の密度がいくらになるかを表現した関数 $f(x)$ を**確率密度関数**と呼びます。あくまで確率の密度がわかるだけなので、それだけではピンポイントで確率がいくらになるかはわかりません。ただし、ある x の範囲にある場合の確率は、確率密度関数を定積分することにより算出できます。

図 1.3-5 のグラフは、正規分布をとる確率密度関数を表します。緑色の部分は、x が 1 から 3 の区間での定積分、すなわちその区間に x が入る確率を表しています。

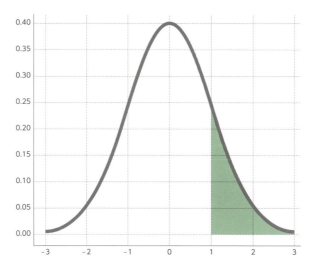

図 1.3-5　正規分布の確率密度関数の定積分

正規分布については、ある範囲の値をとる確率が一覧になって標準正規分布表という表にまとめられています。ある事象のデータが正規分布に従うことが明らかな場合もしくは近似できる場合は、データを標準化することによって、この標準正規分布表に当てはめ、難しい計算を行わずに確率を求めることができます。

1.3.5 偏微分

ここまでの例では単純な関数を見てきましたが、実際のデータ解析の場では変数が複数存在することも多くなります。たとえば、2つの変数をとる関数 $f(x,y)=x^2+y^2$ を考えてみます。x が -2 から 2 までの範囲、かつ y が -2 から 2 までの範囲で変化した場合、グラフは図 1.3-6 のようになり、3 次元の複雑な値をとることになります。

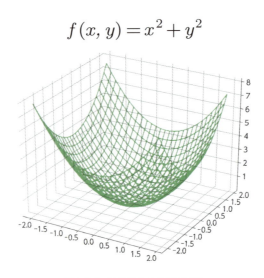

図 1.3-6　偏微分の 3 次元グラフ

こういった複数の変数があるデータを扱う際に複数の変数の微分を扱うと複雑になってしまいます。そこで、扱いを容易にするために1つの変数にだけ注目し、それ以外の変数は定数として扱う**偏微分**という考え方があります。関数 $f(x,y)$ を x で偏微分して得られる関数を**偏導関数**といい、次のように表します。

$$f_x(x,y)=2x$$

また、関数 $f(x,y)$ を y で偏微分して得られる偏導関数は、次のように表します。

$$f_y(x,y)=2y$$

別の例として、x と y の2つの変数を持つ次の関数 $f(x,y)$ を考えます。

$$f(x,y)=x^2+3xy+y^2+1$$

この関数 $f(x, y)$ を、y を定数とみなして x で偏微分すると、x^2 の項は $2x$ になり、$3xy$ の項は $3y$ になります。また、y^2 の項と $+1$ の項は定数のみであるため、それぞれ微分すると 0 になり、$f_x(x, y)$ は次のようになります。

$$f_x(x, y) = 2x + 3y$$

一方、関数 $f(x, y)$ を、x を定数とみなして y で偏微分すると、y^2 の項は $2y$ になり、$3xy$ の項は $3x$ になります。また、x^2 の項と $+1$ の項は定数のみであるため、それぞれ微分すると 0 になり、$f_y(x, y)$ は次のようになります。

$$f_y(x, y) = 3x + 2y$$

先ほどの図 1.3-6 のグラフにおいて極小点を求めたい場合は、変数 x、変数 y ともに傾きが 0 になる点を探せばよいので、それぞれの偏微分が 0 となる点を算出すれば求められます。

偏微分を活用した例として勾配があります。勾配は各偏微分を並べたもので**勾配ベクトル**ともいい、偏微分可能な関数 $f(x_1, x_2, x_3, \cdots, x_n)$ の勾配ベクトル ∇f は次のようになります。

$$\nabla f = \left(\frac{\partial f}{\partial x_1}, \frac{\partial f}{\partial x_2}, \frac{\partial f}{\partial x_3}, \cdots, \frac{\partial f}{\partial x_n} \right)$$

得られた勾配ベクトルは、変数の増減によって関数が増減する方向と量を意味し、関数の極小値で勾配ベクトルはゼロになります。機械学習において、目的の関数の勾配ベクトルがゼロになるようにパラメータを変化させながら計算を繰り返すことにより、パラメータの最適化を行います。

POINT!

偏微分の対象とした変数以外は定数として扱うことに注意して、偏微分を行えるようになりましょう。

第1章　データサイエンス力（基礎）

節末問題

問題 1

$f(x) = 3x^2 - 3$ を微分した導関数として、最も適切なものを 1 つ選べ。

A. $f'(x) = 6x - 3$

B. $f'(x) = 3x$

C. $f'(x) = 6x$

D. $f'(x) = -3$

問題 2

x と y の 2 つの変数を持つ次の関数 $f(x, y)$ を x で偏微分した結果を 1 つ選べ。

$$f(x, y) = x^2 + 2xy + y - 1$$

A. $f_x(x, y) = 2x + 2$

B. $f_x(x, y) = 2x + y - 1$

C. $f_x(x, y) = 2x + x$

D. $f_x(x, y) = 2x + 2y$

問題 3

x と y の 2 つの変数を持つ次の関数 $f(x, y)$ の勾配ベクトルを 1 つ選べ。

$$f(x, y) = 2x + 3y$$

A. $\nabla f = (2x, 3y)$

B. $\nabla f = (x^2, y^3)$

C. $\nabla f = (2, 3)$

D. $\nabla f = (x, y)$

節末問題

解答と解説

1

問題 1　　　　　　　　　　　　　　　　　　　　　　[答] C

微分の公式 $f'(x^n)=nx^{n-1}$ により、$f'(x)=6x$ と求められます。また定数は 0 になります。よって、C が正解です。

問題 2　　　　　　　　　　　　　　　　　　　　　　[答] D

関数 $f(x,y)$ を、y を定数とみなして x で偏微分すると、x^2 の項は $2x$ になり、$2xy$ の項は $2y$ になります。また、y の項と -1 の項は定数のみであるため、それぞれ微分すると 0 になります。よって、D が正解です。偏微分する対象の変数と、定数とみなした変数が混在する項は、間違いやすいので注意しましょう。

問題 3　　　　　　　　　　　　　　　　　　　　　　[答] C

関数 $f(x,y)$ を、y を定数とみなして x で偏微分すると、$2x$ の項は 2 になり、$3y$ の項は 0 になります。また、x を定数とみなして y で偏微分すると、$2x$ の項は 0 になり、$3y$ の項は 3 になります。各偏微分の結果を並べると $\nabla f=(2, 3)$ となり、C が正解です。

59

第1章 データサイエンス力（基礎）

1.4 データの加工

1.4.1 データの加工と可視化

　連続した数値データを不連続なデータ群に分割することを**離散化**といいます。データサイエンスの分野では、データ解析をしやすくするために、ある基準に沿ってグループ分けする場合に離散化が用いられます。離散化などによりグループ分けし分類することを**層化**といいます。層化することにより目的のデータの抽出が容易になり、抽出したデータ同士の性質などを比較した際に特徴がより明確になります。

　層化とは別に、平均という考え方もあり、平均には時間平均と**アンサンブル平均**（集合平均）があります。時間平均は、あるデータに対して時間で平均を算出した値です。一方、アンサンブル平均は、同じ条件下でのデータの値の集合的な平均です。たとえば、ある期間における日本全国の最高気温の時間平均とアンサンブル平均は、表1.4-1のようになります。

表1.4-1　時間平均とアンサンブル平均

	8/19	8/20	8/21	各地の時間平均
東京	33℃	35℃	36℃	35℃
大阪	32℃	33℃	31℃	32℃
沖縄	30℃	29℃	33℃	31℃
全国のアンサンブル平均	32℃	32℃	33℃	

▶ ヒストグラム

　データを分析しやすいように、表や図やグラフなどを用いて視覚的にわかる形で表現することを、**データの可視化**といいます。データの可視化は、分析結果を表示する目的以外にも、データの性質や傾向を探ったり、求めたデータの分析結果を検証するためなどに用いられます。

　データサイエンスの分野でよく行われる可視化の例として、量的データをある基準に沿って離散化することによりグループ分けをし、そのグループに含まれるデータの数をグラフで表すことがあります。このグラフを**ヒストグラム**といいます。

60

ヒストグラムを作成することにより、グループ別の度数の分布を図として得ることができます。表 1.4-2 に示す年収のデータをヒストグラムにしたものが図 1.4-1 のグラフです。上のヒストグラムは 1,000 万円ごとにグループ分けしたもの、下のヒストグラムは 100 万円ごとにグループ分けしたものです。このようにグループ分けの基準を適宜決めることにより、分布状況（どの範囲にどのくらいのデータが含まれているか）を大まかに把握できます。

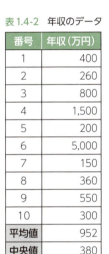

表 1.4-2　年収のデータ

番号	年収（万円）
1	400
2	260
3	800
4	1,500
5	200
6	5,000
7	150
8	360
9	550
10	300
平均値	952
中央値	380

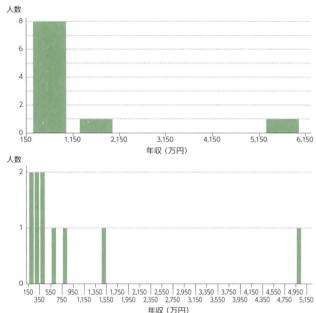

図 1.4-1　定義の違いによる年収ヒストグラムの違い

▶ クロス集計表

2 つ以上の指標についてデータを同時に記載した表を**クロス集計表**といいます。たとえば次ページの表 1.4-3 は、学年ごとの人数と部活ごとの人数を同時に記載したクロス集計表です。クロス集計表は、複数の指標を同時に記載することにより関連性の高い項目の一覧性を高めることができます。一方、さまざまな指標を載せすぎてしまうと閲覧する人を混乱させたり、重視すべきポイントがあいまいになってしまうため、クロス集計表の内容と表現方法には注意が必要です。

表1.4-3 部活動と学年のクロス集計表

部名	1年	2年	3年
全体	174	175	171
サッカー部	20	25	22
野球部	30	35	31
テニス部	22	24	15
陸上部	18	19	15
剣道部	10	14	11
柔道部	13	17	9
茶道部	4	5	3
将棋部	7	6	5
その他	50	30	60

▶ 散布図

2種類の量を持つデータについてそれぞれの量を縦軸と横軸にとってプロットしたグラフを、**散布図**といいます。散布図を作成することにより、2種類の量は互いに関連があるのか、関連がある場合はどのような関連なのかがわかります。図1.4-2のグラフは、最高気温とある店舗のビール売上数を散布図に表したものです。この図から、「最高気温とビール売上数にはおおよそ正の比例関係がある」と読み取ることができます。このように、散布図を作成することにより、おおよその関連性を把握することができます。

表1.4-4 最高気温とビール売上数

最高気温 (℃)	ビール売上数 (杯)
25	30
26	33
27	31
28	36
29	29
30	38
31	35
32	40
33	45
34	55
35	51
36	58
37	59
38	57
39	60

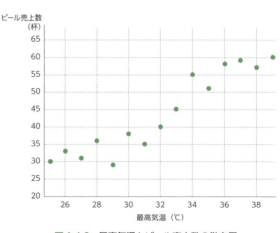

図1.4-2 最高気温とビール売上数の散布図

1.4 データの加工

POINT!

離散化などによりグループ分けし分類する層化について正しく理解することが重要
です。また、時間平均とアンサンブル平均の違いを把握し、算出できるようにして
おきましょう。
データの可視化の方法には、ヒストグラム、クロス集計表、散布図などがあります。
それぞれのグラフや表の特徴を学び、作成できるようになりましょう。

1.4.2　標本調査と標本誤差

　統計調査などをする際に対象のすべてに対して調査を行うことを、全数調査とい
います。一方、対象から無作為に抽出した一部の対象だけに対して調査を行うこと
を、標本調査といいます。標本調査では、標本を何回抽出したかを示す言葉として
「**標本数**」や「**サンプル数**」があります。一方、1回の標本抽出に含まれる個体数を示
す言葉として「**サンプルサイズ**」があります。

　全数調査と比較して標本調査は時間や手間や費用を抑えることができます。しか
しながら標本調査には調査されなかった対象が存在するため、誤差が生じます。こ
れを**標本誤差**といいます。標本誤差として真の調査結果との直接的な差を算出する
ことは困難です。なぜなら、その他のさまざまな要因による誤差も含む可能性があ
るためです。標本誤差は一般的に、**標準誤差**という統計データを用いて間接的に信
頼度を表します。標準誤差は、標本調査の標本数 n が十分に大きい場合は標準偏差
σ を用いて次のように表します。

$$標準誤差 = \frac{\sigma}{\sqrt{n}}$$

　この式からわかるように、標準誤差は標本数の平方根に反比例します。つまり、
標本数が多いほど標本誤差は小さくなるといえますが、その分、時間や手間や費用
がかかるので効率的な標本調査のための設計が重要になります。

POINT!

標準誤差は標本数が多いほど小さくなることを学びましょう。

63

第1章　データサイエンス力（基礎）

1.4.3　分散分析

　ある事象や実験について、条件を変えずに行った場合と、条件を変えて行った場合それぞれの平均値を比較解析し、変化があったかどうかを分散を用いて分析することを、**分散分析**といいます。名称は分散分析ですが、分散そのものを分析するものではなく、分散を用いて平均値を分析するものです。分散分析については、考え方や数式による算出の難易度が高いため解説を省きますが、データサイエンスの分野では計算機を用いて容易に算出できるようになっています。基本的な考え方としては、1つの条件下におけるデータ群の平均値からの誤差のばらつきよりも、複数の条件（因子）下でのデータ群の間をまたいだ平均値のばらつきが大きかった場合に、その条件による効果（主効果）があったと判断します。この因子が1つの場合を**一元配置**といい、因子が2つ以上の場合を**多元配置**といいます。

　データ分析において、分散分析などを用いてポイントを絞って効率的にデータを扱うよう設計し、分析を実行することにより、時間や手間や費用を抑えることができます。その手法としては、Sir Ronald Aylmer Fisher が提唱した実験計画法があります。実験計画法では、分散分析の他にも最適計画法や物理実験、シミュレーション実験などの手法が用いられます。

　実験計画法には、反復（replication）、無作為化（randomization）、局所管理（local control）の3原則があります。

▶ 反復

　反復とは、比較実験を行うときに、複数回の測定が不可能でない限り、同じ条件で2回以上測定を行うことです。1回だけの測定では、違いが生じても意味のある違いなのか、測定誤差なのか判別ができません。複数回測定を行うことにより、偶然生じた誤差なのかどうかが判別しやすくなります。

▶ 無作為化

　無作為化とは、実験対象に対して場所や時間や順序を無作為に設定して実験を行うことです。無作為化により、場所や時間や順序による偏った誤差を最小限に抑えることができます。

64

▶ 局所管理

局所管理は、場所や時間帯などの条件の偏りによって誤差が生じるような場合に、条件を場所や時間帯ごとのブロックで区切って実験を行うことです。ブロック内で無作為化を行い、ブロック内での偏りが起こらないようにします。反復と無作為化は常に適用が必要な原則ですが、局所管理はブロック化が必要な場合に適用します。

▶ 直交法

実験を行うにあたり、実験対象や条件を増やしていくと試行の組み合わせは指数関数的に増えていき、すべてを試行するのは難しくなります。実験計画法には、直交表を用いて実験回数を削減する直交法があります。直交表の利用については技術が必要なため、ここでは解説を省略します。

> **POINT!**
>
> 分散を用いて平均値を分析する分散分析について理解することが大切です。また、実験計画法には、反復、無作為化、局所管理の3原則があります。

1.4.4　因果推論

これまでのデータサイエンスの世界では相関関係を分析する手法が主流でしたが、これらの方法では、どのような因果があるのかまではわかりませんでした。そのような中注目されているのが、実際のデータにもとづいて因果関係を推定する**因果推論**です。

因果推論のよくある事例として、広告の効果の推定があります。広告を掲示した後にその商品の売上が増えたとしても、その広告を掲示したことだけが売上増加の原因かどうかはわかりません。大手チェーンでたまたまセールが行われていたのかもしれませんし、気候の影響を受けた可能性もあります。こういった場合に広告を見たかどうか以外の条件を同一にして、広告を見た人がどうしたか、広告を見た人がもし広告を見ていなかったらどうしていたかを推察することによって、因果関係を推定できます。このとき、広告を見た人を**処置群**（**実験群**）といい、広告を見なかった人を**対照群**といいます。

ここで重要なのは、得られた結果に偏りがないようにすることです。広告につい

てアンケートをとった場合、その広告に興味がある人がより積極的にアンケートに答えることで、偏りが発生する可能性があります。また、広告を目にする機会も性別や職業や生活環境によって差が出てきます。こうした偏りをなるべく排除する必要があります。

実際には、推定したい要素や条件以外をすべて同一にすることは難しいです。そのため、効果を分析する際には、その分析に大きな影響を与える要素や条件を特定し、偏りをなくすように補正する必要があります。

1.4.5 アウトプットとアウトカム

統計学やデータサイエンスでは、インプット（入力）を取り込み、処理を実行し、アウトプット（結果の出力）を評価し、分析を行います。また、アウトプットがもたらした効果や影響のことを**アウトカム**といいます。このアウトカムを評価することにより、アウトプットのみならず、そのアウトプットがもたらした影響なども総合的に検証することが可能になります。

インプットから得られるアウトプットやアウトカムには、さまざまな要因によって誤差やばらつき、偏りが生じます。その中でも重要なものとして中間因子と交絡因子があります。

図 1.4-3　インプットとアウトカム、中間因子と交絡因子の関連

アウトカムに直接関与する因子を**中間因子**といいます。たとえば、血中の悪性コレステロール値を下げることによって血管の病気を防ぐような薬があった場合、アウトカムは血管の病気を防ぐ事象であり、コレステロール値を下げる事象は中間因子にあたります。中間因子は、インプットと関連があること、アウトカムに影響することを証明することにより、中間因子であると特定できます。

一方、調査で直接対象としている要因以外の範囲に存在し、アウトカムに影響を与える因子を、**交絡因子**といいます。交絡因子には、対象が持つ属性や状況による内的要因と、社会的・自然的・人的な環境などの影響による外的要因があります。

1.4 データの加工

POINT!

インプット、アウトプットの他に、アウトプットがもたらした効果や影響を表すアウトカムがあります。さらに、アウトプットやアウトカムに誤差やばらつき、偏りを生じさせる中間因子や交絡因子があります。

1.4.6 バイアス

実験などを「インプット→アウトプット→アウトカム」の流れで実行し、統計学を用いて評価していく中で重要となるのが、精度と偏り（バイアス）です。特にバイアスは理解するのが難しい概念ですが、学習にあたって、要点をしっかり押さえる必要があります。

統計学では主に**選択バイアス**、情報バイアス、交絡バイアスの3種類のバイアスが取り扱われます。

選択バイアスには脱落バイアス、欠測データバイアス、自己選択バイアスなどがあります。**脱落バイアス**は、継続的に行っている調査の途中で対象が調査から外れてしまった場合に生じます。また、**欠測データバイアス**は、必要なデータの一部が欠けている場合に生じます。**自己選択バイアス**は、対象に積極的な意思が存在する場合に生じます。たとえば、健康に関するアンケートを実施した場合に、健康維持に意欲的な人のデータばかりが集まってしまうケースなどが考えられます。

データを取得する方法やデータ加工手法などに不足やミスがあった場合に、結果として生じた偏りのことを、情報バイアスといいます。情報バイアスが生じる例として、不正確な記憶をもとに回答したり、誘導的な質問により回答してしまった場合などが考えられます。

また、要因やアウトカムに潜む交絡因子によって生じる偏りを、交絡バイアスといいます。交絡バイアスは分析段階で調整することが可能ですが、選択バイアスや情報バイアスは後から修正することが困難なため、実験計画策定の時点で十分な対策をとる必要があります。

その他にも、対象とした母集団の選択が適切でなかったり、分析する際に先入観や偏見などを含んでしまった場合に生じる偏りである**サンプリングバイアス**があります。たとえば、固定電話のみに電話をかけて世論調査を行った場合、携帯電話しか持っていない世帯のデータは含まれないので、サンプリングバイアスが生じます。

第1章　データサイエンス力（基礎）

> **POINT!**
>
> アウトプットやアウトカムに影響を生じさせる偏り（バイアス）には、選択バイアス、情報バイアス、交絡バイアス、サンプリングバイアスなどがあります。また、選択バイアスには、脱落バイアス、欠測データバイアス、自己選択バイアスなどがあります。

1.4.7　ダミー変数

　計算機を用いたデータ解析において量的変数と質的変数が混在していると、適切な結果が得られなかったり、計算自体が不可能になる場合があります。そうした場合に、質的変数を0と1に変換して扱うことがあります。このとき、変換後の変数を**ダミー変数**といいます。たとえば、「男」「女」という質的変数があった場合に「男=0」「女=1」をとるダミー変数に変換するケースなどが挙げられます。

1.4.8　外れ値と異常値

　あるデータ群の中で他のデータに比べて極端に大きい値や極端に小さい値を、**外れ値**といいます。外れ値のうち原因が特定できているものを**異常値**といいます。なお、大きく外れているからといって必ずしも異常値とは限りません。異常の原因の特定には慎重かつ正確な調査が必要になります。また、何らかの原因で存在しない値を**欠損値**といいます。計算機を用いた分析では値が欠損すると分析に支障が生じるため、欠損値を補完する必要があります。欠損値の補完には外れ値以外の正常な値の平均値を利用したり、近傍の値から類推する方法などが用いられます。

　外れ値の判定方法としては、対象のデータが標準偏差の3倍以上離れていたら外れ値と判定する方法があります。ただし、この方法は、平均値が安定している必要があるため十分なデータ数を必要とします。データ数が少ない場合は、中央値を基準としてデータを順に並べて四分割した四分位数を利用した「四分位偏差」などを用いて、外れ値の判定をします。

68

1.4 データの加工

POINT!

外れ値と異常値の違いを把握することが大切です。外れ値は必ずしも異常値ではありません。また、欠損値は補完が必要です。

1.4.9 標準化とスケーリング

データの種類によっては、値が -1 から +1 までの範囲であったり、-10,000 から +10,000 までの範囲であったり大きく異なって取り扱いが難しい場合があります。そういった場合に平均が 0、分散が 1 となるように変換して扱うことがあります。この変換を**標準化**といい、このようにデータを扱いやすくするための変換や操作を**スケーリング**または**尺度の変更**といいます。i 番目のデータを x_i、平均を μ、標準偏差を σ としたとき、標準化されたデータ z_i は次の式で表せます。

$$z_i = \frac{x_i - \mu}{\sigma}$$

この式から、データが平均のときは 0 であることがわかります。ここでは証明は記載しませんが、標準偏差の 2 乗（σ^2）である分散もこの式から 1 と導くことができきます。

また、標準化以外にも最小値が 0、最大値が 1 となるようにスケーリングする**正規化**という手法があります。ただし、値の変動が大きい場合や最大値が不明な場合は、正規化した値を利用する場合に外れ値などの影響が大きくなるため注意が必要です。

標準化を応用したもので有名なのが偏差値です。偏差値は、データの平均値の偏差値を 50 とした場合に各データが全体の中でどの位置にあるかを人間の目で見たときに直感的にわかるようにしたもので、次の式で定義されています。

$$偏差値 = \frac{x_i - \mu}{\sigma} \times 10 + 50$$

P.21（図 1.1-6）に例示した成績のデータの標準化の値と偏差値を、次ページの表 1.4-5 に示します。このように標準化を行ったり標準化した値を応用することにより、計算機で扱いやすくなり、人が見てもわかりやすく表現することが可能になります。

第1章　データサイエンス力（基礎）

表 1.4-5　点数の標準化と正規化

出席番号	点数	標準化	偏差値
1	100	0.98	60
2	80	0.40	54
3	15	-1.47	35
4	0	-1.90	31
5	40	-0.75	43
6	100	0.98	60
7	90	0.69	57
8	88	0.63	56
9	90	0.69	57
10	65	-0.03	50
11	15	-1.47	35
12	78	0.34	53
13	40	-0.75	43
14	100	0.98	60
15	90	0.69	57

平均値	66.07		
中央値	80.00		
分散	1,128.73		
標準偏差	33.60		

> **POINT！**
>
> データのスケーリングや尺度の変更について理解しましょう。また、データの平均が0、分散が1となるように変換する標準化についてもしっかり学ぶ必要があります。

1.4.10　データを読む

　データ分析では、さまざまな表やグラフなどの可視化された情報を目にすることがあります。その際、正確な用語を理解して正確に情報を読み取ることが重要であり、意図的な情報に誘導されないかなどに注意する必要があります。また、自身で表やグラフを作成する際にも、簡潔でわかりやすくなるように注意して作成する必要があります。

　データ可視化を行う際に、良い表やグラフを描くための考え方として**データイン**

ク比 (Data-Ink ratio) というものがあります。データインク比とは、アメリカの統計学者でコンピュータ科学の権威の Edward Tufte により提唱された用語であり、次のように定義されています。

$$data\ ink\ ratio = \frac{Data\ ink\ (必要なデータのインク量)}{Total\ ink\ (すべてのインク量)}$$

Edward Tufte は、データインク比を高めることがデータ可視化の基本だと説いています。つまり、データ可視化において、余計な情報や装飾など余分なものを排除し、必要なものだけがシンプルにピックアップされるように図示することが、良い表やグラフを作成するコツであるといえます。

また、似たようなデータ可視化の指標として、同じく Edward Tufte が提唱した、画面上の単位面積あたりのデータ量を示す**データ濃度** (data density) があります。データ濃度を上げることにより、情報の密度を高めることがデータ可視化の基本になります。

表やグラフに過剰な装飾を施したり、閲覧者を作成者の目的に意図的に誘導するような情報を含めたりなどの**不必要な誇張**も、データ可視化において避けるべきです。また、他者の作成した図やグラフからそういった意図を見抜く力も必要になります。たとえば、回線速度を他社と比較するグラフで意図的に軸のスケールを変えたり一部を省略している広告なども、不必要な誇張の例の 1 つといえます。

1.4.11 アニメーション

データをもとに作成したグラフなどに対して、**アニメーション**を適用し、時間的に変化するデータを動的に観察することもできます。グラフに動きをつけることで、変化するデータの構造を明確に把握することができます。アニメーションは、全体の構造を把握する際には役立ちますが、データの細部に潜む重要な示唆に気づきにくい点に注意が必要です。

次ページの図 1.4-4 は、性別と年齢別に人口分布を動的に可視化したものです。このように、経年変化するデータや気象情報などの物理現象の構造を把握する際には、アニメーションによる可視化が有用です。

第1章　データサイエンス力（基礎）

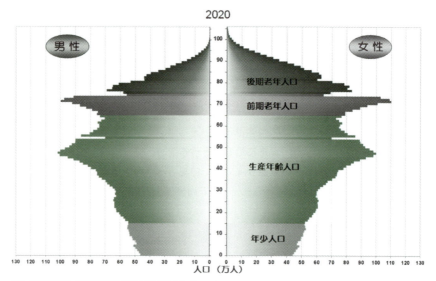

出典：国立社会保障・人口問題研究所「日本の将来推計人口」（https://www.ipss.go.jp/site-ad/TopPageData/Pyramid_a.html）

図 1.4-4　アニメーションを用いたグラフの例

1.4.12　多次元データの可視化

　データの可視化において、変数の数が2つのみであれば、2次元散布図や2次元ヒストグラムなどで容易に可視化できます。多変数の場合でも、これらのグラフを用いて可視化することは可能ですが、2変数ごとに散布図やヒストグラムを生成する必要があり、データ分析にかかる労力が増す可能性があります。多変数の情報を一度にまとめて可視化できれば、効率的に分析ができるかもしれません。

　ここでは、多次元データの可視化に用いられる代表的な方法として、散布図行列、平行座標プロット、ヒートマップを取り上げます。

▶ 散布図行列

　散布図行列は、複数の変数のうち、すべての2変数同士をペアにして散布図を作成し、行列の形式で表現したものです。複数の2次元散布図を1つにまとめて表示できるため、変数間の相関関係を同時に把握することができます。

　図 1.4-5 は、数学（math）、物理（physics）、英語（English）のテスト結果を散布図行列で表しています。数学と物理の間には正の相関があり、英語と他2科目の間

には負の相関があることが同時に確認できます。

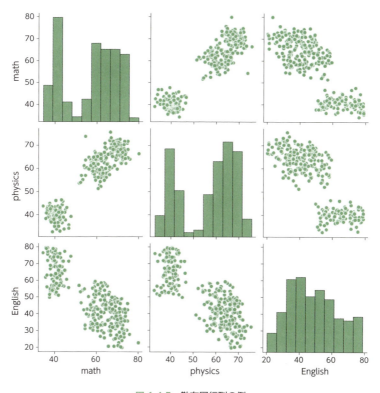

図 1.4-5　散布図行列の例

▶ 平行座標プロット

2変数ごとに関係性を表示する散布図行列に対して、**平行座標プロット**は、すべての変数を平行に並べて表現したものです。水平方向に座標軸、垂直方向にデータを表しており、1つのグラフですべての変数間の関係を確認できます。折れ線グラフに酷似していますが、折れ線グラフは横軸の順番に意味があるのに対して、平行座標プロットは横軸の順番に意味はありません。

次ページの図 1.4-6 は、各クラスの 3 科目のテスト結果を平行座標プロットで表示しています。クラスごとに線が色分けされており、それぞれの傾向を同時に確認できます。

第1章 データサイエンス力（基礎）

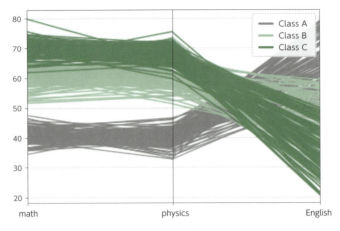

図 1.4-6　平行座標プロットの例

▶ ヒートマップ

ヒートマップは、各変数値の大きさによって色の濃淡を表現したものです。データを色で表現することで、値の大小や着目している箇所などの情報を直感的に捉えることができます。

図 1.4-7 の左図は、3科目の相関係数を数値とともにヒートマップで表示しています。色の濃い部分は正の相関、色の薄い部分は負の相関というように直感的に変数同士の相関を確認できます。

また、図 1.4-7 の右図は、画像中で着目している箇所をヒートマップで表現しています。画像認識において AI（コンピュータ）がどこに着目しているのかを可視化したりする際にもヒートマップが用いられます。

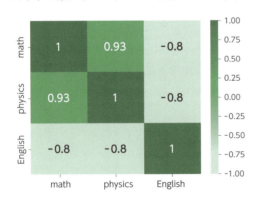

出典：Grad-CAM: Visual Explanations from Deep Networks via Gradient-based Localization (https://arxiv.org/pdf/1610.02391.pdf)

図 1.4-7　ヒートマップの例

節末問題

問題 1

次のグラフは、最高気温と、ある居酒屋店舗におけるビール売上数を散布図で表したものである。このグラフから読み取れる事柄として、最も適切なものを1つ選べ。

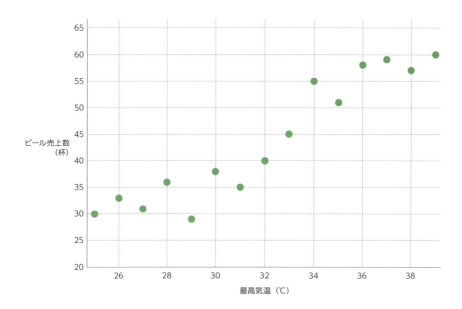

A. 夏の最高気温とビール売上数には比例の関係が見られる
B. 最高気温 40℃ 以上でもビール売上数は上昇することが見込まれる
C. 最高気温が高いとビールを飲みたくなる人が増えるため売上数が増えると思われる
D. 満遍なく分布していることからビール売上数の平均は 40 程度と見られる

問題 2

あるFCチェーン店舗の3日間の売上が次の表のような場合、アンサンブル平均の金額の組み合わせとして、最も適切なものを1つ選べ。

	3/24 金曜日	3/25 土曜日	3/26 日曜日
東京店	20万円	60万円	100万円
名古屋店	15万円	50万円	80万円
大阪店	19万円	55万円	90万円

A. 60万円、48万円、50万円
B. 18万円、55万円、90万円
C. 60万円、48万円、55万円
D. 18万円、48万円、55万円

問題 3

次の図は、ある調査によって人数を年収500万円ごとにグループ分けしたヒストグラムである。このヒストグラムからおおよそ読み取れる事柄として、最も適切なものを1つ選べ。

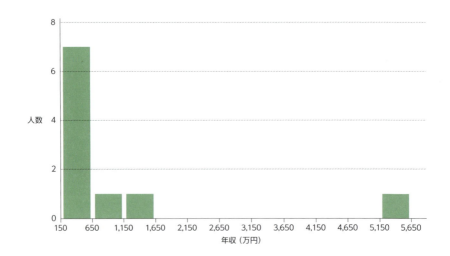

A. この調査結果は 4 つのグループに分かれる

B. この調査結果は大きく外れた値がある

C. この調査結果は正規分布に沿っている

D. この調査結果は 1,000 万円あたりに中央値がある

問題 4

データサイエンスにおける統計調査について、最も適切なものを 1 つ選べ。

A. 全数調査ではすべての標本について調査するため誤差は発生しない

B. 標本数が多い場合は誤差も多くなるため標本調査をするべきではない

C. 国民全員について調査する際は全数調査が必須である

D. 標本調査では標本数が多いほど誤差は小さくなる傾向にある

問題 5

因果推論について、最も適切でないものを 1 つ選べ。

A. 調査の対象者を処置群、調査の対象外の者を対照群という

B. 性別の違いにより雑誌広告に接触する機会が異なるため、性別も読者アンケートに含めた

C. 広告の商品の購入に影響がない要素は読者アンケートに含めなかった

D. 因果推論はあくまで推計であり、完全な分析には至らない場合がある

問題 6

統計調査におけるアウトカムの偏りについて、最も適切なものを 1 つ選べ。

A. 交絡バイアスは中間因子に依存するため分析段階では調整できない

B. 調査手法のミスなどによりデータが不足した場合に脱落バイアスが発生する

C. 必要なデータの一部が欠けている場合に欠測データバイアスが発生する

D. 読書時間のアンケートに読書好きな人が積極的に回答するため情報バイアスが発生する

第1章　データサイエンス力（基礎）

解答と解説

問題1　　　　　　　　　　　　　　　　　　　　　　　　　　　　　　　[答] A

　このグラフは最高気温とビール売上数の2つの量をプロットしたものであり、他のデータは含まれていません。40℃以上の場合については、情報やデータがないため予測することは難しいです。この散布図は最高気温とビール売上数の2つのデータのみであり、人数のデータは含まないため、人数の大小については読み取ることができません。また、この散布図から平均を読み取ることは難しく、何を基準にした平均かも定義しにくくなります。この散布図の最高気温の範囲は夏であり、最高気温とビールの売上数はおおよそ比例の関係にあることが読み取れます。よって、Aが正解です。

問題2　　　　　　　　　　　　　　　　　　　　　　　　　　　　　　　[答] B

　時間平均は、あるデータに対して時間で平均を算出した値です。一方、アンサンブル平均は、同じ条件下でのデータの値の集合的な平均です。この表の場合は行方向の平均が時間平均、列方向の平均がアンサンブル平均になります。各列の数値の平均を求めると、左から順に18万円、55万円、90万円になることがわかります。よって、Bが正解です。

問題3　　　　　　　　　　　　　　　　　　　　　　　　　　　　　　　[答] B

　ヒストグラムは、作図のための定義を自由にできるため、その利用はあくまで大まかな数の分布の把握に留まります。4つのグループに分かれたのは、自由に定義した結果そうなっただけであり、調査結果の本質を表すものではありません。正規分布に沿う場合はヒストグラムも正規分布の形に似る傾向にありますが、このヒストグラムでは明らかに違うことが読み取れます。平均値や中央値についてはヒストグラムからはわかりません。このヒストグラムからは他の値（金額）から大きく離れた「外れ値」があることが読み取れます。よって、Bが正解です。

問題4　　　　　　　　　　　　　　　　　　　　　　　　　　　　　　　[答] D

　全数調査でも項目の未回答や調査実施時のミスなどで誤差が発生する可能性はあります。国民全員について全数調査する場合もありますが、ほとんどの調査は標本調査にて実施されています。

　標本調査では、次の標本誤差の式からわかるように標本誤差は標本数の平方根に

78

節末問題

1

反比例するので、標本数が多いほど誤差は小さくなります。よって、Dが正解です。

$$標準誤差 = \frac{標準偏差\ \sigma}{\sqrt{標本数\ n}}$$

問題5　　　　　　　　　　　　　　　　　　　　　　　　　　　　　[答] A

　調査を行う中で、何らかの処理を加えたグループを処置群、対照となる処理を加えなかったグループを対照群といいます。雑誌などで読者アンケートを行う場合は、雑誌を見る機会などが性別で偏りが出る可能性があるので、性別をアンケート項目に含めるべきです。偏りをなくすために調査の要素や条件をなるべく多くすべきですが、すべての要素や条件を含めることは現実的ではないため、結果に大きな影響を与えない要素や条件については省いても問題ありません。また、因果推論はあくまで「推論」であり、種々の分析のように完全な分析結果を出せるものではないことにも注意が必要です。よって、Aが正解です。

問題6　　　　　　　　　　　　　　　　　　　　　　　　　　　　　[答] C

　必要なデータの一部が欠けている場合に発生するのは、欠測データバイアスです。よって、Cが正解です。その他の選択肢について順に見ていくと、Aの「交絡バイアス」は、中間因子とは直接関係しない交絡因子によって引き起こされる偏りであり、分析段階でも調整ができます。Bは、脱落バイアスではなく「欠測データバイアス」の説明です。脱落バイアスは、継続的に行っている調査の途中で対象が調査から外れてしまった場合に発生します。また、Dのように、データの収集時に対象の積極的な意思が存在する場合に発生するのは、情報バイアスではなく「自己選択バイアス」です。

79

第2章

データサイエンス力（実践）

　本章では、機械学習とそれに関連する統計用語について説明します。AI（人工知能）と関連の深い機械学習において、基本となる回帰や分類、クラスタリングといった分析手法を押さえた上で、評価や検定方法について見ていきます。また、分析対象となるデータを読み解く方法や処理方法についても説明します。

第 2 章　データサイエンス力（実践）

2.1 データの分析

2.1.1 データの理解

　データサイエンティストに限らず、情報を読み解く力は必要不可欠です。情報を適切に理解できなければ、理にかなった行動ができません。そのためにも、数字やグラフといったデータに込められた意味合いを適切に読み解く力が重要になります。

　一般的に、データ分析は次のようなプロセスで取り組みます。

1. 情報収集
2. 集計
3. データ可視化
4. 意味合いの抽出

　まず、「1. 情報収集」でデータを収集します。収集したデータをもとに分析をする前に、表 2.1-1 のような観点で、データの量や質に不備がないかを必ずチェックしましょう。

表 2.1-1　データチェック時の観点の例

データの量	● データの件数が想定どおりか ● データ分析や機械学習に取りかかる上で十分なデータが揃っているか ● 想定した期間のデータが揃っているか
データの質	● 重複するデータがないか ● データに偏りがないか ● データ項目に重複や抜け漏れがないか ● 目的変数に対して適切な説明変数が揃っているか ● 適切な型でデータが格納されているか ● 欠損値や異常値がどの程度含まれているか

　データを収集したら、「2. 集計」のプロセスでデータを集計、いわゆる数表化します。たとえば、収集した売上データを集計し、商品別などのグループに分けて数表

82

2.1 データの分析

を作成します。

表 2.1-2 収集した売上データの数表化

月	売上金額（千円）		
	商品 A	商品 B	商品 C
1月	85.3	23.3	9.8
2月	86.1	27.2	10.3
3月	88.6	26.5	10.2
4月	86.3	28.7	10.0
5月	86.1	26.8	10.8
6月	88.5	31.1	13.0
7月	92.4	42.2	14.7
8月	87.8	48.2	15.8
9月	86.8	27.1	17.5
10月	90.3	25.4	19.5
11月	88.9	25.8	28.5
12月	92.2	22.5	39.7

　数表のままでも分析することは可能ですが、数字の並びから直感的に重要な意味合いを見いだすことが難しいケースは往々にしてあります。そこで「3. データ可視化」のプロセスで数表をビジュアル化します。ビジュアル化することにより直感的にデータの傾向や特徴を把握することができ、新たな事実を見つけやすくなります。表 2.1-2 の数表の売上データを可視化すると、図 2.1-1 のようになります。

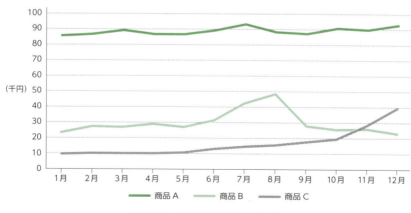

図 2.1-1　商品別売上金額の可視化

第2章　データサイエンス力（実践）

　データを可視化したら、最後に「4. 意味合いの抽出」のプロセスを実行します。このプロセスでは、数字やグラフから読み取れることを言葉にし、データに込められた意味合いを抽出します。図2.1-1のグラフからは次のようなことが読み取れるでしょう。

- 商品Aは、年間を通して売上が安定している
- 商品Bは、夏（7月、8月）に最も売れている
- 商品Cは、6月以降に少しずつ売上が増え、11月以降に売上をさらに伸ばしている

　データ分析のプロセスは一方向に進めるだけではありません。新たな気づきや疑問があれば、再度「2. 集計」や「3. データ可視化」のプロセスに戻りながら繰り返し分析する必要も出てきます。また、ビジネスシーンでは、抽出した意味合いに対して「なぜそのような事象が起きているのか」を考察します。たとえば、商品Cについて考察すると、「売上が6月以降に増えたのは、広告の出し方を変えたからなのか」「11月以降に売上がさらに伸びているのは、寒い時期に需要があるからなのか」のように仮説が立てられます。仮説の正しさを実証する必要はありますが、データに潜む事実や成功への要因などを適切に見いだせれば、データをうまく活用しているといえるでしょう。

> **POINT!**
>
> データの分析は、「情報収集」→「集計」→「データ可視化」→「意味合いの抽出」の手順で取り組みます。「情報収集」の際は、データの量や質に不備がないかチェックしましょう。

2.1.2　関係性の可視化

　データ分析においては、オブジェクト（物体や要素）同士の関係性を整理する場面があります。データの構成が複雑であればなおさらです。そこで重要となる考え方がグラフ理論です。グラフ理論は、ノード（点）とエッジ（辺）から成るグラフを扱う理論で、オブジェクト間の関係性（ネットワーク）を可視化するのに役立ちます。エッジに向きがないグラフを**無向グラフ**、向きがあるグラフを**有向グラフ**とい

84

います。

　無向グラフのエッジは双方向の関係を表します。たとえば、SNSの友達関係や組織の体制図などは、お互いの合意によって成り立つ関係なので、無向グラフとして表現できます。無向グラフのエッジは矢印なしの線で表します。

　一方で、有向グラフのエッジは一方向の関係を表します。たとえば、SNSのフォロー関係や乗換案内の経路などは、一方から他方へのアプローチによって成り立つ関係なので、有向グラフとして表現できます。有向グラフのエッジは矢印の線で表します。

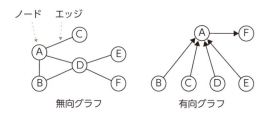

図 2.1-2　無向グラフと有向グラフ

　各エッジに重みと呼ばれる数値を付与するケースがあります。グラフ理論における**重み**とは、時間や距離、金額などのコストを表す付加情報です。たとえば、乗換案内の経路を表す有向グラフにおいては、各エッジに所要時間や運賃を付与することでより細かい条件を可視化できます。

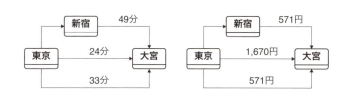

図 2.1-3　重みを付与した有向グラフの例

　各ノードにつながっているエッジの数を**次数**といいます。次数の多いノードほど、そのネットワークにおいて重要な役割を担うオブジェクトであると考えることができます。有向グラフにおいて、ノードに入るエッジ数を入次数、ノードから出るエッジ数を出次数といいます。

　グラフ理論は、身近なサービスやソフトウェアで活用されています。たとえば、SNSでは友達の友達を推薦する際に、グラフ理論で整理されたユーザー同士のつな

がりが活用されます。また、後述の自然言語処理（コンピュータを用いて文章を解析する技術）においては、単語間の関係性や類似性を分析するのに用いられます。

> **POINT!**
> オブジェクト間の双方向の関係性を表現する場合は無向グラフ、一方向の関係性を表現する場合は有向グラフを用います。

2.1.3 パターンの把握

　膨大なデータから統計的なパターンを見つけ出す方法として、アソシエーション分析という手法がしばしば用いられます。**アソシエーション分析**とは、「もしこうだったら（条件）、こうなるであろう（事象）」というように条件と事象の関係性を見つけ出すデータマイニングの一手法です。EC サイトにおいて、顧客にお勧めの商品やサービスの情報を提供する**レコメンド**（**レコメンデーション**）の機能にもアソシエーション分析が用いられています。つまり、「ある商品を購入した人は、別のある商品も購入している」という関係性（購買行動のパターン）を顧客へのアプローチに活用しているのです。

　事象 X（商品 A を購入する）と事象 Y（商品 B を購入する）の両方の事象がともに起こる頻度を**共起頻度**といい、共起性を測る指標として用いられます。共起頻度の特徴は、事象 X と事象 Y を入れ替えても条件と事象の関係性は変わらないことです。

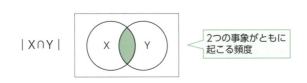

図 2.1-4　共起頻度のベン図

　共起頻度は、アソシエーション分析で用いられる指標の 1 つですが、レコメンドにおけるアソシエーション分析では、共起頻度とは別に、信頼度、支持度、リフト値の 3 つの指標が用いられます。

▶ 信頼度

信頼度（Confidence）は、事象 X が起こった状況下で、事象 Y も起こる割合です。たとえば、商品 A を購入した 10 人のうち、6 人が商品 B も購入した場合、信頼度は 0.6（60%）となります。

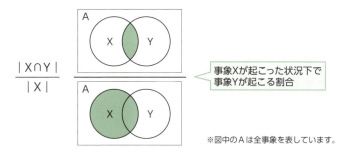

図 2.1-5　信頼度（Confidence）

共起頻度と信頼度の大きな違いは、方向性の有無です。共起頻度は、事象 X と事象 Y を入れ替えても両者の関係性は変わりませんが、信頼度は、事象 X と事象 Y に方向性があります。レコメンドを例に考えると、プリンター本体を購入した人に専用インクを勧めるのは適切なレコメンドといえますが、その逆は適切とはいえないでしょう。このようにアソシエーション分析では、方向性を考慮する必要があり、信頼度を用いることによって方向性を踏まえた関係性を把握できます。

▶ 支持度

支持度（Support）は、事象 X と事象 Y の両方がともに起こる割合です。

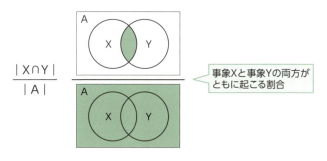

図 2.1-6　支持度（Support）

たとえば、たまたま 1 人の顧客が商品 C を購入し、同じ人がその後に商品 A も購

入したとします。この場合、信頼度は100%となり、次回から商品Cを購入した人に商品Aを勧めることになります。しかし、商品Cはたまたま購入されただけで、実際にはあまり売れていない商品です。信頼度が100%とはいえ、商品Cを購入した人に何らかのお勧めをするのは一般性があるとはいえません。膨大なデータの中で、一般性のある事象に絞ってアソシエーション分析をする際などに支持度が用いられます。

▶ リフト値

リフト値（Lift）は、事象Xが事象Yの発生率をどの程度引き上げているかを表す指標です。

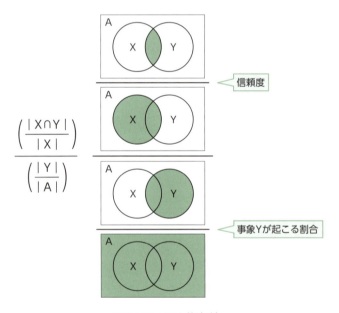

図 2.1-7　リフト値 (Lift)

リフト値は、商品Aが商品Bの購入率をどの程度増やしているかを表します。リフト値が高いほど、商品Aと商品Bのセット購入の人気が高いといえ、リフト値が低いほど、商品Bそのものの人気が高いということになります。つまり、リフト値が低いと、商品Aと商品Bはたまたま一緒に売れていたことになるため、両者を組み合わせてレコメンドすることは適切でないといえます。このように、例外的に多発する事象を排除してアソシエーション分析をする際にリフト値が用いられます。

2.1　データの分析

> **POINT!**
>
> 方向性を踏まえて 2 つの事象の関係性を把握したいときは信頼度、2 つの事象が同時に起こることに一般性があるか否かを把握したいときは支持度、ある事象が他方の事象の発生に影響を与えているか否かを把握したいときはリフト値が、それぞれ指標として用いられます。

節末問題

問題 1

次の表とグラフは、2012 年から 2021 年までの育児休業取得率の推移をまとめたものである。表とグラフから読み取れることとして、最も適切なものを 1 つ選べ。

A. 女性の取得率は上昇傾向にある
B. 男性の取得率は、2020 年から 2021 年が最も上昇している
C. 女性と男性の取得率の差が最も小さいのは、2020 年である
D. 女性と男性の取得率の差が最も大きいのは、2012 年である

問題 2

情報収集時に、データに不備がないかをチェックする際の観点として、最も不適切なものを 1 つ選べ。

A. 説明変数と目的変数の数が同じであるか
B. データに多くの欠損が含まれていないか
C. データに偏りがないか
D. 想定した期間のデータが揃っているか

問題 3

下図の無向グラフ内で次数が最も多いノードとして、適切なものを1つ選べ。

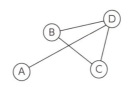

A. ノード A
B. ノード B
C. ノード C
D. ノード D

問題 4

レコメンドにおけるアソシエーション分析で用いられる指標として、最も不適切なものを1つ選べ。

A. 支持度
B. 再現率
C. リフト値
D. 信頼度

問題 5

ある店舗での商品 A と商品 B の購入状況を示した次の表を用いて、アソシエーション分析をする。商品 A の購入を条件とした信頼度の値として、最も適切なものを1つ選べ。

レシート No.	1	2	3	4	5	6	7	8	9	10
購入商品 商品 A	○	○	○		○		○		○	○
購入商品 商品 B	○			○		○	○		○	○

A. 0.42
B. 0.57
C. 0.6
D. 0.95

第 2 章　データサイエンス力（実践）

解答と解説

問題 1　　　　　　　　　　　　　　　　　　　　　　　　　　　　[答] C

女性と男性の取得率の差が最も小さいのは、2020 年の 68.95 ポイント差です。よって、C が正解です。女性の取得率は横ばいで、上昇傾向とはいえないため、A は不適切です。男性の取得率の上昇率が最も高いのは、2019 年から 2020 年の 5.17 ポイントであるため、B も不適切です。女性と男性の取得率の差が最も大きいのは、2014 年の 84.3 ポイント差であるため、D も不適切です。

問題 2　　　　　　　　　　　　　　　　　　　　　　　　　　　　[答] A

データに不備がないかをチェックする際、「目的変数に対して必要な説明変数が揃っているか」という観点は適切ですが、説明変数と目的変数の数は同じである必要はないため、観点として不適切です。よって、A が正解です。

問題 3　　　　　　　　　　　　　　　　　　　　　　　　　　　　[答] D

グラフ理論における次数とは、各ノード（点）につながっているエッジ（辺）の数を指します。設問のグラフで次数が最も多いのは、次数が 3 のノード D です。よって、D が正解です。

問題 4　　　　　　　　　　　　　　　　　　　　　　　　　　　　[答] B

顧客にお勧めの商品やサービスの情報を提供するレコメンド（レコメンデーション）におけるアソシエーション分析では、信頼度、支持度、リフト値の 3 つの指標が用いられます。再現率は、後述の機械学習（2 値分類）における評価指標の 1 つです。よって、B が正解です。

問題 5　　　　　　　　　　　　　　　　　　　　　　　　　　　　[答] B

信頼度は、事象 X が起こった状況下で、事象 Y も起こる割合です。ここでは、「商品 A が購入された中で、商品 B も購入された」割合を算出します。商品 A と商品 B が共に購入された件数は 4、商品 A が購入された件数は 7 であるため、信頼度は、「4 / 7 ≒ 0.57」のように算出できます。よって、B が正解です。

92

2.2　機械学習技法

機械学習とは、コンピュータに膨大なデータを分析させ、その中に潜む規則性（ルール）を見つけ出す技術です。従来は、人が「○○のときは△△する」というようなルールをコンピュータに与えていましたが、機械学習では人がコンピュータに与えるのはデータであり、コンピュータは自らデータの特徴を獲得します。これにより、問題の解答を導き出す数式を生成するのです。コンピュータがデータから規則性を見つけ出すことを学習または訓練といい、学習によって得られる数式を機械学習モデルといいます。

図 2.2-1　機械学習のイメージ

2.2.1　機械学習の種類

機械学習は、教師あり学習、教師なし学習、強化学習の3つに大別されます。

▶ 教師あり学習

教師あり学習は、学習のために入力するデータと正解をセットにしたデータセット（教師データ）を用いて学習する方法です。コンピュータは、与えられたデータから正解を予測するための規則性を学習します。このとき、予測のために与えられる値を**説明変数**（または独立変数）、予測対象となる値を**目的変数**（または従属変数）といいます。たとえば、店舗面積、従業員数、駐車場台数、座席数、商圏人口の5つの値から売上高を予測する場合、5つの値が説明変数、売上高が目的変数となります。なお、説明変数は、目的変数の特徴を数値として表したものであることから**特徴量**とも呼ばれています。

第 2 章　データサイエンス力（実践）

目的変数	説明変数				
売上高	店舗面積	従業員数	駐車場台数	座席数	商圏人口
8,912	482	5	50	26	10,912
20,534	680	10	30	38	22,568
12,498	405	6	35	24	17,721
…	…	…	…	…	…

図 2.2-2　説明変数と目的変数

つまり、教師あり学習とは、説明変数と目的変数の相関関係を学習することといえます。教師あり学習の目的は回帰と分類です（詳細は P.97 で説明します）。教師あり学習には次のようなアルゴリズム（分析手法）があり、目的やデータの構成に合わせて適切なアルゴリズムを選定します。

- 線形回帰
- ロジスティック回帰分析
- サポートベクターマシン
- 決定木
- ランダムフォレスト
- 勾配ブースティング
- ニューラルネットワーク

▶ 教師なし学習

教師なし学習は、正解のないデータセットを用いて学習する方法です。教師あり学習とは異なり、正解が与えられていないため、データから期待する値を予測することはできません。教師なし学習の主な目的は、クラスタリングと次元圧縮です。

クラスタリングは、与えられたデータを似た特徴ごとにグループ分けする手法です。たとえば、購買データをクラスタリングして顧客をグループ分けし、あるグループ内で商品 A が売れている場合、その顧客層では商品 A が売れると分析することができます。クラスタリングの代表的な分析手法に k-means 法（k 平均法）があります（詳細は P.111 で説明します）。

一方、**次元圧縮**は、膨大なデータの中から重要でない次元を削減する手法です。主成分分析や特異値分解といった手法があり、データを低次元にすることで、データを可視化することができます。また、モデルの精度向上や学習時の計算量の削減も見込めます。

▶ 強化学習

強化学習は、エージェントが繰り返し試行錯誤を重ねることによって、最適な意思決定を実現する方法です。エージェントがランダムに行動を選択し、行動した結果の状態を分析します。そして、状態が良くなるほど高い報酬を与えます。これらを繰り返し、報酬が高くなる選択の組み合わせを学習していくことで、モデルの精度を高めます。エージェントとは、ある環境下において行動する主体を指します。たとえば、自動運転でドライバーに相当する部分がエージェントとなります。

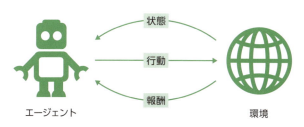

図 2.2-3　強化学習のイメージ

強化学習は、自動運転やロボット、ゲームのエージェント構築に用いられます。シミュレータとしても活用でき、現実世界においてある選択をした結果、どうなるのかをシミュレーションすることに役立ちます。学習方法として、行動の選択を繰り返して方策（行動を起こす確率）を更新する**方策反復法**と、選択した行動に対する報酬の期待値（状態行動価値）を更新する**価値反復法**などがあります。

2.2.2 教師データの生成方法

正解の付いた教師データを用意することなく取り組むことができる教師なし学習に対して、教師あり学習では教師データを用意する必要があります。正解の付いていないデータに正解を付与する作業を**アノテーション**といい、アノテーションを行うことで教師データを生成します。自然言語文であれば、文書中の各単語にカテゴリを割り当てる**タグ付け**をします。特に、単語間にスペース区切りのない日本語の場合、言葉を分割した上でタグ付けする必要があります。

太郎くんは、個室サウナを備えた〇〇ホテルを予約した。
PERSON　　　　　　　DEVICE　　VERB　　　PLACE　　　　VERB

※PERSON：人、DEVICE：装置、VERB：動詞、PLACE：場所

図 2.2-4　テキストデータに対するアノテーションの例

　画像データの場合、目的が画像分類か、物体検出か、領域分類かによってアノテーションの方法が変わります。画像分類であれば、画像に対して「猫」や「犬」といった種別、「赤」や「青」といった色などのタグ付けをします。物体検出であれば、画像内の物体に対して**バウンディングボックス**と呼ばれる矩形を付与します。領域分類であれば、画像内の物体を画素単位で色分けする**セグメンテーション**と呼ばれる意味づけをします。

バウンディングボックス

セグメンテーション

図 2.2-5　画像データに対するアノテーションの例

　アノテーションを行うことにより教師データを生成できますが、精度の高いモデルを生成するためには、数万、数十万といった大量のデータが必要になる場合があります。それだけのデータに対してすべて手動でアノテーションを行うことは、ビジネスの現場において多大なコストを要するため、コスト低減という課題が出てきます。
　効率的にアノテーションを行う手法として、アクティブラーニングや半教師あり学習などがあります。**アクティブラーニング**（能動学習）は、全データのうちの一部に正解を付与したデータを用意し、残りの教師なしデータの中からモデルの学習に効果的なデータを人が選別してアノテーションをし、教師データを増やしていく手法です。一方、**半教師あり学習**は、アクティブラーニングと同様のデータを用意し、機械学習の中で教師なしデータに対するアノテーションを半自動的に行う手法です。

POINT!

アクティブラーニングは教師なしデータに対して手動でアノテーションします。一方、半教師あり学習は半自動でアノテーションします。

2.2.3 回帰と分類

　教師あり学習によって回帰問題および分類問題を解くことができます。**回帰**とは、連続値である**量的変数**（金額、体重、面積など）を予測することをいい、**分類**とは、離散値である**質的変数**（品種、性別、単位など）を予測することをいいます。また、分類の中でも2つに分ける問題を**2値分類問題**、3つ以上に分ける問題を**多値分類問題**といいます。

　たとえば、未来のサンマの漁獲量を予測することは回帰であり、魚の種類を予測することは分類となります。この場合、回帰は2.4万トンや2.5万トンのような連続値を出力するのに対して、分類は0（サンマ）、1（アジ）、2（サバ）のような離散値を出力します。回帰においては、出力された値をもとにデータの関係性（傾向）を表す線を引き、分類においては、データをいくつかの領域に区分する線を引きます。これらの線が、機械学習により導き出される規則性といえます。

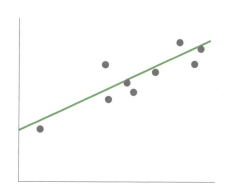
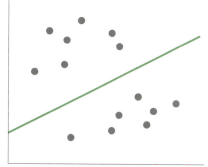

図 2.2-6　回帰と分類のイメージ

第2章 データサイエンス力（実践）

回帰問題においては、どの説明変数が、どれほど目的変数に影響を与えるかという関係性を分析、予測します。この分析手法を**回帰分析**といい、1つの説明変数で予測することを**単回帰分析**、複数の説明変数で予測することを**重回帰分析**といいます。それぞれの特徴を見てみましょう。

▶ 単回帰分析

たとえば数学の点数から化学の点数を予測する場合、数学の点数が説明変数、化学の点数が目的変数となります。単回帰分析は、直線で表すことができる線形回帰に該当し、次の回帰式で表現できます。

x に数学の点数が当てはまり、**回帰係数**と呼ばれる a と切片 b で演算することで y （化学の点数）が求まります。予測値である y と実測値（正解）の誤差が小さければ小さいほど、より正確な予測をすることができる、つまり回帰係数 a と切片 b に最適な数値が設定されているということになります。

誤差が最小となる回帰係数 a と切片 b を探す方法に最小二乗法があります。**最小二乗法**は、予測値と実測値の誤差の2乗の和を最小にする手法です。実測値を t とした場合、$t-y$ で誤差を算出し、さらに誤差の2乗を算出します。2乗した値の総和が最小となる回帰係数と切片を見つけることで、最も確からしい数式を求めます。なお、予測値によっては誤差が負数となり、そのまま足し合わせると正負で打ち消し合ってしまうため、すべての誤差を正数にするために2乗します。

数学の点数 x	化学の点数 t	予測値 y	誤差 $t-y$	誤差の2乗 $(t-y)^2$
80	90	82	8	64
82	95	84	11	121
65	71	67	4	16
45	42	47	-5	25
72	88	74	14	196
66	72	76	-4	16
...	...	...	...	...

誤差の2乗の総和を求める

$$\sum_{i=1}^{n}(t_i - y_i)^2$$

図 2.2-7　最小二乗法による誤差の求め方

▶ 重回帰分析

店舗面積、従業員数、駐車場台数、座席数、商圏人口のような複数の説明変数で目的変数の売上高を予測する場合は、重回帰分析となります。これは、次の重回帰式で表現できます。

$$y = \beta_0 + \beta_1 x_1 + \beta_2 x_2 + \beta_3 x_3 + \cdots + \beta_n x_n$$

各説明変数に**偏回帰係数**と呼ばれる係数 $\beta_0 \sim \beta_n$ を掛け合わせることで y が求まります。ただし、偏回帰係数は各変数の単位に依存する点に注意が必要です。一般的には、それぞれの説明変数の単位が統一されていないケースが多く、その場合、説明変数が目的変数に影響している度合いを正確に測定することができません。そこで標準偏回帰係数を用います。これにより、各変数の単位に依存することなく、説明変数と目的変数間の影響度を測ることができます。**標準偏回帰係数**とは、目的変数と各説明変数を平均 0、分散 1 に標準化した後、重回帰分析によって算出される係数で、重回帰式における各説明変数の重要度を表します。相関係数と同様に -1〜1 の値をとり、-1 または 1 に近いほど説明変数が目的変数に与える影響度が大きいと見なすことができます。また、重回帰式による予測値と実測値の相関係数を**重相関係数**といいます。重相関係数は、0〜1 の値をとり、1 に近いほど相関関係が強く、予測精度が高いといえます。なお、偏回帰係数も最小二乗法で求められます。

> ### POINT!
>
> 回帰は連続値の関係性を表す線を引いて量的変数を予測し、分類は離散値を区分する線を引いて質的変数を予測します。
> 単回帰分析は、説明変数に回帰係数を掛け合わせて予測値を算出します。一方、重回帰分析は、それぞれの説明変数に偏回帰係数を掛け合わせて予測値を算出します。

2.2.4 回帰／分類の代表的な分析手法

回帰や分類をするために用いられるアルゴリズム（分析手法）にはさまざまなものがあり、目的やデータの構成に合わせて適切な手法を選定します。ここでは、代表的なアルゴリズムを取り上げ、詳細を見ていきます。

▶ 線形回帰

線形回帰は、回帰で用いられるアルゴリズムで、説明変数と目的変数の関係性を直線で表現します。適切な直線を導き出せると、その直線をもとに説明変数から目的変数を予測できます。図 2.2-8 は、1 日の平均勉強時間（説明変数）から、あるテストの点数（目的変数）を予測している例です。

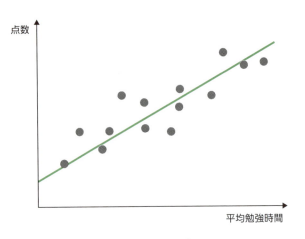

図 2.2-8　線形回帰のグラフ

▶ ロジスティック回帰分析

線形回帰が回帰で用いられるのに対して、**ロジスティック回帰分析**は分類（主に2値分類）で用いられるアルゴリズムです。線形回帰では、テストの点数のような連続値（量的変数）を予測することはできますが、合格／不合格のような離散値（質的変数）を適切に予測することはできません。離散値の予測については、ロジスティック回帰分析で対応することができます。

ロジスティック回帰分析は、シグモイド関数を用いて離散値を予測します。**シグモイド関数**は、0～1 の確率をとる S 字曲線の関数で、算出した確率が閾値を上回っているかどうかで、0 か 1 の分類結果を出力します。たとえば、1 日の平均勉強時間をもとに確率を算出し、閾値を上回っていれば 1（合格）、上回っていなければ 0（不合格）というように予測します。

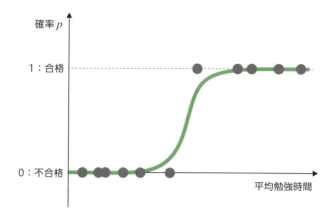

図 2.2-9　ロジスティック回帰分析による分類のイメージ

しかし、ロジスティック回帰は、いきなり0か1の判定をして分類問題を解くのではなく、回帰分析により算出されるオッズと呼ばれる値から確率を求め、最終的に0か1の判定をするプロセスをとっています。分類問題を解くためには、確率（0〜1の間に収まる値）を求める必要がありますが、前述の線形回帰で分析をすると、0〜1の範囲を超えて$-\infty \sim \infty$の値をとってしまうため、そのままでは適切に分類ができません。

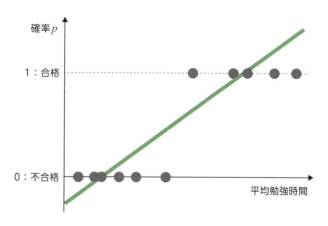

図 2.2-10　線形回帰による分類のイメージ

そこで、0〜1の値をとりうる確率を$-\infty \sim \infty$の値に対応付けるためにオッズを求めます。**オッズ**とは、ある事象が発生する確率pと発生しない確率$1-p$の比率（$\frac{p}{1-p}$）です。つまり、ある事象の起こりやすさを表します。オッズは、事象の発

第 2 章　データサイエンス力（実践）

生確率が高いほど大きな値をとり、低いほど小さな値をとります。オッズがとりう
る値の範囲は 0〜∞ですが、オッズの自然対数をとった値（対数オッズ）は、−∞〜∞
の範囲となります。

$$\log\left(\frac{p}{1-p}\right)$$

　対数オッズを関数とみなしたものをロジット関数といい、確率 p をロジット関数
に変換することで、確率の概念を −∞〜∞ に対応付けられます。最後に、ロジット
関数の逆関数を求めます。

$$f(x) = \frac{1}{1+e^{-(\beta_0 + \beta_1 x_1 + \beta_2 x_2 + \cdots + \beta_n x_n)}}$$

　上記の式がシグモイド関数を表しており、シグモイド関数によって算出された 0〜1
の確率をもとに、最終的に 0 か 1 の分類結果を予測することになります。
　なお、2 つの群のオッズを比較したものを**オッズ比**といい、双方のオッズが等しい
場合、オッズ比は 1 となります。

$$\frac{p_1/(1-p_1)}{p_2/(1-p_2)}$$

▶ サポートベクターマシン

　サポートベクターマシン（SVM）は、分類と回帰の問題によく使用されるアルゴ
リズムです。サポートベクターマシンの大きな特徴は、マージン最大化という考え
方にもとづいて分類を行う点です。分類を行う際、データを区分する境界線をどこ
に引くかがモデルの精度に関わってきます。サポートベクターマシンでは、サポー
トベクトル（境界に最も近いデータ）からの距離が最大になるような境界を求めます。

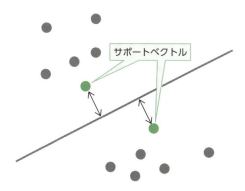

図 2.2-11　マージン最大化による分類のイメージ

▶ 決定木

決定木は、木構造を用いて分類や回帰を行うアルゴリズムです。ある特徴量が閾値以上か否かといった条件分岐を繰り返すことで、データの境界を作成します。図 2.2-12 は、赤みと直径という特徴量をもとに条件分岐し、データの境界を求めている例です。

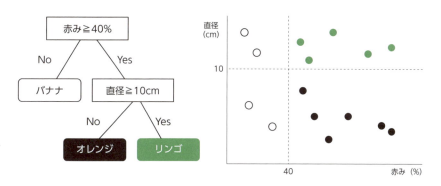

図 2.2-12　決定木による分類のイメージ

決定木は、正規化や標準化などによるデータの前処理が必要ないことや外れ値の影響を受けにくいことが特長として挙げられます。一方で、決定木単体では、十分な精度が出にくいため、後述のアンサンブル学習に用いられるのが一般的です。

▶ ランダムフォレスト／勾配ブースティング

単独では精度の高くない弱学習器（決定木など）を多数用いて学習することで、モデルの精度を向上させる手法を**アンサンブル学習**といいます。アンサンブル学習の主な手法に、バギングとブースティングがあります。**バギング**は、データをランダムにサンプリングし、複数の弱学習器に与え、並列的に学習する手法です。それぞれの弱学習器から得られた予測結果の中から多数決によって最終結果を決めます。一方、**ブースティング**は、1つずつ順番に弱学習器を作成し、前の弱学習器で誤認識したデータに焦点を当てて逐次的に学習を繰り返す手法です。

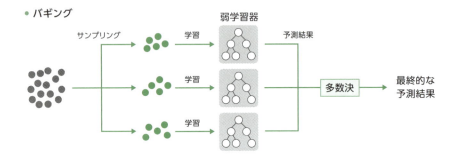

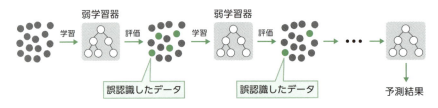

図 2.2-13　バギングとブースティングのイメージ

ランダムフォレストは、弱学習器として決定木を用いて、バギングで学習するアルゴリズムです。**勾配ブースティング**は、弱学習器として主に決定木を用いて、勾配を求めながらブースティングで学習するアルゴリズムです。勾配ブースティングをベースにした **XGBoost** や **LightGBM** もあります。

▶ ニューラルネットワーク

ニューラルネットワーク（Neural Network）は、人間の脳の神経回路網の仕組みを模倣したアルゴリズムです。人間の脳内には、ニューロンと呼ばれる神経細胞が

数多く存在し、それらが結びつくことで神経回路網というネットワークを構成しています。このネットワークをコンピュータ上で再現しようというアプローチで開発されたのが、ニューラルネットワークです。ニューラルネットワークは、入力層、中間層、出力層の3種類の層で構成され、それぞれの層はいくつかのニューロンで構成されています。ニューラルネットワークは、内部に重みやバイアスと呼ばれるパラメータを持っており、機械学習の中で最適化されます。重みは入力値の重要度を調整する値で、バイアスは切片に相当する値です。

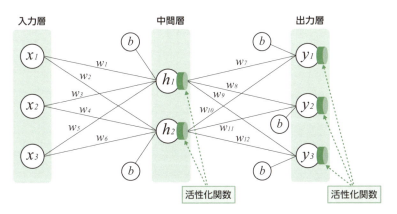

図 2.2-14　ニューラルネットワークのイメージ

まず、**入力層**に特徴量（入力値）が入力されます。入力値には、重み（w_n）が掛け合わされて次の層に伝播されます。

次の**中間層**（隠れ層）では、入力層と同様に、前の層から伝播してきた値に重みとバイアス（b）を掛け合わせた値を算出します。算出した値を次の層に伝播するのですが、伝播する前に活性化関数を適用します。**活性化関数**とは、あるニューロンから次のニューロンへ伝播する値を変換する関数です。ニューラルネットワークにおいては、中間層に活性化関数を適用し伝播する値を非線形な値に変換することで、複雑な計算をすることができ、モデルの表現力を高めることができます。中間層では、**ReLU 関数**（正規化線形関数）などの活性化関数を適用します。ReLU 関数は、後述の勾配消失問題の解消に寄与することから中間層で採用されることが多くなっています。なお、中間層は層を重ねて構成することができます（中間層を多層にしたニューラルネットワークである深層学習については後述します）。

最後に**出力層**から予測値が出力されます。予測値を扱いやすい値に変換するために、出力層にも活性化関数を適用します。2値分類であれば**シグモイド関数**、多値分類であれば**ソフトマックス関数**、回帰であれば**恒等関数**を適用します。ソフトマッ

クス関数は、シグモイド関数を多次元にしたもので、n 個の出力値の合計が 1（100%）になるように調整する関数です。それぞれの出力値が確率に相当します。恒等関数は、入力値をそのままの値で出力する関数です。

ニューラルネットワークの学習では、出力層から得られた予測値と実測値（実際の測定結果）との誤差を求める損失関数を使用し、この損失関数が最小化するように学習を進めます。損失関数を最小化するためにニューラルネットワークの持つ重みなどのパラメータを最適化します。パラメータの最適化には勾配法という手法が用いられ、損失関数を重みで微分（厳密には偏微分）した値をベクトルにまとめた**勾配**をもとに、損失関数の傾きが 0（誤差が最小）に近づくように重みを調整します。すべての重みについて微分を求めることを効率的に行うために誤差逆伝播法が用いられます。**誤差逆伝播法**（バックプロパゲーション）は、損失関数の微分値を、ネットワークを遡って伝えることで高速に勾配を求める手法です。ニューラルネットワークは、入力値に重みを掛け合わせて予測する工程と誤差逆伝播法や勾配法で重みを更新する工程を繰り返すことで、モデルの精度を高めます。しかし、中間層を多層にすると、ネットワークを逆伝播していく中で勾配が本来の値より小さくなってしまう事象が発生します。こうした事象を**勾配消失問題**といい、ニューラルネットワークの学習が進まなくなる要因になります。中間層の活性化関数に ReLU 関数を用いることで、勾配消失問題を抑制できます。

▶ 深層学習

ニューラルネットワークの中間層を多層にすることでモデルの表現力を高める手法を、**深層学習**（ディープラーニング）といいます。深層学習は、2000 年代から始まった第 3 次 AI ブームの火付け役にもなった手法で、画像認識や自然言語処理、音声認識などのさまざまな分野で飛躍的な精度向上に寄与し、技術的なブレイクスルーを起こしています。深層学習の大きな特徴は、人が特徴量を選択する必要がなく、ニューラルネットワークが膨大なデータから特徴量を自動的に抽出することです。2012 年に Google が発表した猫を認識する AI は、深層学習を用いており、大量の猫の画像データを使って教師なし学習を行うことで、コンピュータが猫の特徴を自ら抽出し、学習することに成功しています。人工知能を研究・開発する OpenAI が 2020 年に発表した **GPT-3** という文章生成モデルも深層学習により開発されており、まるで人が書いたような自然な文章を生成できることから、新たなブレイクスルーを起こしています。その後も、さらに性能の高い GPT-3.5 や GPT-4 といったモデルが開発されており、深層学習は日進月歩で進化しています。

2.2　機械学習技法

深層学習により生成された高精度な機械学習モデルは、一般公開されているものもあります。これらを用いることで、開発コストを大幅に減らして高精度なAIを活用することができます。また、モデルの持つ最適化済みの重みを一部抽出して別の領域に再利用する**転移学習**に流用することも可能です。

POINT!

ニューラルネットワークにおいて、活性化関数は次のように使い分けます。

- 中間層
  - 主にReLU関数（勾配消失問題を抑制するため）
- 出力層
  - 2値分類の場合はシグモイド関数
  - 多値分類の場合はソフトマックス関数
  - 回帰の場合は恒等関数

2.2.5　クラスタリング

クラスタリングは、教師なし学習の手法の1つで、クラスター分析ともいいます。**クラスター**とは、集団や群れを表す言葉であり、クラスタリングにより全体のデータから互いに似た特徴を持つデータを集めたクラスターが作られます。クラスタリングの分析方法は、階層クラスター分析と非階層クラスター分析に分けられます。

▶ 階層クラスター分析

まず、クラスタリングでは、特性をもとに出力されたデータ同士の距離が近いほど類似度が高いと判断します。**階層クラスター分析**は、データをひとつひとつ比較し、距離の近いデータもしくはクラスター同士をグルーピングすることを繰り返します。グルーピングが繰り返され、最終的にすべてのデータがグルーピングされると、1つの**デンドログラム**（**樹形図**）が完成します。次ページの図2.2-15の左図は、距離の近いもの同士をグルーピングしている様子を表しており、距離の小さい順に描画すると、右図のようなデンドログラムができます。

107

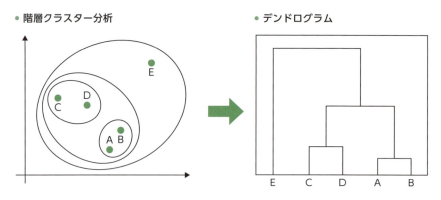

図 2.2-15　階層クラスター分析とデンドログラム

　デンドログラムは、逐次的にデータがグルーピングされる様子を樹木のような形で表した図であり、視覚的にデータの関係性を把握することに役立ちます。それほどサンプル数の多くないケースにおいて有効なクラスタリングといえます。なお、デンドログラムの縦方向の長さ（深さ）は、データおよびクラスター同士の距離を表します。

　デンドログラムをもとに適切なクラスター数を考えてみます。図 2.2-16 は、デンドログラム上でクラスターを 3 つに分割したケース（左図）と 7 つに分割したケース（右図）を表しています。3 つに分割した場合は、各クラスター内のデータ数が一定以上あるため、適切なクラスター数であると考えられます。一方、7 つに分割した場合は、データが 1 つまたは 2 つのクラスターができてしまいます。分割の粒度が細かすぎるため、適切なクラスター数とはいえません。

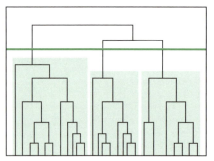
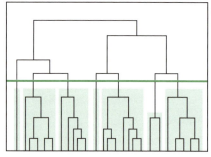

図 2.2-16　デンドログラム上でのクラスター数の分割

2.2 機械学習技法

　続いて、距離の測定方法について見ていきます。階層クラスター分析においては、データ間またはクラスター間の距離によってグルーピングを行いますが、その距離の測定方法がそれぞれいくつかあります。各測定方法の特性や分析対象のデータに応じて、適切な測定方法を選定することが重要です。

表 2.2-1　2 つのデータ間の距離の測定方法

測定方法	概要
ユークリッド距離	人が定規で測るような 2 点間の距離のこと。ピタゴラスの定理の公式を適用して、直線的な最短距離を求める方法である。クラスタリングにおけるデータ間の距離の測定方法として、最も一般的に用いられる。
マハラノビス距離	全方向に対する距離が同一に扱われるユークリッド距離に対して、マハラノビス距離では、相関の強さによって相対的な距離を求める。図 2.2-17 の例では、平均となる点 A を基準に考えると、点 X は距離はあるものの傾向に沿っている（相関が強い）が、点 Y は傾向から大きく外れる（相関が弱い）ため、マハラノビス距離の範囲外となる。このことから外れ値の検出などに用いられる。 図 2.2-17　マハラノビス距離のイメージ
マンハッタン距離	各座標の差の絶対値を求め、全座標の総和を 2 点間の距離とする。碁盤の目のような格子状の道を移動するときの距離であり、どの経路でも最短距離は等しくなる。距離の測定時に 2 乗しないため、外れ値の影響を抑えられるという特性がある。 図 2.2-18　マンハッタン距離のイメージ

第2章　データサイエンス力（実践）

表 2.2-2　2つのクラスター間の距離の測定方法

測定方法	概要
ウォード法	クラスターを構成するデータの平方和（データと平均値の差を2乗した値の和）を求め、平方和が小さいクラスター同士をまとめていく手法。計算量が多いが、鎖効果（1つのクラスターにデータが吸収される事象）が起こりにくく、分類感度がかなり高いことから階層クラスター分析の中でも最もよく用いられる手法である。 図 2.2-19　ウォード法のイメージ
群平均法	クラスター同士で、データのすべての組み合わせの距離を求め、その平均をクラスター間の距離とする。鎖効果を防止できる点が大きな特徴である。 図 2.2-20　群平均法のイメージ
最短距離法	それぞれのクラスター内で一番近いデータ同士の距離を、クラスター間の距離とする。計算量は少ないが、外れ値に弱い。クラスター内に外れ値があると鎖効果が起こりやすくなり、分類感度が低くなる。 図 2.2-21　最短距離法のイメージ
重心法	それぞれのクラスターの重心同士の距離を、クラスター間の距離とする。 図 2.2-22　重心法のイメージ
メディアン法	重心法と同様に、各クラスターの重心間を距離とする。 重心法はクラスターの大きさを考慮するが、メディアン法は各クラスターの大きさはすべて等しいものとして測定する。

110

▶ 非階層クラスター分析

非階層クラスター分析は、前述の階層クラスター分析と同様に、異なる特性を持つデータ群から類似度の高いもの同士を集めてクラスターを作る手法の1つです。階層クラスター分析とは異なり、階層的な構造は持たず、あらかじめ指定したクラスターの数にデータを分割していくため、すべてのデータ同士の距離を測定する階層クラスター分析に比べて計算量が少なく、短時間でクラスタリングができるというのが大きな特長です。

非階層クラスター分析で最も有名な分析手法が **k-means法**（**k平均法**）です。k-means法は、次のような流れでデータを指定のクラスター数に分けます。

① クラスター数（k個）を決める
② データの中からk個の基準点をランダムに選ぶ
③ すべてのデータに対して最寄りの基準点を決めると、k個のクラスターができる
④ 各クラスターにおける重心を新たな基準点とする
　※重心が変化しなくなるまで③と④を繰り返す

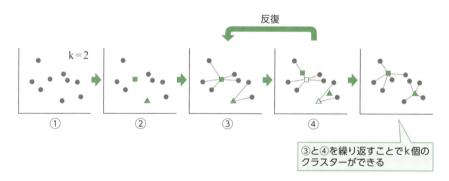

図 2.2-23　k-means 法の流れ

k-means法は、大量のデータを高速にグルーピングできる一方で、最適なクラスター数を指定するのが難しいことと、ランダムに選ばれる基準点によってクラスタリングの結果に差異が生じること（初期値依存性）が注意点として挙げられます。

前者のクラスター数の指定に関しては、エルボー法（クラスターの数を変えながら残差平方和を計算し、結果をグラフに描画することで適切なクラスター数を推定する方法）などを用いて分析することができます。

第2章　データサイエンス力（実践）

後者の初期値依存性に関しては、最初の基準点を変えて何度か分析することで依存性を低減できます。なお、k-means法におけるデータ間の距離の測定には、基本的にユークリッド距離が用いられますが、別の測定方法が用いられることもあります。

> **POINT!**
>
> 階層クラスター分析はすべてのデータ同士の距離を比較してグループ分けします。非階層クラスター分析は区分するクラスター数を指定し、各基準点を中心に距離を測定してグループ分けします。

2.2.6　機械学習における留意事項

機械学習においては留意すべき事項がいくつかあります。データの構成や分析方法によっては、モデルの精度が低下したり、不安定になったりします。また、機械学習モデルはブラックボックス化しやすく、モデルがなぜそのような予測をしたのかを把握できなくなることもあります。本項では、こうした事態を避けるための留意事項や回避策を取り上げます。

▶ 過学習

次節で詳細を説明しますが、機械学習ではモデルの**汎化性能**（未知のデータに対する予測精度）を評価するために、データ全体をモデルの生成に用いる訓練データと汎化性能の評価に用いるテストデータに分割します。これらのデータを用いて機械学習を行うと、学習が進むにつれて、訓練データに対する誤差（**訓練誤差**）とテストデータに対する誤差（**汎化誤差**）はともに減少し、精度が高まっていきます。しかし、あるタイミングで汎化誤差が増加してしまうケースがあります。このような事象を**過学習**といいます。過学習が発生すると、モデルが訓練データに対してのみ最適化され、汎用性のない状態に陥ってしまいます。過学習は、**オーバーフィッティング**や**過剰適合**とも呼ばれ、機械学習をする上で回避すべき代表的な事象の1つです。

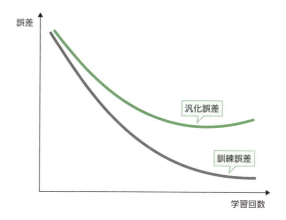

図 2.2-24　過学習を起こしている状態

過学習を抑制するために、次のような対策を講じる必要があります。

- データの数を増やす
- 必要な説明変数に絞る（説明変数の過多も過学習の原因になりうる）
- k-fold 交差検証法などの交差検証法を用いる（P.127 参照）
- 正則化（モデルの複雑化を抑制する手法）や early stopping（過学習に陥る前に学習を終了する手法）などを行う

また、過学習とは反対に、モデルが訓練データにもテストデータにも適合しない事象に注意が必要です。こうした事象を**未学習**や**アンダーフィッティング**、**過少適合**といいます。

▶ 次元の呪い

　一般的に、データの次元（特徴量）を増やすことで、モデルの表現力を高めることができます。モデルの表現力とは、与えられた訓練データを再現する力のことです。表現力が高いと、さまざまな分布をもとに予測できるようになりますが、表現力が高まりすぎると、データの些細な挙動までモデルが学習してしまい、汎化性能が低下します。また、表現力が高まるからといってモデルに与えるデータの次元数を無闇に増やすと、データ分析に必要な計算量が指数関数的に増加し、モデルが過学習を起こしたり、クラスタリングで想定したクラスターを作成できなかったりするおそれがあります。こうした事象を**次元の呪い**といいます。

次元の呪いを回避するためには、機械学習に必要な特徴量に絞る**特徴量選択**や前述の次元圧縮などの手法をとる必要があります。ただし、クラスタリングなどの教師なし学習においては次元の呪いを回避するのが困難であるため、はじめから次元を増やさないように留意しましょう。

▶ 説明可能性の確保

機械学習の発展によりモデルの精度が飛躍的に向上している一方で、モデルのブラックボックス化が課題に挙げられています。特に深層学習は、モデルの表現力の豊かさを得る代わりに、構造が非常に複雑化し、モデルの解釈性が損なわれています。それによって、モデルが出した予測結果がどのような計算過程を経て得られたものなのかがわからず、予測の根拠を説明できない事態になっています。たとえば医療現場においては、なぜモデルがそのような診断を下したのかを患者に説明できないため、採用しづらいケースが出ています。こうした中でモデルの説明可能性（解釈性）が求められています。説明可能性の確保の方法として、大域的な説明と局所的な説明があります。

大域的な説明とは、機械学習で生成した複雑なモデルを、人間が解釈可能な可読性の高いモデルに置き換え、どのように計算して予測するのかを説明する方法です。

図 2.2-25　大域的な説明

具体的には、モデル生成時に採用した複雑なアルゴリズムをよりシンプルなものにするなどの方法があります。ただし、モデルの可読性を高めることによって、予測精度が低下する可能性があります。

これを回避するために局所的な説明が用いられることがあります。**局所的な説明**とは、複雑なモデルに対して特定のデータを入力し、得られた予測結果や予測プロセスをもとに、モデルがどのように計算して予測するのかを説明する方法です。

図 2.2-26　局所的な説明

たとえば、画像認識モデルの予測結果を分析し、入力画像のどの部分に注目して分類しているのかを説明する方法があります。図 2.2-27 の左図は、モデルに入力された画像です。この画像に写っているものが「猫」であると分類した際に、モデルが画像のどの部分に注目しているのかをヒートマップで表現したものが右図です。可視化したモデルの着眼点を確認することで、適切に画像認識ができているかどうかを説明することができます。

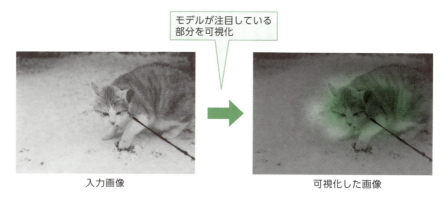

図 2.2-27　画像認識における局所的な説明の例

また、総務省は、AI の研究開発者が留意すべき原則の 1 つとして、「AI ネットワークシステムの動作の説明可能性及び検証可能性を確保すること」という**透明性の原則**を掲げています[※1]。AI が社会に浸透し、重要な意思決定にも関わるようになり、AI の下した判断に対する透明性や信頼性の確保が一層求められています。

▶ モデルの経年劣化

機械学習においては、ドリフトと呼ばれる事象が起こり得ます。ドリフトとは、時間の経過とともに状況が変化し、モデルの予測性能が劣化することです。モデル自体の劣化ではなく、モデルがビジネス環境への十分な対応ができなくなる劣化を指します。ビジネスで扱うデータの構成が変化するなどの外的要因により、モデルの予測精度が低下します。ドリフトによる影響を低減するために、後述の MLOps の考え方を取り入れ、データの傾向やモデルの精度を監視し、モデルとビジネス環境の溝を適宜埋めるような運用を検討する必要があります。

※1　出典：総務省「AI の研究開発の原則の策定」(https://www.soumu.go.jp/joho_kokusai/g7ict/main_content/ai.pdf)

第2章　データサイエンス力（実践）

ドリフトは、その特性によっていくつかに分類されます。その中でも主要なコンセプトドリフトとデータドリフトを取り上げます。

コンセプトドリフトとは、目的変数の性質が変化したことにより、説明変数と目的変数の関係性が変わる事象です。たとえば、モデルを用いた工場の検品作業（異常検知）において、新たな異常パターンが登場した場合、新たな異常パターンをモデルに再学習させるなどしなければ、異常検知の精度は低下していきます。

データドリフトとは、モデルの学習時に使用したデータとビジネスで発生するデータの傾向に差異が生じる事象です。新しいデータの分布に対して適切な分析ができず、モデルの予測精度が低下してしまいます。データドリフトの発生要因はさまざまです。技術の進歩やトレンドの変化によってデータの傾向が日々変化するケースもあれば、新型コロナウイルス感染症（COVID-19）などの蔓延により一変するケースもあります。

▶ ロングテールの問題

AIやデータを活用する際に考慮しなければならない問題の1つとして、ロングテールの問題があります。機械学習に用いられる多くのデータの中には、事例の少ない希少なデータすなわち**ロングテール知識**が含まれやすく、それらについてモデルが誤った予測や回答をすることがあります。実際、AIに大学入試問題を解かせる研究において、科目によっては入試問題の内容がロングテールを構成している（ロングテール知識が多い）ために、予測精度が上がらないという問題が指摘されました。また、後述の自然言語処理モデルにおいては、マイナーな言語の予測精度が低下する可能性が考えられます。

大量のテキストデータを用いた訓練により自然言語（人間の言語）を理解、生成できる**大規模言語モデル**（LLM：Large Language Models）や生成AIでは、AIが誤った情報を生成するハルシネーションと呼ばれる事象が起こり得ます。ロングテールの問題は、ハルシネーションの要因の1つにも挙げられます。ハルシネーションの発生要因などについては「5.3 データ・AI利活用における留意事項」で説明します。

▶ プライバシーへの配慮

機械学習などを目的にデータを利活用する際には、プライバシーに配慮する必要があります。個人情報が含まれる場合、生データ（未加工のデータ）を利用できないケースが多々あります。改正個人情報保護法で導入された匿名加工情報や仮名加工情報によりデータ利用時の制限は緩和されつつあるものの、より安全で有用なデー

タの活用法が求められます。こうした中、プライバシー侵害のリスクを低減しながら機械学習やデータ分析を行うための技術的アプローチである**プライバシー強化技術**（PETs：Privacy Enhancing Technologies）の開発が活発化しています。プライバシー強化技術には、データを暗号化したまま分析処理を行う秘密計算や、データから抽出される統計量にノイズを加える差分プライバシーなどの手法がありますが、ここでは連合学習を取り上げます。

連合学習とは、分散管理されているデータセットを1か所に集約することなく機械学習を行う手法です。次のような手順で実施します。

① 各組織で保有するデータを使って機械学習モデルを生成する
② 生成したモデルを外部サーバーに共有する
③ 各モデルのパラメータを持ち寄って統合モデルを生成する
④ 各組織で統合モデルを利用する

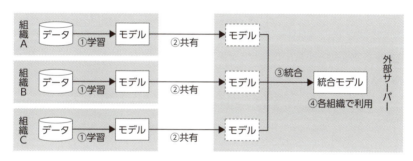

図 2.2-28　連合学習のイメージ

　非競争領域の共通課題に向けて企業が共同で対策をしたり、グループ会社間で情報を連携したりする場面で連合学習が利用されます。各組織が保有するデータを共同で利用することで、より高精度な機械学習モデルの生成が期待できます。その際、データを外部に公開する必要がないため、個人情報が含まれていたとしてもプライバシーを守りながらデータを活用できます。

2.2.7　特徴量エンジニアリング

　モデルの予測精度を高めるためには、データの質の向上が求められます。機械学習における良質なデータとは、コンピュータが理解・解釈しやすいデータといえます。購買履歴や売上などの数値データは、項目間でスケール（尺度）が異なったり、

第2章　データサイエンス力（実践）

データの分布が歪んでいたりし、効率的に機械学習ができる状態でない場合があります。ここで重要な作業となるのが特徴量エンジニアリングです。

特徴量エンジニアリングとは、手持ちのオリジナルデータに対して数値の変換や特徴量の追加などの加工を施し、モデルの予測に有用な特徴量を含む新たなデータを作成する作業です。

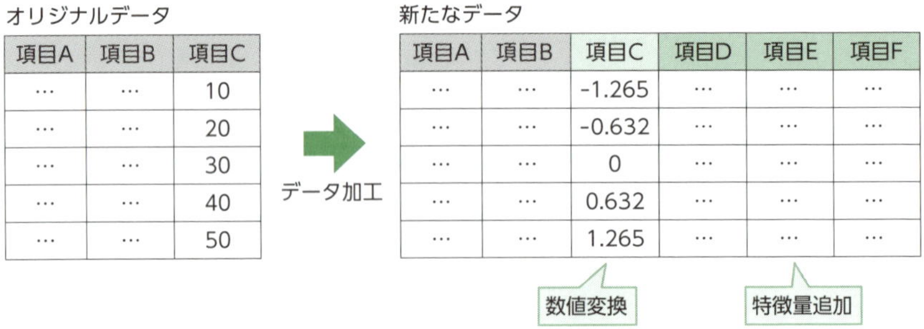

オリジナルデータ

項目A	項目B	項目C
…	…	10
…	…	20
…	…	30
…	…	40
…	…	50

データ加工

新たなデータ

項目A	項目B	項目C	項目D	項目E	項目F
…	…	-1.265	…	…	…
…	…	-0.632	…	…	…
…	…	0	…	…	…
…	…	0.632	…	…	…
…	…	1.265	…	…	…

数値変換　特徴量追加

図 2.2-29　特徴量エンジニアリングのイメージ

特徴量エンジニアリングの代表的な手法を表2.2-3に示します。

表 2.2-3　特徴量エンジニアリングの代表的な手法

手法	概要
二値化	ある閾値をもとにデータを二分し、0または1に変換する。図 2.2-30 はデータの構成を可視化したもので、分布が二極化していることがわかる。このような場合、ある閾値を境に0または1に変換することで、スケールの影響を抑えることができる。 この手法は、画像を白 (1) と黒 (0) の2色に変換する際にも用いられる。 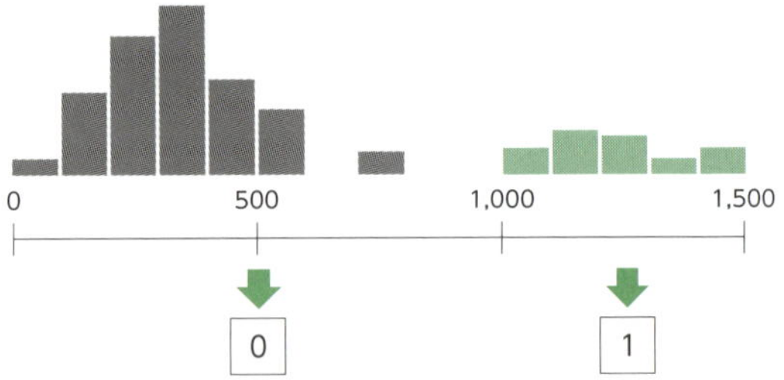 図 2.2-30　二値化のイメージ

118

	連続した値を、一定の間隔で区切った非連続な値に変換する。図 2.2-31 は「年齢」を、10〜19 歳は 1、20〜29 歳は 2 というような間隔で「年代」に変換している。二値化と同様に、量的データが質的データに変換される。
離散化 （ビニング）	 図 2.2-31　離散化のイメージ
対数変換	データに対して対数（$\log_a b$）をとることで、データの分布を正規分布に近づけるよう変換する。図 2.2-32 の左図のデータは規模の小さい範囲にデータが集中しており、裾の長い分布になっている。このようなデータに対して対数変換をすると、右図のような正規分布に従うデータに整形できる。 図 2.2-32　対数変換のイメージ 対数変換を一般化したものとして **Box-Cox 変換**や **Yeo-Johnson 変換**がある。
スケーリング （標準化 / 正規化）	データを特定の範囲に収め、変数間で大きく異なるスケールのバランスを整える（「1.4.9 標準化とスケーリング」参照）。
交互作用特徴量 の作成	2 つの変数を掛け合わせた特徴量を作成する。組み合わせによる相乗効果（交互作用）により、機械学習モデルの精度向上が期待できる。

2.2.8　レコメンドアルゴリズム

　機械学習を用いたデータ利活用として考えられるテーマの 1 つにレコメンドがあります。これまで、ユーザーに推薦する商品などの情報を最適化するためのさまざまなアプローチが考案されてきましたが、中でも代表的なアルゴリズムであるコンテンツベースフィルタリングと協調フィルタリングを取り上げます。

　コンテンツベースフィルタリングは、ユーザーが過去に関心を示した（評価や購入をした）商品と類似する商品を推薦するアルゴリズムです。

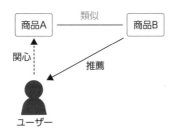

図 2.2-33　コンテンツベースフィルタリングのイメージ

　提供する商品の特性（書籍であればジャンルや著者など）を事前にプロファイルに設定しておき、ユーザーが過去に関心を示した商品とプロファイルの内容を関連付けし、類似する特性を持つ商品を推薦します。プロファイルは商品の特性を表す情報をまとめたもので、提供する商品のプロファイルとは別に、ユーザーが過去に関心を示した商品の特性をまとめたプロファイルも作成します。それぞれのプロファイルを、ダミー変数を用いたベクトルに変換し、ベクトル間の類似度を計算することで、推薦すべき商品を導き出します。なお、類似度の計算には、コサイン類似度などの尺度が用いられます。

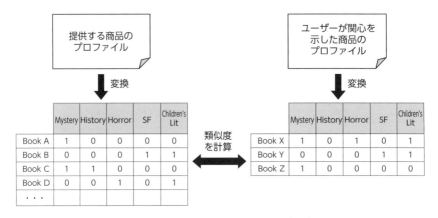

図 2.2-34　コンテンツベースフィルタリングのプロセス

　協調フィルタリングは、各ユーザーの過去の行動をもとに、ユーザー間や商品間の類似性を見つけ出して商品を推薦するアルゴリズムです。協調フィルタリングには、主にユーザーベースとアイテムベースの2種類のアプローチがあります。

　ユーザーベースの協調フィルタリングは、ユーザーAと似た嗜好を持つユーザーBが関心を示した商品を、ユーザーAに推薦するアプローチです。各ユーザーの過

去の行動履歴をもとにユーザー間の類似性、つまり似た嗜好を持つユーザー同士を見つけ出します。一方、アイテムベースの協調フィルタリングは、同じ商品に関心を示した複数ユーザーが他に関心を示している商品を、対象ユーザーに推薦するアプローチです。たとえば、複数のユーザーが商品Aと商品Bを購入したのなら、新たに商品Aを購入したユーザーも商品Bに関心を示す可能性が高いと予測して推薦します。

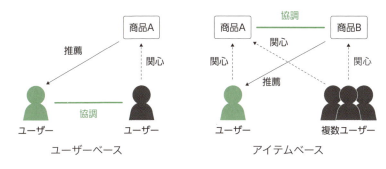

図 2.2-35　協調フィルタリングのイメージ

　コンテンツベースフィルタリングと協調フィルタリングの大きな相違点として、ユーザーの行動履歴の影響度と多様性への対応力が挙げられます。コンテンツベースフィルタリングは、ユーザーの行動履歴がなくても、提供する商品のプロファイルがあればレコメンドが可能ですが、協調フィルタリングの場合は、特に新規ユーザーや新規商品に関連する行動履歴が十分に揃っていないと、適切なレコメンドができない事象（コールドスタート問題）に陥る可能性があります。一方で、コンテンツベースフィルタリングで推薦される商品は固定的で多様性に欠けますが、協調フィルタリングはユーザーの多様な嗜好に合わせたレコメンドができます。

　システムの特性に応じて適切なアルゴリズムを選択することで、ユーザーのニーズを捉えたレコメンドが可能になります。また、複数のアルゴリズムを組み合わせたハイブリッドなフィルタリングを採用することで、より柔軟なレコメンドを実現できます。

2.2.9　AIシステム運用

　AI（モデル）の設計や開発、運用は、多くのリソースとコストを要します。すべてを人の手で対応したり、付け焼き刃で進めたりすると、安定運用や品質に悪影響を

第 2 章　データサイエンス力（実践）

及ぼす可能性もあります。ここでは、モデルの開発やシステム運用を効率的に進める手法や考え方について取り上げます。

▶ AutoML

AutoML（Automated Machine Learning）とは、日本語で「自動化された機械学習」という意味で、機械学習のプロセスを自動化する技術またはサービスのことを指します。機械学習に取り組む際、特徴量選択やアルゴリズム選定といった技術面に注目しがちですが、ビジネスにおいては、機械学習によって何を実現したいのかが重要です。高度な技術や専門知識が求められる機械学習のプロセスは自動化し、人がすべきプロセスは人が行うことで、円滑に機械学習および AI を活用できます。

AutoML の提供形態としてはソフトウェアやクラウドサービスなどがあり、提供する機能は製品やサービスによって異なります。機械学習のプロセスは大きく次のように分けられ、主に「データの収集・加工・分析」と「機械学習モデルの生成」に関する機能が AutoML により提供されています。

1. 課題や仮説の定義
2. データの収集・加工・分析
3. 機械学習モデルの生成
4. 機械学習モデルの運用

▶ MLOps

モデルの開発から運用までを円滑に進め、継続的に価値を提供するためには、開発担当者と運用担当者が協調することが重要です。機械学習チーム、開発チーム、運用チームの 3 者がお互いに協調し合うことで、モデルの開発から運用までのライフサイクルを円滑に進めるための管理体制を築くこと、またはその概念を **MLOps** といいます。MLOps は、"Machine Learning" と "DevOps" を組み合わせた造語で、開発チームと運用チーム間の連携を円滑にする考え方である DevOps をベースにしています。

従来の IT システムは、決められたロジックどおりに動作することが確認できれば、一定の要件は満たされます。それに対して機械学習モデルは、ビジネスの現場で時間の経過とともに変化するデータの性質に合わせて改良していく必要があります。MLOps を取り入れることで、変化する状況に合わせて柔軟に対応できる運用体制を構築できます。

122

機械学習チームがデータの分析やモデルの再学習などを行い、開発チームがサービスへの統合やサービスのリリースなどを行います。一方、運用チームは、モデルの精度や変化するビジネス要求をモニタリングし、機械学習チームにフィードバックします。これらの一連のライフサイクルをシームレスにつなげることで、より付加価値の高いサービスを継続的に提供できます。

▶ AIOps

AIOps（Artificial Intelligence for IT Operations）とは、「AIを活用したIT運用」を意味します。これは、AIや機械学習の技術を活用して、煩雑化するITシステムの運用を自動化・簡素化することで安定運用を目指すアプローチです。また、セキュリティ対策や監視といったIT運用に関するさまざまな課題を解決し、システムの品質を向上させることも期待されています。

あらゆる業務でシステム化が進んでおり、ビジネスで扱うデータ量は増加し続けています。システムの維持管理だけでなく、データの管理・運用を安定的に行うためには、多大なリソースやコストが必要です。昨今、エンジニアが不足していることもあり、IT運用者に求められるタスクの量が増え、大きな負荷になっています。こうした状況の中、AIOpsにより、IT運用者の負荷を軽減しつつ、システムの安定稼働と品質向上が望めます。

第 2 章　データサイエンス力（実践）

節末問題

問題 1

次の文章の（1）（2）に当てはまるものとして、最も適切なものを 1 つ選べ。

回帰分析において、複数の説明変数を用いて予測することを（1）という。（1）では、それぞれの説明変数に（2）と呼ばれる係数を掛け合わせることで予測値を求める。

A. （1）重回帰分析　（2）重相関係数

B. （1）重回帰分析　（2）偏回帰係数

C. （1）単回帰分析　（2）重相関係数

D. （1）単回帰分析　（2）偏回帰係数

問題 2

各店舗に関するデータから、年間の売上高を予測するモデルを開発する。多数の次元が含まれるデータに対して単回帰分析を実践する。実践例として、最も適切なものを 1 つ選べ。

A. 年間の売上高を、店舗面積、商品数、駐車場台数、商圏人口をもとに予測、分析する

B. 数多くの項目を 2 つの分析軸に集約して関係性を分析する

C. 自店情報や他店情報をもとにデータの特性をグループ分けし、自店の状況が売上に影響しているのか、他店の状況が売上に影響しているのかを分析する

D. データセットの特徴量を減らすことでデータを可視化し、特徴を把握する

問題 3

クラスタリングなどにおけるデータ間の距離の測定で、相関が強いデータとの距離を相対的に短くする測定方法として、最も適切なものを 1 つ選べ。

A. マンハッタン距離

B. チェビシェフ距離

C. ユークリッド距離

D. マハラノビス距離

節末問題

問題 4

過学習の説明として、最も適切なものを 1 つ選べ。

- **A.** 機械学習により生成されるモデルが訓練データにもテストデータにも適合しない事象
- **B.** 機械学習により生成されるモデルがテストデータに対してのみ最適化される事象
- **C.** 機械学習により生成されるモデルが訓練データに対してのみ最適化される事象
- **D.** 偏ったデータを与えたことにより、モデルが特定の特徴量を強調して学習してしまう事象

問題 5

レコメンドアルゴリズムのうち、コンテンツベースフィルタリングの説明として、最も適切なものを 1 つ選べ。

- **A.** 商品提供者があらかじめ決めたルールにもとづいて商品を推薦する
- **B.** ユーザーA と似た嗜好を持つユーザーB が購入した商品を、ユーザーA に推薦する
- **C.** 商品 A を購入した複数ユーザーが商品 B も購入しているため、新たに商品 A を購入したユーザーに商品 B を推薦する
- **D.** ユーザーが購入した商品 A に類似する商品 B を推薦する

解答と解説

問題 1 [答] B

単回帰分析が1つの説明変数を用いて予測するのに対して、重回帰分析は複数の説明変数を用いて予測します。たとえば、店舗面積、従業員数、駐車場台数、座席数、商圏人口のような複数の値から売上高を予測するケースが当てはまります。重回帰分析では、各説明変数に対して偏回帰係数を掛け合わせることで予測値を算出します。よって、Bが正解です。なお、重相関係数は、重回帰式による予測値と実測値の相関関係の強さを示す指標です。

125

第 2 章　データサイエンス力（実践）

問題 2　　　　　　　　　　　　　　　　　　　　　　　　　　　　[答] B

　単回帰分析は、ある 1 つの説明変数がどれほど目的変数の予測に影響を与えているかを分析する手法です。2 つの分析軸に絞って両者の関係性を分析することができます。よって、B が正解です。なお、A は重回帰分析、C はクラスタリング、D は次元圧縮の実践例です。

問題 3　　　　　　　　　　　　　　　　　　　　　　　　　　　　[答] D

　相関が強いデータとの距離を相対的に短くする測定方法は、マハラノビス距離です。よって、D が正解です。マハラノビス距離は、データの相関関係を考慮した上で距離を算出するため、外れ値の検知に寄与します。A の「マンハッタン距離」は全座標の総和を、B の「チェビシェフ距離」は各座標の差の最大値を、C の「ユークリッド距離」は直線距離をデータ間の距離とします。

問題 4　　　　　　　　　　　　　　　　　　　　　　　　　　　　[答] C

　過学習は、機械学習を進めていく中で、あるタイミングで汎化誤差（テストデータに対する誤差）が増加してしまう事象です。モデルが訓練データに対してのみ最適化されるため、汎用性のないモデルになってしまいます。よって、C が正解です。なお、A は未学習、D はアルゴリズムバイアスの説明です。

問題 5　　　　　　　　　　　　　　　　　　　　　　　　　　　　[答] D

　コンテンツベースフィルタリングは、ユーザー自身が過去に関心を示した（評価や購入をした）商品と類似する商品を推薦するアルゴリズムです。よって、D が正解です。なお、A はルールベースのレコメンド、B はユーザーベースの協調フィルタリング、C はアイテムベースの協調フィルタリングの説明です。

2.3 評価／検定

2.3.1 評価

　機械学習で生成された数式は、どれほどの精度があるのかを評価する必要があります。特に未知のデータに対する予測精度、いわゆる**汎化性能**を評価することが重要です。汎化性能を高めるための手法には、データセットを次の3種類のデータに分割して用いる方法があります。

- 訓練データ：モデルの生成に用いる
- 検証データ：モデルが持つパラメータを調整する際の指標を得るために用いる
- テストデータ：汎化性能の評価に用いる

　上記のようにデータを分割してモデルを評価する代表的な手法として、ホールドアウト法とk-fold交差検証法が挙げられます。

　ホールドアウト法は、データ全体をランダムに3種類のデータに分割します（テストデータを別に用意する場合は、訓練データと検証データに分割します）。そして、それぞれのデータを用いて、モデルの生成、パラメータの最適化、汎化性能の評価を行います。

　一方、**k-fold交差検証法**は、テストデータ以外のデータをk個のサブセットに分割し、そのうちの1個を検証データに、残りのk−1個を訓練データに用います。訓練データと検証データに用いるサブセットを換えながら機械学習をk回繰り返し、性能の平均をとって評価します。これにより、特定のデータのみに適合したモデルになるのを防ぐことが期待できます。なお、最終的な評価にテストデータを用いるケースと、テストデータを用いずに検証データで評価をするケースがあります。データが少ないときは、テストデータを省いた方がよい場合も考えられます。

第2章　データサイエンス力（実践）

● ホールドアウト法

| 訓練データ | 検証データ | テストデータ | ⟶ 評価指標 |

● k-fold 交差検証法 ※k=5の場合

1回目 | 検証データ | 訓練データ | 訓練データ | 訓練データ | 訓練データ | ⟶ 評価指標
2回目 | 訓練データ | 検証データ | 訓練データ | 訓練データ | 訓練データ | ⟶ 評価指標
3回目 | 訓練データ | 訓練データ | 検証データ | 訓練データ | 訓練データ | ⟶ 評価指標
4回目 | 訓練データ | 訓練データ | 訓練データ | 検証データ | 訓練データ | ⟶ 評価指標
5回目 | 訓練データ | 訓練データ | 訓練データ | 訓練データ | 検証データ | ⟶ 評価指標

データを k 個のサブセットに分割　　　　　　平均化

図 2.3-1　ホールドアウト法と k-fold 交差検証法

　モデルの性能を評価するとき、予測する問題が回帰であるか分類であるかによって、評価の観点や指標が変わります。分類は、さらに2値分類と多値分類で指標が変わります。

▶ 回帰問題の評価

　回帰では、表 2.3-1 のような評価指標があり、ビジネスの特性やシーンなどに合わせて使用する指標を選定します。

表 2.3-1　回帰における評価指標

評価指標	概要
RMSE (Root Mean Squared Error) **平均平方二乗誤差** $$\sqrt{\frac{1}{n}\sum_{i=1}^{n}(\hat{y}_i - y_i)^2}$$	「予測値と実測値の差」の2乗の総和の平均値（平均二乗誤差、MSE）に対して平方根を求めた指標値。平方根により単位を元に戻した値となる。誤差が大きいほど過大に評価する（誤りをより重要視する）という特徴があるため、大きく予測を外すことが許容できない場合に有用である。反面、外れ値の影響を受けやすいため、あらかじめデータ内の外れ値を除去する必要がある。0 に近いほど回帰式の精度が高いことを表す。

128

MAE (Mean Absolute Error) **平均絶対誤差** $$\frac{1}{n}\sum_{i=1}^{n}|\widehat{y}_i - y_i|$$	「予測値と実測値の差」の絶対値の総和を平均した指標値。 RMSE とは異なり、単位が変わることはなく、人間にとって解釈しやすいという利点がある。 0 に近いほど回帰式の精度が高いことを表す。
MAPE (Mean Absolute Percentage Error) **平均絶対パーセント誤差** $$\frac{100}{n}\sum_{i=1}^{n}\left|\frac{\widehat{y}_i - y_i}{y_i}\right|$$	「予測値と実測値の差」の確率値(パーセント誤差)を平均した指標値。 一般的に、ビジネスの現場において誤差を確率値(%)でわかりやすく提示したい場合に役立つ。 0 に近いほど回帰式の精度が高いことを表す。
R² (Coefficient of Determination) **決定係数** $$1-\frac{\sum_{i=1}^{n}(y_i - \widehat{y}_i)^2}{\sum_{i=1}^{n}(y_i - \bar{y})^2}$$	推定された回帰式の当てはまりの良さ(度合い)を表す指標値。 0〜1 の値をとり、1 に近いほど回帰式の精度が高いことを表す。 回帰式に含まれる説明変数の数が多いほど 1 に近づく点に要注意。つまり、予測対象と相関関係の薄い説明変数でも、使うほど決定係数が高まる。説明変数の数が多い回帰式を評価する場合や説明変数の数が異なる回帰式同士を比較する場合には、次の自由度調整済み決定係数を使うとよい。
adjusted R² **自由度調整済み決定係数** $$1-\frac{\frac{1}{n-k-1}\sum_{i=1}^{n}(y_i - \widehat{y}_i)^2}{\frac{1}{n-1}\sum_{i=1}^{n}(y_i - \bar{y})^2}$$	説明変数の数に応じて補正を加えた決定係数。 計算式に説明変数の数 (k) が組み込まれており、回帰式に含まれる説明変数の数が多いほど 0 に近づく。
RMSLE (Root Mean Squared Logarithmic Error) **対数平方平均二乗誤差** $$\sqrt{\frac{1}{n}\sum_{i=1}^{n}(\log(1+\widehat{y}_i) - \log(1+y_i))^2}$$	「予測値の対数と実測値の対数との差」の 2 乗の総和の平均値に対して平方根を求めた指標値。 RMSE の「外れ値に過敏に反応する」という欠点を軽減する特長がある。 0 に近いほど回帰式の精度が高いことを表す。

n:データ数　　　　　　　　　　　$\widehat{y}_i$:i 番目のデータの予測値
i:1〜n までの連番　　　　　　　$\log$:自然対数
y_i:i 番目のデータの実測値　　　$\bar{y}$:実測値全体の平均値
k:説明変数の数

▶ 2 値分類の評価

　2 値分類では、**混同行列**(Confusion Matrix)と呼ばれる表を用いて予測値と実測値の組み合わせを整理できます。組み合わせによって、真陽性、真陰性、偽陽性、偽陰性の 4 つの領域に分けられます。

第 2 章　データサイエンス力（実践）

実測値

		陽性	陰性
予測値	陽性	真陽性 (True Positive, TP)	偽陽性 (False Positive, FP)
	陰性	偽陰性 (False Negative, FN)	真陰性 (True Negative, TN)

・真陽性（TP）：実測値「陽性」に対して、正しく「陽性」と予測した場合
・真陰性（TN）：実測値「陰性」に対して、正しく「陰性」と予測した場合
・偽陽性（FP）：実測値「陰性」に対して、誤って「陽性」と予測した場合
・偽陰性（FN）：実測値「陽性」に対して、誤って「陰性」と予測した場合

図 2.3-2　混同行列

具体例として、製造した部品 10,000 個の中から不良品を見つけるケースを考えます。次の 2 つのケースを比較しながら評価してみましょう。

● ケース A

実測値

予測値		陽性 (不良品)	陰性 (良品)
	陽性 (不良品)	4,200個	1,600個
	陰性 (良品)	0個	4,200個

● ケース B

実測値

予測値		陽性 (不良品)	陰性 (良品)
	陽性 (不良品)	4,200個	0個
	陰性 (良品)	1,600個	4,200個

図 2.3-3　異なるケースの混同行列

2 値分類で用いられる代表的な評価指標に **Accuracy**（正解率）があります。上記の 2 つのケースでは、10,000 個中 8,400 個に対して正確に不良品および良品を見分けられているため、Accuracy は 84% となります。しかし、陽性のデータ数と陰性のデータ数が不均衡なケースでは、予測精度を評価しにくい側面があります。たとえば、10,000 個中に不良品が 500 個しか含まれていない場合に、すべて陰性（良品）と予測したとしても Accuracy は 95% になります。実際には不良品を見つけることができていないため、Accuracy だけでの評価は信憑性に欠けます。Accuracy 以外にも、Precision（適合率）、Recall（再現率）、Specificity（特異度）、F 値といった指標があり、必要に応じて、これらを使い分けて評価します。

130

2.3 評価／検定

表 2.3-2 2値分類における評価指標

評価指標		概要
Accuracy **正解率**	$\dfrac{TP+TN}{TP+TN+FP+FN}$	すべてのデータの中で、正しく予測ができた割合。
Precision **適合率**	$\dfrac{TP}{TP+FP}$	陽性と予測したデータの中で、実際に陽性だった割合。 陰性を陽性と誤判定する確率を減らしたい場合に利用する。
Recall **再現率**	$\dfrac{TP}{TP+FN}$	実際に陽性のデータの中で、正しく陽性と予測ができた割合。 陽性を見落とす確率を減らしたい場合に利用する。
Specificity **特異度**	$\dfrac{TN}{TN+FP}$	実際に陰性のデータの中で、正しく陰性と予測ができた割合。 陰性を漏れなく検知したい場合に利用する。
F値	$\dfrac{2\times Precision\times Recall}{Precision+Recall}$	Precision と Recall の調和平均。1 に近いほど精度が高いことを表す。 両者のバランスを重視したい場合に利用する。

先ほどの 2 つのケースで Accuracy 以外の指標値を比較してみましょう。

	ケースA	ケースB
Precision	4,200÷(4,200+1,600) ≒ 0.724 (72.4%)	4,200÷(4,200+0) =1 (100%)
Recall	4,200÷(4,200+0) =1 (100%)	4,200÷(4,200+1,600) ≒0.724 (72.4%)
Specificity	4,200÷(4,200+1,600) ≒0.724 (72.4%)	4,200÷(4,200+0) =1 (100%)
F値	(2×0.724×1)÷(0.724+1) ≒0.84	(2×1×0.724)÷(1+0.724) ≒0.84

図 2.3-4 Accuracy 以外の指標値の比較

ケース A は、過剰に不良品と判定していたため Precision は低くなっていますが、見落としがないため Recall が高いです。一方、ケース B は、不良品と予測したものはすべて正しいため Precision は高いですが、不良品の見落としがあるため Recall が低くなっています。それぞれ Precision と Recall に違いがあるものの、調和平均である F 値は同じ値を示しています。Precision と Recall はトレードオフの関係にあり、両者を同時に最大化することは困難です。両者のバランスを重視したい場合は、F 値を用いるとよいでしょう。

Specificity は、良品の一部を不良品と判定しているケース A の方が低くなっています。Specificity も高いに越したことはありませんが、他の指標と組み合わせて見ることで、モデルの特性をより詳細に捉えることができます。

また、真陽性率（TPR：True Positive Rate）と偽陽性率（FPR：False Positive Rate）を使い、ROC 曲線と AUC を算出することで、視覚的に評価することもできます。

- 真陽性率（TPR）：実測値が「陽性」のうち、正しく「陽性」と予測できた割合
- 偽陽性率（FPR）：実測値が「陰性」のうち、誤って「陽性」と予測した割合

ROC 曲線（Receiver Operating Characteristic Curve）は、横軸に偽陽性率、縦軸に真陽性率を置いてプロットしたものです。「陽性」と「陰性」に分類する際の閾値を 1 から 0 に細かく変化させたときの真陽性率と偽陽性率の値をプロットします。図 2.3-5 の左図にあるヒストグラムは、モデルが不良品または良品と予測した確率をプロットしています。縦軸にそれぞれのデータ数、横軸に閾値（不良品である確率）を置き、実際に不良品であるデータは緑色、良品であるデータは灰色で表しています。ヒストグラムを閾値 1 から 0 に向かって細かく変化させ、各閾値の真陽性率と偽陽性率をプロットすると、右図のような ROC 曲線になります。

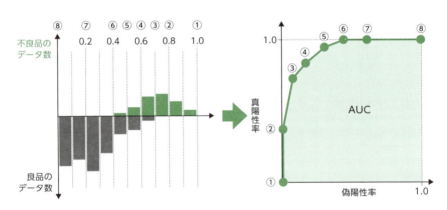

図 2.3-5　ROC 曲線のイメージ

ROC 曲線の内側の面積を **AUC**（Area Under the Curve）といいます。AUC は、0.5～1 の値をとり、予測精度が高いほど 1 に近づき、ランダムな分類をするほど 0.5 に近づきます。

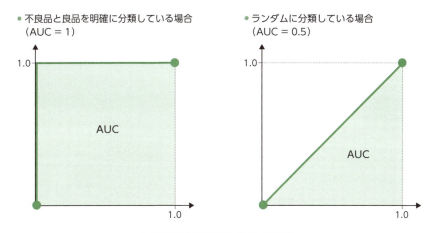

図 2.3-6　予測精度と AUC の関係性

▶ 多値分類の評価

　多値分類では、2 値分類と同様に混同行列を用いて Accuracy などの指標値を算出します。評価指標値を算出する際、算出対象のクラスを Positive、それ以外のクラスを Negative な事象とみなして混同行列の 4 つの領域（真陽性など）の値を計算します。たとえば、3 クラス（クラス A、クラス B、クラス C）に分類する場合、まず、クラス A を Positive、それ以外のクラスを Negative とみなし、混同行列の各値を計算します。続いて、クラス B、クラス C の順に Positive なクラスを入れ替えながら、同様の計算をします。このようにして、各クラスの Accuracy などの指標値が算出されます。ここまでは 2 値分類と同じ算出方法です。しかし、多値分類では、Accuracy はクラス数に関わらず 1 つだけ算出されますが、Precision、Recall、F 値は、それぞれクラスごとに算出されます。そのため、これら 3 つの指標に関しては、クラスごとの指標値を 1 つにまとめる必要があります。

第 2 章　データサイエンス力（実践）

表 2.3-3　多値分類における評価指標

評価指標	概要
macro 平均	クラスごとの評価値を算出した後に平均する方法。 クラス A、B、C の 3 値分類において、Precision の macro 平均を求めるときは、次の式で算出できる。 $$Precision_{macro 平均} = \frac{Precision_A + Precision_B + Precision_C}{3}$$ Recall と F 値についても同様の式で算出できる。 各クラスのデータ件数の偏りが反映されないという点に注意が必要。
重み付け平均	各クラスに重みを付けて平均する方法。 各クラスのデータ件数に偏りがある場合は、macro 平均ではなく、重み付け平均が用いられる。
micro 平均	各クラスの混同行列をもとに領域ごとの合計値を算出し、1 つの混同行列にまとめる。まとめられた混同行列をもとに評価値を算出する方法。 クラス A、B、C の 3 値分類において、Precision の micro 平均を求めるときは、次の式で算出できる。 $$Precision_{micro 平均} = \frac{TP_A + TP_B + TP_C}{(TP_A + TP_B + TP_C) + (FP_A + FP_B + FP_C)}$$

POINT!

分類問題の評価において、予測の誤判定を減らしたい場合は Precision（適合率）、予測の見落としを減らしたい場合は Recall（再現率）または Specificity（特異度）を利用します。両者のバランスを重視したい場合は F 値を利用します。

2.3.2　推定／検定

　データから何かしらの特性をつかんだり、結論を導き出したりするためには、少なからず統計学を駆使する必要があります。データを漠然と見ても、それらの特性や傾向を捉えることは難しいでしょう。データの平均値や中央値を出したり、可視化したり、仮説を立てたりすることでデータの本質を見ることができます。

　統計学は、大きく分けて記述統計学と推測統計学の 2 種類があります。**記述統計学**は、特定のデータから表やグラフを作成したり、平均や分散、相関係数などの統計量を算出したりして、それらを読み解くことでデータの特性を把握する手法です。国勢調査や人口調査など、観測データの分析に用いられます。一方、**推測統計学**は、

母集団から無作為にサンプルを抽出し、抽出したサンプルをもとに母集団全体の特徴を推測する手法です。視聴率や選挙の当選確率など、母集団の規模が大きく、すべてを調査するのにコストがかかる場合に、無作為に抽出した標本から母集団全体を推測するようなケースで用いられます。推測統計学は推定と検定に分類できます。

▶ 推定

推定とは、前述のように、抽出した標本をもとに母集団の特性を推測する方法です。推定方法には点推定と区間推定があります。**点推定**は平均値などの1つの値で母集団を推定し、**区間推定**は幅をもった値で母集団を推定します。

【日本の成人男性の平均身長を推測する例】
無作為に抽出した100人の平均身長が170cmだった。
なので成人男性の平均身長は **170cm**
点推定

【日本の成人男性の平均身長を推測する例】
無作為に抽出した100人の平均身長が170cmだった。確率分布をもとに算出すると、成人男性の平均身長は **95%の確率で167.06cm〜172.94cmの中に収まる**
区間推定

図 2.3-7　点推定と区間推定のイメージ

点推定ではピンポイントで母平均を推測しているため、抽出した標本によって推定値が大きく変わる可能性があります。一方、区間推定では確率をもとに推定しているため、推定結果に対する信頼が高まります。

区間推定において、推定した区間（範囲）に母集団の値が収まる確率を**信頼度**といい、一般的には90%、95%、99%といった値が用いられます。信頼度に応じた推定結果の区間を**信頼区間**といいます。同じ信頼度で、信頼区間が広い場合は推定の精度が高くないことを、逆に信頼区間が狭い場合は推定の精度が高いことを表します。

95%の信頼度で区間推定をする場合、下記の式で算出できます。

$$95\%信頼区間 = 標本平均 \pm 標準誤差 \times 1.96$$

※標準誤差についてはP.63参照

たとえば、無作為に抽出した100人の平均身長（標本平均）が170cm、標準誤差が

1.5cm だった場合、95% の確率で平均身長が 167.06cm〜172.94cm の中に収まると推定できます。

▶ 検定

検定とは、母集団の特性に対して立てた仮説が統計学的に成り立つか否かを標本データから判断する方法です。仮説検定ともいいます。もし母集団の全データを持っている場合は、仮説を立てなくても結果は明確であるため、検定をする必要はありません。

検定では、まず2つの仮説を立てます。母集団に関して主張したい仮説（**対立仮説**）と、その逆の仮説（**帰無仮説**）です。たとえば、「新薬と既存薬の薬効に差がある」という仮説を主張したい場合、この仮説が対立仮説になります。次に対立仮説が正しいか否かを証明する必要がありますが、一般的に仮説の正しさを証明するのは難しいものです。それに対して、仮説が正しくないことを証明するのは比較的容易です。そこで、対立仮説に相反する帰無仮説を立て、帰無仮説の正当性を実証します。実証した結果、何かしらの矛盾があれば帰無仮説は正しくないということで棄却します。帰無仮説が棄却されれば、対立仮説が正しいことの証明になります。

検定は以下のような手順で進めます。

1. 対立仮説と帰無仮説を立てる
2. 帰無仮説を棄却する水準を決める
3. 標本データをもとに帰無仮説の正当性を実証する

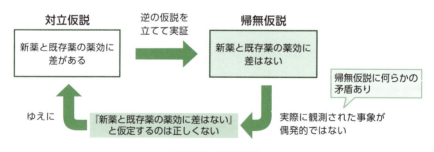

図 2.3-8　検定の流れ

帰無仮説を棄却することで対立仮説の正しさを証明できますが、帰無仮説を棄却

2.3 評価／検定

するかどうかを判定するためには水準が必要です。棄却する水準のことを**有意水準**といい、ある事象が起こる確率が有意水準を下回るならば、偶然とは考えにくく、意味があると（必然だと）考えられます。たとえば、標本データから「新薬の方が既存薬より効果が高い」というデータが得られたとしても、その事象が偶然に発生した差なのか、実際に新薬の方が効果が高いことに起因する差なのかを判断する必要があります。もし、偶然に発生した差ではなく、実際に新薬の方が効果が高いことに起因する差であれば、「薬効に差はない」という帰無仮説は正しくないという証明になり、棄却することができます。有意水準は、慣例的に5%や1%といった値が設定されます。

有意水準を下回っているか否かの判断に使用する指標としてp値が用いられます。**p値**とは、帰無仮説が正しいと仮定したときに、標本データで観測された事象、またはそれよりもさらに仮説から外れた事象が起こる確率のことです。先ほど例に挙げた「新薬の方が既存薬より効果が高い」確率がp値にあたります。p値が4%（0.04）だった場合、「（帰無仮説が正しいと仮定したときに）100回の実証試験の中で4回は新薬の方が効果が高い結果が出る」と解釈できます。有意水準を5%としたとき、p値は有意水準を下回っているため、偶然ではない事象が起きている、つまり帰無仮説が正しくないと見なすことができます。

しかし、検定は確率にもとづいて判断をするため、誤った結論を導く（過誤を犯す）可能性もあります。犯しうる過誤は次の2種類です。

- 真である帰無仮説を棄却してしまう過誤（**第1種の過誤**）
- 偽である帰無仮説を棄却できない過誤（**第2種の過誤**）

検定では、特に帰無仮説を正しく棄却できることが重要です。帰無仮説を正しく棄却する確率を**検定力**といいます。第1種の過誤を犯す確率をα、第2種の過誤を犯す確率をβとすると、各判断結果と確率は表2.3-4のようになります。中でも検定力は$1-\beta$で算出でき、確率が高いほど正確に帰無仮説を棄却し、対立仮説を採択できることを表します。

表2.3-4　検定における判断と確率

判断＼実際の結果	帰無仮説が正しい	帰無仮説が正しくない（対立仮説が正しい）
帰無仮説を棄却しない	正しい判断（確率：$1-\alpha$）	第2種の過誤（確率：β）
帰無仮説を棄却する（対立仮説を採択する）	第1種の過誤（確率：α）	正しい判断（確率：$1-\beta=$検定力）

検定は、仮説の立て方によって、両側検定と片側検定に分類できます。たとえば、図 2.3-9 のような 2 つのパターンの仮説を立てたとします。

図 2.3-9　仮説のパターン例

両者とも帰無仮説は同じですが、対立仮説が異なっています。パターン A は、対立仮説が「新薬の薬効 ≠ 既存薬の薬効」であるため、帰無仮説が棄却される領域を表す棄却域が正規分布の両側を占めることになり、これらの領域に該当するか否かを実証します。このような検定を**両側検定**といいます。一方、パターン B は、対立仮説が「新薬の薬効 ＞ 既存薬の薬効」であるため、棄却域は正規分布の片側のみになります。このような検定を**片側検定**といいます。なお、有意水準が 5% の両側検定の場合は、両側の棄却域の合計が 5%（片側 2.5%）となります。

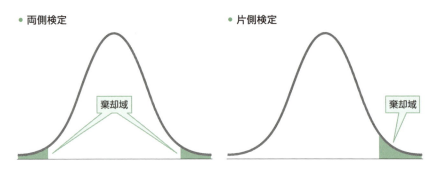

図 2.3-10　両側検定と片側検定

検定にはいくつかの手法がありますが、中でもよく用いられるのが t 検定です。**t 検定**とは、1 つまたは 2 つの母集団の母平均を評価する手法です。2 つの母集団に関する t 検定を行う場合、測定対象の標本データが同一であるか否かによって検定の手順、とりわけ後述する検定統計量の算出方法が変わります。測定対象は同じで、時間などの条件を変えて測定したデータを**対応のあるデータ**といいます。一方、測定対象が異なるデータを**対応のないデータ**といいます。これらを踏まえると、t 検定は大きく

3つのパターンに分類できます。

① 1標本のt検定
② 対応のあるデータにおける2標本のt検定
③ 対応のないデータにおける2標本のt検定

それぞれのパターンの帰無仮説には次のようなものが考えられます。

① A群の身長の母平均 ＝ 定数（160など）
② 時点1におけるA群の身長の母平均 ＝ 時点2におけるA群の身長の母平均
③ A群の身長の母平均 ＝ B群の身長の母平均

t検定では、p値とは別にt値という検定統計量を用います。p値が、観測された事象の希少性を示すのに対して、**t値**は比較するデータに意味のある差があるかどうかを表す値です。t検定は次のような手順で行います。

1. 仮説を立てる
2. 有意水準を決める
3. t値を求める
4. t分布表などを用いてp値を求める
5. p値と有意水準を比較し、帰無仮説の正当性を判断する

t値の求め方はt検定のパターンによって変わります。なお、パターン②は2標本ですが、実際には時間軸が異なるだけで比較対象の標本自体は同じであるため、時点1と時点2の変化量に対して1標本のt検定を行うことと同じです。

- 「1標本のt検定」および「対応のあるデータにおける2標本のt検定」の場合のt値の算出方法

$$t = \frac{\bar{x} - \mu}{\sqrt{\dfrac{s^2}{n}}}$$

$\bar{x}$：標本平均、μ：母平均、s^2：不偏分散、n：標本数
※自由度 $n-1$ のt分布に従う

- 「対応のないデータにおける2標本のt検定」の場合のt値の算出方法

$$t = \frac{\bar{x}_1 - \bar{x}_2}{\sqrt{s^2\left(\frac{1}{n_1} + \frac{1}{n_2}\right)}}$$

$\bar{x}_1, \bar{x}_2$：A群/B群の標本平均、s^2：不偏分散、n_1, n_2：A群/B群の標本数
※自由度 $n_1 + n_2 - 2$ のt分布に従う

対応のないデータにおける2標本のt検定は、それぞれの母分散が等しいか否かによって、さらに手法が分かれます。それぞれの母分散が等しい場合は**スチューデントのt検定**、異なる場合は**ウェルチのt検定**が用いられます。t検定を実施する前に、それぞれの母分散が等しいか否かを調べる**F検定**が行われます。

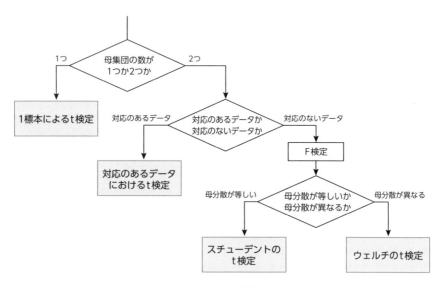

図 2.3-11　検定手法の選択プロセス

なお、t検定の他にz検定という検定手法もあります。**z検定**は、2標本の平均値に差があるかどうかを検定する手法です。母分散が既知である場合にz検定が用いられますが、母分散が既知である状況は現実的に考えにくいため、z検定の使用シーンはかなり希少です。そのため、母分散が未知である状況に対応するt検定の方が有用な検定手法といえます。

2.3 評価／検定

POINT!

検定における対立仮説は主張したい仮説、帰無仮説は否定したい仮説です。帰無仮説を棄却することで対立仮説を証明します。実際に観測された事象、または仮説から外れた事象が起こる確率を表す p 値が有意水準を下回ることで帰無仮説を棄却できます。

第 2 章　データサイエンス力（実践）

節末問題

問題 1

k-fold 交差検証法を用いて、あるモデルについて機械学習を行う。1,000 件ある
データのうち 900 件を訓練データ、100 件を検証データとする場合、機械学習の実
行回数として、最も適切なものを 1 つ選べ。

- **A.** 5 回
- **B.** 9 回
- **C.** 10 回
- **D.** 100 回

問題 2

混同行列を用いた評価方法において、適合率（Precision）に該当する式として、
最も適切なものを 1 つ選べ。 ここで、TP は真陽性、TN は真陰性、FP は偽陽性、FN
は偽陰性を表すものとする。

- **A.** $\dfrac{TP}{TP+FP}$

- **B.** $\dfrac{TP}{TP+FN}$

- **C.** $\dfrac{TP+TN}{TP+TN+FP+FN}$

- **D.** $\dfrac{2\dfrac{TP}{TP+FP}\dfrac{TP}{TP+FN}}{\dfrac{TP}{TP+FP}+\dfrac{TP}{TP+FN}}$

問題 3

次の文章の（1）（2）（3）に当てはまるものとして、最も適切なものを 1 つ選べ。

区間推定において、推定した区間に母集団の値が収まる確率を（1）といい、（1）
に応じた推定結果の区間を（2）という。同じ（1）で推定した結果、（2）が（3）

節末問題

ほど推定の精度は高いといえる。

A. （1）信頼度 （2）信頼区間 （3）狭い

B. （1）集約度 （2）集約区間 （3）狭い

C. （1）信頼度 （2）信頼区間 （3）広い

D. （1）集約度 （2）集約区間 （3）広い

2

問題 4

流行している感染症に新薬が有効であるか否かを検証したい。帰無仮説に該当するものとして、最も適切なものを 1 つ選べ。

A. 新薬は流行感染症に対して有効である

B. 新薬は流行感染症に対して効果がない

C. 新薬は流行感染症に対して逆効果である（悪化する）

D. 流行感染症に対して有効な薬はない

問題 5

検定力の説明として、最も適切なものを 1 つ選べ。

A. 低ければ低いほど検定の精度が高いといえる

B. 検定力の算出には第 1 種の過誤を犯す確率が用いられる

C. 実際に観測された事象、または仮説から外れた事象が起こる確率のことである

D. 帰無仮説が正しくない場合に、正しく帰無仮説を棄却する確率のことである

解答と解説

問題 1

[答] C

k-fold 交差検証法では、データを k 個のサブセットに分割し、そのうちの 1 個を検証データに、残りの k－1 個を訓練データに用い、すべてのサブセットをテストデータとして用いるように機械学習を k 回繰り返します。設問の場合、データを10 個のサブセット（900 件の訓練データと 100 件の検証データ）に分割しているため、機械学習は 10 回行います。よって、C が正解です。

143

第2章　データサイエンス力（実践）

問題 2　　　　　　　　　　　　　　　　　　　　　　　　　　[答] A

混同行列は次のように4つの領域に分けられた表で、2値分類問題の評価に用いられます。

実測値

		陽性	陰性
予測値	陽性	真陽性 (True Positive, TP)	偽陽性 (False Positive, FP)
	陰性	偽陰性 (False Negative, FN)	真陰性 (True Negative, TN)

適合率（Precision）は「陽性と予測したデータの中で、実際に陽性だった割合」を表します。予測値が陽性の領域である真陽性（TP）＋偽陽性（FP）のうち、実測値が陽性の領域である真陽性（TP）の割合を算出します。よって、A が正解です。なお、B は再現率、C は正解率、D は F 値を算出する式です。

問題 3　　　　　　　　　　　　　　　　　　　　　　　　　　[答] A

区間推定は幅をもった値（区間）で母集団を推定します。推定した区間に母集団の値が収まる確率を信頼度といい、一般的に 90%、95%、99% の値が用いられます。信頼度に応じた推定結果の区間を信頼区間といいます。同じ信頼度であれば、信頼区間が狭いほど推定の精度が高いといえます。よって、A が正解です。

問題 4　　　　　　　　　　　　　　　　　　　　　　　　　　[答] B

仮説検定では、主張したい仮説（対立仮説）を証明するために、逆の仮説（帰無仮説）を立てて棄却できるか否かを検証します。設問では、「新薬は流行感染症に対して有効である」が対立仮説であるため、「新薬は流行感染症に対して効果がない」が帰無仮説になります。よって、B が正解です。

問題 5　　　　　　　　　　　　　　　　　　　　　　　　　　[答] D

検定力とは、帰無仮説を正しく棄却する確率のことです。検定力が高ければ高いほど、正確に帰無仮説を棄却し、対立仮説を証明できるといえます。よって、D が正解です。検定力の算出には第2種の過誤を犯す確率が用いられます。第2種の過誤を犯す確率を β とした場合、$1 - \beta$ で算出できます。なお、C は p 値の説明です。

144

2.4　領域ごとのデータ処理

2.4 領域ごとのデータ処理

2

2.4.1 時系列データ

　ビジネスの現場では、さまざまな種類のデータが存在しますが、その中には時間の経過順に並べられたデータがあります。こうしたデータを分析することで、将来を予測することができ、ビジネスシーンにおいては、将来起こりうる事象に向けた具体的な施策を講じることに役立ちます。時間の経過に沿って測定されたデータを**時系列データ**といい、次のようなデータが挙げられます。

- 毎時の設備の稼働率
- 毎日の気温や降水量などの気象データ
- 毎月の店舗の売上

　時系列データを用いてデータの変動を分析し、将来の値や動向を予測することを**時系列分析**といいます。ここでは、時系列データに含まれる変動や分析方法について見ていきます。

▶ トレンド（傾向変動）

　長期にわたって持続的に変化する傾向のことを**トレンド**（傾向変動）といいます。これは、時間の経過とともに増加または減少する傾向です。トレンドがなければデータの推移は横ばいになります。

　株価などの時系列データは、変動が細かすぎて全体の傾向を把握しにくい場合があります。このような場合、移動平均を用いれば、傾向を把握しやすくなります。**移動平均**とは、ある一定区間ごとの平均値を、区間をずらしながら算出したもので、時系列データの変化を滑らかに表現することができます。たとえば、次ページの図2.4-1のグラフは、日経平均株価の変動（灰色の線）を表していますが、全体を通しての変動は読み取りづらいです。そこで移動平均をとり、グラフに表現すると、中盤にかけて右肩上がりで、中盤以降は若干右肩下がりであることが読み取れます。

145

移動平均をとることで、傾向を抽象化でき、トレンドを把握しやすくなります。

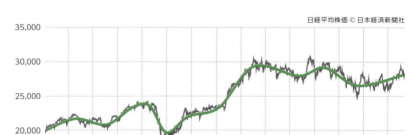

図 2.4-1　移動平均のイメージ

▶ 季節変動

　時系列データには、周期性と呼ばれる特性が含まれていることがあります。**周期性**とは、同じ周期でのデータの変動傾向のことです。たとえば、インターネットの回線使用率に関する推移データを見たとき、朝の使用率が低く、夜の使用率が高い傾向が見られれば、時間単位での周期性があるといえます。

　1年単位の周期変動で、季節要因（四季や天候、社会的習慣など）により変化する傾向のことを**季節変動**といいます。図 2.4-2 は、2021 年より過去 5 年間の日平均気温の傾向を可視化したものです。毎年 1 月から 8 月頃に向けて上昇し、12 月に向けて下降するという周期性が見られます。季節要因に左右される製品・サービスの動向を分析する際には、季節変動を鑑みる必要があります。

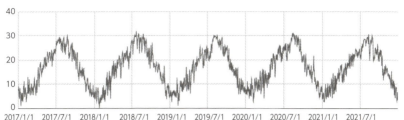

気象庁「過去の気象データ・ダウンロード」(https://www.data.jma.go.jp/gmd/risk/obsdl/) より作成。

図 2.4-2　過去 5 年間の日平均気温

　一方で、経済・景気の動向を分析する際には、季節変動は邪魔な要素になり得ます。たとえば、年間の 1 世帯あたりの家計の消費支出について、月別にどういった変動があるのかをデータで見たときに、12 月の消費水準指数が最も高く、5 月や 6 月は低くなる傾向が見られたとします。この場合、単純にデータの傾向を見て、5 月や 6 月よりも 12 月の方が家計の消費が活発であると判断するのは早計です。なぜなら、12 月はクリスマスや年末といった要因があるのに対して、5 月や 6 月は家計の消費を促す要因が少ないからです。このような季節変動を考慮せずに分析をすると、本来把握したい内容と差異が生じる可能性があります。純粋なトレンドを把握したい場合には、季節変動を除去する必要があり、移動平均の間隔を周期性の間隔に合わせて設定するなどの手法がとられます。

▶ 循環変動

　数年から十数年ほどの間隔で周期的に繰り返される変動のことを**循環変動**といいます。12 か月単位で変動を繰り返す季節変動に対して、循環変動の周期は長めです。数年、数十年ごとに好況と不況を繰り返す景気の変動などが循環変動に該当します。

▶ 短期的変動

　時系列データの中に含まれる細かい変動を**短期的変動**といいます。時系列データは、トレンドまたは季節変動と、短期的変動を組み合わせたデータといえます。そのため、時系列データからトレンドや季節変動を除去することで短期的変動を抽出することができます。具体的には、時系列データの階差（ある時点とその 1 つ前の時点のデータの差）をとることで短期的変動を簡単に抽出できます。

　次ページの図 2.4-3 は、日経平均株価の変動を可視化したものです。左図は株価のトレンドを表しており、長期的な変動を確認できます。一方、右図は、前日の株価

との差(階差)を表しており、トレンドが除去されていることがわかります。トレンドを除去することにより、急激な変化などによる外れ値を見つけやすくなります。

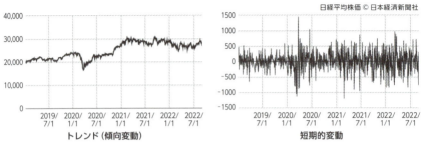

図 2.4-3　トレンド(傾向変動)と短期的変動の違い

▶ ノイズ

時系列データに含まれる変動などの要素のうち、解析対象とならない要素を**ノイズ**といいます。時系列データから何を捉えたいかによって解析に必要な要素とノイズの切り分けが変わります。先ほどの図 2.4-3 の日経平均株価におけるトレンドと短期的変動の場合であれば、次のように切り分けられます[2]。

- 長期的な傾向を捉えたいとき
  - 必要な要素:トレンド
  - ノイズ:短期的変動
- 短期的な傾向を捉えたいとき
  - 必要な要素:短期的変動
  - ノイズ:トレンド

▶ 定常性

時間の経過によらず平均と自己共分散が一定である性質を定常性といいます。長期的に見ても平均が一定であるため、上昇傾向などは見られません。先ほどの図 2.4-3 の右図(前日の株価との差を表したグラフ)は、平均が一定であり、定常性が見られ

---

[2]　参考:東京大学 数理・情報教育研究センター「4-4 時系列データ解析」(http://www.mi.u-tokyo.ac.jp/consortium2/pdf/4-4_literacy_level_note.pdf)

ます。定常性を持つ時系列データか否かによって分析方法も変わります。

▶ 周期性の分析

データがどのような周期性を持っているかを捉える方法として、自己相関分析があります。**自己相関分析**とは、元のデータと、元のデータにラグ（時差）を加えたデータとの相関係数を求め、相関係数の大きさからデータの周期性を捉える分析手法です。時間が異なるだけで、同じデータ同士の相関であるため自己相関といいます。

図 2.4-4 は、2020 年から 2022 年までの 3 年間の電力消費量を月単位で可視化したものです。実線は元のデータを表しており、破線は元のデータからラグを 1 つ、つまりひと月ずらしたデータを表しています。

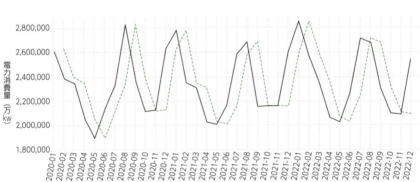

東京電力パワーグリッド株式会社「過去の電力使用実績データ」(https://www.tepco.co.jp/forecast/html/download-j.html)をもとに独自に作成。

図 2.4-4　電力消費量の傾向（元のデータとラグを加えたデータ）

同様に 2 つ、3 つ、… とラグを加えたデータとの相関を求めると、次ページの図 2.4-5 のような横軸にラグの度合い、縦軸に自己相関係数を示すコレログラムと呼ばれるグラフができます。ラグが 12 と 24 の地点で強い正の相関を示しているため、データは 12 か月間隔の周期性を持つと判断できます。なお、ラグが 0 の場合は同じ時点の相関のため、相関係数は必ず 1 となります。

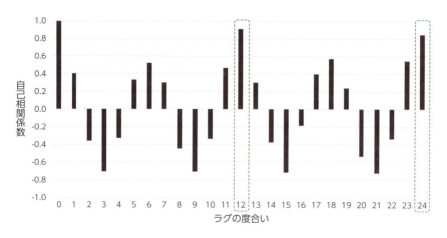

図 2.4-5　電力消費量のコレログラム

　自己相関係数を使う際の注意点として、推移律により他の時点の影響を受ける可能性がある点が挙げられます。推移律とは、2つの要素間に関連性があるときに、その影響が他の要素にも伝わる性質です。ラグ A の時点で強い正の相関を示したとしても、その前後のラグの影響を受けている可能性、つまり推移律が働いている可能性があり、純粋にある時点とラグ A の時点の相関として捉えられないケースがあります。推移律による影響を排除し、純粋に各時点の相関を分析したい場合は、偏自己相関係数を使った**偏自己相関分析**をします。

▶ 時系列データの分割

　機械学習に時系列データを用いる際、データをランダムに学習用のデータと評価用のデータに分割して学習を行うと、モデルの精度が不当に高くなってしまう可能性があります。これは、未来のデータを使ってモデルを訓練し、過去のデータを使って評価するケースが含まれてしまうことが大きな原因です。こうした不適切な学習を回避するために、テストデータまたは検証データは、訓練データよりも未来のデータになるように分割することが重要です。

▶ 時系列分析モデル

　時系列分析の手法には、ARMA や ARIMA、ARIMAX、状態空間モデルなどのモデルがあります。ARMA は、定常性を持つ時系列データの解析に有効です。ARIMA は、トレンド性のある非定常な時系列データの解析に有効です。ARIMAX は、ARIMA に外生変数（外部要因を表す変数）が組み込まれたモデルで、変数の設

2.4 領域ごとのデータ処理

定によって祝日やインフレ率といった要因を考慮しながらデータ解析ができます。状態空間モデルは、目に見える観測値だけでなく、目に見えない状態の変動からも予測ができる汎用性の高いモデルです。

POINT!

時系列データからトレンドなどを除去することで、短期的変動を抽出でき、急激な変化による外れ値を見つけやすくなります。

2.4.2 自然言語処理

　自然言語処理とは、コンピュータが人間の書き言葉や話し言葉を解析し、意味を理解する技術です。コンピュータが文章の意味を理解できると、文章から特定の情報を抽出したり、関連する別の文章を生成したりすることが可能になります。自然言語処理で解決できる代表的なタスクを表 2.4-1 に示します。

表 2.4-1　自然言語処理で解決できる代表的なタスク

タスク	概要
固有表現抽出	文章中に含まれる固有名詞（人名や企業名など）や日付、時間といった情報を抽出する。 ＜用途例＞ ● EC サイトやソーシャルネットワークに投稿されたコメントや記事から有益な情報を抽出する。 ● 文章中に含まれる個人に関する情報を特定し、マスキングする。
文章の要約	文章の要点をまとめ、簡潔に説明する文を生成する。 ＜用途例＞ ● 議事録をもとに会議の内容を簡潔に説明する文やタイトルを生成する。
機械翻訳	ある言語の文章を別の言語の文章に変換する。 ＜用途例＞ ● 和文を英文に翻訳する。
文書の分類	文章の内容をもとに該当するカテゴリに文書を分類する。 ＜用途例＞ ● 記事やニュースをジャンル（政治やスポーツなど）ごとに分類する。 ● 受信したメールがスパムメールかどうかを分類する。
感情分析	文章の内容が肯定的なのか否定的なのかを判定する。 ＜用途例＞ ● 製品やサービスに対するコメントに含まれる感情から満足度などを評価する。 ● 悪質なコメントを検知し、対策を検討する。

151

第2章　データサイエンス力（実践）

情報の推薦	ユーザーの趣味嗜好や購買傾向を予測し、提供する情報を厳選する。 ＜用途例＞ ●ユーザーの購買行動や検索履歴をもとに適切な広告を表示する。
質問応答	質問文に対して、適切な回答を返す。 ＜用途例＞ ●問い合わせ対応にチャットボットを用いて、基本的な問い合わせに対して自動で応答する。

　自然言語処理モデルの精度を評価するための評価基準として、GLUE が用いられることがあります。

　GLUE（General Language Understanding Evaluation）は、測定用のデータセットを用いて、表 2.4-1 で取り上げたタスクを含む自然言語処理における各タスクのスコアを算出することで、モデルの精度を測ります。新たな自然言語処理モデルを論文で発表する際には、GLUE で算出したスコアを掲載することが暗黙の了解になりつつあります。

　データの種類にかかわらず、分析をする際にはデータを前処理する必要があります。これは、自然言語処理で扱うテキストデータにおいても例外ではありません。前処理として、クリーニング処理や形態素解析／係り受け解析などがあります。

▶ クリーニング処理

　テキストデータには、次のようなノイズ（不必要な要素）が含まれていることがあります。

- 不必要な文字列が含まれている
- 文字種が統一されていない
- 時制が統一されていない

　このようなノイズは、本来捉えたい特徴の邪魔になり、期待する分析結果が得られない原因になりかねません。そのため、前処理として、データの**クリーニング処理**をすることでテキストデータのノイズを除去し、分析が円滑に進められる状態に整えます。クリーニング処理には、表 2.4-2 のような処理が挙げられます。

表 2.4-2　クリーニング処理の例

処理	概要
半角変換	全角を半角に変換する。
小文字化	大文字を小文字に変換する。
数値置換	数値をすべて0に置換する。 数値は表現が多様で出現頻度が高いが、有用性は低いため、特徴を抑えるために置換する。
記号除去	感嘆符（!）や句点（。）などの記号を除去する。
ステミング	時制などが異なる単語の表記を統一する。

▶ 形態素解析／係り受け解析

テキストデータの分析で文章の意味を導き出すためには、単語を1つの単位として文章を分解する必要があります。文章を分解するために形態素解析を行います。**形態素解析**とは、文章を**形態素**（意味を有する最小単位の単語）に分解し、それぞれの形態素の品詞を判定する作業です。

図 2.4-6　形態素解析のイメージ

英語などのように単語間にスペースのある文章であれば、単語単位に文章を分解するのは容易です。しかし、日本語のように単語間にスペースなどの区切りがない文章の場合は、分解作業が複雑になるため、一般的には、公開されている形態素解析ツール（**MeCab**、**Janome**、**JUMAN** など）を利用します。

文章の特徴をさらに詳細に分析する際、形態素や文節（複数の形態素の集まり）同士の関連性を考えなければならない場合があります。文章の形態素や文節の関連性を分析することを**係り受け解析**といい、これを行うためのツール（**KNP**、**CaboCha** など）が一般公開されています。

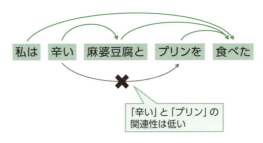

図 2.4-7　係り受け解析のイメージ

POINT!

形態素解析で文章を形態素と呼ばれる最小単位の単語に分解し、係り受け解析で文章の形態素や文節の関連性を分析します。

2.4.3　画像処理

　画像認識で用いられるデータは画像ですが、もともと画像はアナログ情報であり、コンピュータ上で取り扱うためには、デジタル情報に変換する必要があります。アナログ画像をデジタル画像（画像データ）に変換するプロセスとして、標本化と量子化があります。

　標本化は、アナログ画像を正方形の格子状に区切るプロセスです。区切られたひとつひとつの格子を画素（ピクセル）といい、デジタル画像の最小単位を表します。粗く区切るほど画素数が少なくなり、**ジャギー**（階段状のギザギザ）が被写体の輪郭などに現れたり、**エイリアシング**（本来存在しない縞模様）が所々に現れたりします。なお、これとは反対に、細かく区切るほどアナログ画像を忠実にデジタルで再現できますが、その分、データサイズが大きくなるので注意が必要です。

　次に**量子化**は、各画素が持つアナログ値を離散的なデジタル値に変換するプロセスです。量子化された値を量子化レベルといい、濃淡のレベル（階調）を表します。量子化レベルを2レベル（1ビット）とした場合、0（黒）か1（白）の2階調で濃淡が表現されます。レベルが増えるほど濃淡をより正確に表現でき、写真のように連続的な階調を持つ画像に対しては、256レベル（8ビット）に量子化するのが一般的です。

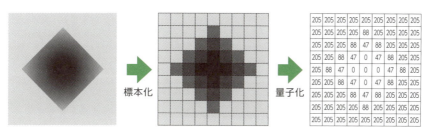

図 2.4-8　画像の標本化と量子化のイメージ

　画像データの色の表現方法として、白と黒の中間色であるグレーのグラデーションで表現する**グレースケール**や、RGB（赤緑青）の**色の三原色**を組み合わせたカラーなどがあります。また、画像データのフォーマットとしては、**JPEG**、**PNG**、**BMP**、**TIFF** などがあり、それぞれ圧縮方法および圧縮率が異なっています。

　画像データを分析に用いるとき、画像の特徴を際立たせるために、表 2.4-3 のような前処理を施すことがあります。

表 2.4-3　画像に対する前処理の例

処理	概要		
画像補正処理	画像の明るさやコントラスト、色相、彩度などを調整し、被写体の色が際立つように補正する。		
画像加工処理	コンピュータが画像の特徴を判定しやすくするための加工処理を施す。代表例として、画像データに含まれるノイズを除去したり、被写体の輪郭（エッジ）を強調したりする**フィルタ処理**がある。コンピュータは、画像を画素が持つ値（濃淡やRGB）の集合体として捉えるため、ノイズなどが含まれていると、画素単位で見たときに特徴のある画素と誤認識する可能性がある。		
画像変換処理	画像をグレースケールに変換する。画像分析をする際、色情報が不要な場合などに行う。		
クリーニング処理	画像分析をしやすくするために、次のような整形を施す。		
	リサイズ	画像のサイズを拡大または縮小する。アスペクト比（縦横比）を固定しないでリサイズした場合は、縦または横に画像が引き伸ばされる。	
	トリミング	画像の一部を切り落として、構図のバランスを整える。	
	パディング	画像の周りなど、画素が不足する部分を適当な色の画素で埋め合わせる。機械学習における画像処理では、フィルタ処理をすることで画像サイズが小さくなることがあり、それを防ぐためにパディングが用いられる。	

スケーリング処理	データ分析を効率的に行うために、データの尺度を調整する。画像に対するスケーリング処理として、データを0〜1の値に変換する**正規化**がある。グレースケールやカラーの画像の各画素は0〜255の値を持つが、これらの値を0〜1に変換し、とりうる値の範囲を狭めることで、画像分析を効率化できる。

　これらの前処理を大量の画像データに対して行うのは膨大な作業量となりますが、プログラミングにより自動化することができます。たとえば、データ分析などで用いられるプログラミング言語であるPythonでは、画像や動画に関する処理機能をまとめた**OpenCV**などのライブラリを使用することによって、大量の画像データなどをまとめて処理できます。

POINT!

アナログ画像をデジタル画像に変換するために、標本化でアナログ画像を正方形の格子状に区切り、量子化で画素の濃度を離散的なデジタル値に変換します。

▶ 画像認識タスク

　画像データを使った基本的なタスクとして画像分類、物体検出、セグメンテーションが挙げられます。ここでは、それぞれの特徴や手法について説明します。

　画像分類（Image Classification）は、画像に写っている主題を特定するタスクです。画像全体を見て、何の画像なのかを判定したい場合に有用です。代表的な手法である**畳み込みニューラルネットワーク**（CNN：Convolutional Neural Network）は、2次元の画像データのまま、畳み込み層とプーリング層によって画像から特徴を抽出します。その後、該当するクラス（何が写っているのか）を確率で判定するため、画像データを平滑化（1次元のデータに変換）し、判定結果を導き出します。

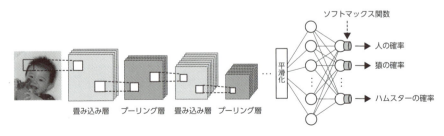

図 2.4-9　畳み込みニューラルネットワークによる画像分類の概略

物体検出（Object Detection）は、画像に写っている物体やその位置を特定するタスクです。これは、画像分類と位置特定を組み合わせたもので、画像中のどこに、何が写っているのかを判定したい場合に有用です。代表的な手法として、P.96で紹介した**バウンディングボックス**（矩形領域）で物体の位置を特定し、その領域に対して画像分類をすることで物体を特定します。判定結果として、物体の位置を示す矩形領域や分類されたクラス、クラスに該当する確率が出力されます。なお、複数の物体の特定も可能です。

図 2.4-10　バウンディングボックスによる物体検出のイメージ

バウンディングボックスが矩形単位で領域を分類するのに対し、**セグメンテーション**（Segmentation）は、画素単位で領域を分類して物体やその位置を特定します。画像診断（CTやMRI）や自動運転のように、不定形な物体の領域まできめ細かく捉えたい場合に有用です。

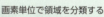

図 2.4-11　セグメンテーションによる領域分類のイメージ

セグメンテーションの代表的な手法を3つ取り上げ、図2.4-12をもとにそれぞれの特徴を説明します。図中（a）の**セマンティックセグメンテーション**は、背景などを含むすべての画素に対して領域を分類しますが、画像中の複数の人や車のように同一クラスの物体が1つのクラスとして数えられるため、厳密に物体を個別に識別できる形式で分類はされません。図中（b）の**インスタンスセグメンテーション**は、物体を個別に識別できる形式で領域を分類しますが、物体に対してのみセグメンテーションを行うため、物体以外（背景など）は処理の対象外です。図中（c）の**パノプティックセグメンテーション**は、セマンティックセグメンテーションとインスタンスセグメンテーションを組み合わせた手法で、背景などを含むすべての画素に対して、個別に識別できる形式で領域を分類します。

元の画像データ

(a) セマンティックセグメンテーション　(b) インスタンスセグメンテーション　(c) パノプティックセグメンテーション

図 2.4-12　セグメンテーションの種類と違い

これらの手法を応用することで、表2.4-4のような、より実用的なタスクが可能です。なお、今後、深層学習やハードウェアなどの技術発展により、アプローチの仕方は変化または派生していくことが想定されます。

2.4 領域ごとのデータ処理

表 2.4-4　応用的な画像認識タスクの例

処理	概要
姿勢推定	画像から人の頭、胸、手足などの身体の部位や関節の位置とその関係性を表す座標を検出し、人の姿勢を可視化する。畳み込みニューラルネットワークによる予測を繰り返し行い、身体部位の位置と関係性を学習するなどのアプローチが考えられている。
顔認識	人の顔を認識する上で重要な処理の 1 つが顔のランドマークの検出である。ランドマークとは、顔の特徴を捉えるために必要となる目や鼻、口などの位置（座標）のことで、畳み込みニューラルネットワークを用いて検出するアプローチなどがある。ランドマーク検出後は、データベースにあらかじめ登録されている顔データとの類似度を計算し、個人を特定する。
自動運転	車載のカメラやミリ波レーダー、ライダーなどによって物体や背景などの情報を取り込む。畳み込みニューラルネットワークや物体検出、セグメンテーションなどの手法を用いて分析し、周囲の車両や歩行者、道路の白線、信号機、標識などのさまざまな要素を認知する。その後、深層学習を中心とするその他の機械学習技法を用いてリスクを予測し、減速や停止などの操作につなげる。

POINT!

基本的な画像認識タスクとして、主題を特定する画像分類、矩形単位で物体を特定する物体検出、画素単位で領域を分類するセグメンテーションがあります。

2.4.4　動画処理

　動画データは、別々のデータである映像と音声をまとめたものです。映像データは、一定時間内に高速で複数枚の画像を切り替えて表示することで、あたかも画像内の被写体などが動いているように見せています。

　映像を構成する 1 コマ 1 コマの画像を**フレーム**といいます。同じ時間間隔の映像の中で、フレームが多いほど映像を構成するコマ数が増えるため、映像内の物体の動きは滑らかになります。その反面、映像に含まれる画像が増えるため、データサイズが大きくなることに注意が必要です。

　映像が 1 秒間に表示するフレームの枚数のことを**フレームレート**といいます。フレームレートの単位は **fps**（frame per second）で、30fps は 1 秒間に 30 フレーム、60fps は 1 秒間に 60 フレーム表示することで映像を構成します。

　映像と音声の 2 つのデータは、それぞれ圧縮（**エンコード**）し、コンテナと呼ばれる動画フォーマットにまとめて、動画データとして保存されます。なお、動画デー

159

第2章　データサイエンス力（実践）

タを再生する場合は、圧縮されたデータを復元（**デコード**）します。圧縮（エンコード）と復元（デコード）を行うことができる装置やソフトウェアは**コーデック**と呼ばれており、映像と音声のそれぞれで、動画フォーマットごとに決められたコーデックが用いられます。動画フォーマットには表2.4-5のようなものがあります。

表2.4-5　代表的な動画フォーマット

形式	特徴
AVI	Windows標準の動画フォーマット。高画質を維持することが可能だが、ファイルサイズが大きくなりやすい。
MOV	Mac標準の動画フォーマット。AVIと類似する点が多く、高画質だが、ファイルサイズが大きくなりやすい。
MP4	さまざまなOSに対応している動画フォーマット。高画質を維持しながら、ファイルサイズを抑えることができる。

　動画データや、動画データから抽出した大量の画像データに対して、前処理などの処理を行う際にも、前述のOpenCVなどのライブラリが利用できます。

> **POINT!**
>
> データの圧縮作業をエンコード、復元作業をデコードといい、映像や音声のデータに対してエンコードとデコードをする装置やソフトウェアをコーデックといいます。

2.4.5　音声処理

　音声認識に関する研究・開発が活発に行われており、さまざまな音声認識サービスが提供されています。音声をテキストに変換する「Speech to Text」も音声認識サービスの一種です。こうした音声認識サービスを自社システムなどと連携させることで、比較的容易に音声認識を活用することができます。さまざまな音声認識サービスの中から適切なサービスを選択する際には、対応フォーマットやレスポンス速度、料金体系などを考慮する必要がありますが、音声認識の精度を比較することも重要です。一般的に、精度を評価する際には、誤認識率を単語（形態素）単位で算出する**単語誤り率**（**WER**：Word Error Rate）と、1文字ずつ比較して算出する**文字誤り率**（**CER**：Character Error Rate）が用いられます。それぞれ次の式で算出できます。

2.4 領域ごとのデータ処理

$$単語誤り率（WER）＝\frac{挿入誤り単語数＋置換誤り単語数＋削除誤り単語数}{実際の音声の全単語数}$$

$$文字誤り率（CER）＝\frac{挿入誤り語数＋置換誤り語数＋削除誤り語数}{実際の音声の全文字数}$$

挿入誤り単語数（挿入誤り語数）：実際の音声に存在しない単語（または語）が音声認識の結果に存在する数
置換誤り単語数（置換誤り語数）：実際の音声に存在する単語（または語）が音声認識の結果では異なる文字で認識されている数
削除誤り単語数（削除誤り語数）：実際の音声に存在する単語（または語）が音声認識の結果に存在しない数

文字誤り率（CER）の算出例は次のようになります。

実際の音声　　　：たくさんの猫に囲まれて生きていきたいです
音声認識の結果：たくさんの肉に囲まれ　生きていきたいですね

挿入誤り語数　　＝ 1（存在しない末尾の「ね」が音声認識の結果に存在している）
置換誤り語数　　＝ 1（「猫」が異なる文字「肉」と認識されている）
削除誤り語数　　＝ 1（「囲まれて」の「て」が音声認識の結果に存在しない）
全文字数　　　　＝ 20

文字誤り率　　　$＝\dfrac{1＋1＋1}{20}＝$ **0.15（15%）**

　音声認識を実現するためには、音声処理をする必要があります。音声処理とは、人の音声についてコンピュータ上で分析、変換、合成などをする技術です。

　そもそも音の本質は、音波と呼ばれる空気などの振動です。音波は、時間の経過をともなう連続的なアナログ情報であり、画像などと同様に、そのままではコンピュータ上で処理することができません。音声に関しても標本化と量子化を行うことでデジタル情報に変換します。

　音声におけるサンプリング（標本化）は、音波の連続情報を一定の時間間隔で区切り、時間ごとの信号を標本として抽出するプロセスです。1秒間にサンプリングする回数を**サンプリングレート**（サンプリング周波数）といい、次ページの図 2.4-13 で音声の波形上にある丸い点は、サンプリングされた信号を表しています。サンプリングレートが高いほど、サンプリングされる信号の間隔が短くなるため、より正確

に元の音波を再現できます。反対に、サンプリングレートが低いと、波形が粗くなります。

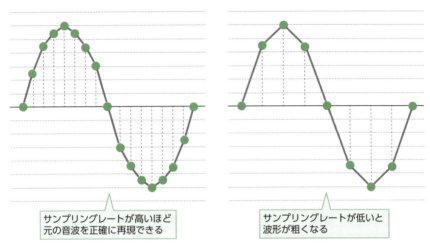

図 2.4-13　音声のサンプリングのイメージ

　サンプリングレートの単位は Hz（ヘルツ）であり、一般的に 44.1kHz や 48kHz が用いられます。44.1kHz（44,100Hz）であれば、1 秒間に 44,100 回のサンプリングが行われます。
　次に、量子化を行います。音声における量子化は、サンプリングによって区切られた信号をあらかじめ定めた段階に調整してデジタル値に変換するプロセスです。このプロセスにおいて信号を何段階で調整するかを表す数値を、**量子化ビット数**といいます。

2.4 領域ごとのデータ処理

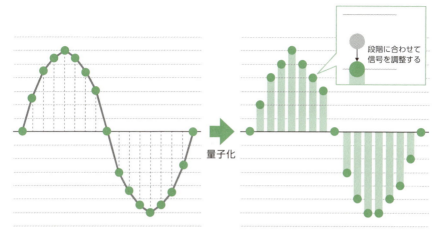

図 2.4-14　音声の量子化のイメージ

　量子化ビット数を1ビットにして量子化を行うと、信号を2段階（2^1段階）で調整することになります。2ビットで4段階（2^2段階）、3ビットで8段階（2^3段階）というように、ビット数を大きくするほど忠実に振幅を表現できます。なお、CDの量子化ビット数は16ビットであり、65,536段階（2^{16}段階）で信号を調整することができます。

　アナログ信号をデジタル信号に変換する際、両者の間に誤差が生じる「量子化誤差」という事象が発生することがあります。サンプリングレートが高く、量子化ビット数が大きいほど量子化誤差を抑制することができます。

　なお、デジタル化した音声データのデータ量は、下記のようにサンプリングレート、量子化ビット数、音声の長さ（秒）によって決まります。

▼デジタル化の条件

サンプリングレート：44.1kHz（44,100Hz）
量子化ビット数：16ビット
音声の長さ：60秒

▼データ量

44,100Hz × 16ビット × 60秒 ＝ 42,336,000ビット ＝ 5,292,000バイト

　さて、音波をデジタル情報に変換したら1つのファイルに保存します。代表的な保存方法として、WAV形式とMP3形式があります。

第2章　データサイエンス力（実践）

　WAV は、非圧縮のデジタル音声のフォーマットです。マイクで取得、変換した音声データを非圧縮で保存するため、高音質であることがメリットですが、ファイルサイズが大きくなるというデメリットもあります。

　MP3 は、WAV のデメリットを解消するために開発されたフォーマットです。特徴として、人間の可聴領域に着目している点と非可逆圧縮して保存する点が挙げられます。MP3 は、人間には聞こえない音域（低すぎる音と高すぎる音）を取り除いて圧縮することで、WAV よりも大幅にデータ量を減らして保存することができます。

　WAV よりも MP3 の方が汎用性は高いですが、フォーマットとして適切ではないケースもあります。たとえば、人間には聞こえない超高音や超低音を含めて稼働音を分析することで、設備の異常を検知できる場合がありますが、このようなケースでは、分析対象の音声データは MP3 ではなく、WAV の方が適しています。

> **POINT!**
>
> WAV は高音質ですが、データサイズが大きくなります。MP3 は人間には聞こえない音域を削ることでデータサイズを圧縮しています。人間には聞こえない音域も分析する必要がある場合は、MP3 の使用は避けた方がよいです。

164

節末問題

節末問題

2

問題 1

次の文章の（1）（2）に当てはまるものとして、最も適切なものを 1 つ選べ。

時系列データからトレンドや季節変動を除去することで残る変動を（1）という。
階差をとるなどの方法で（1）を抽出することができ、（2）を見つけやすくなる。

A. （1）循環変動　　（2）外れ値

B. （1）循環変動　　（2）平均値

C. （1）短期的変動　（2）外れ値

D. （1）短期的変動　（2）平均値

問題 2

トレンドの全体的な傾向をつかむ方法として、最も適切なものを 1 つ選べ。

A. 直前の値との階差を求めて可視化する

B. 自己相関を求めて可視化する

C. 移動平均を求めて可視化する

D. トレンドや季節変動を除去して可視化する

問題 3

形態素解析の説明として、最も適切なものを 1 つ選べ。

A. 文章を意味を持つ最小の表現要素まで区切る

B. 文章中の単語と単語をつなぐ助詞を特定する

C. 文章中の各単語に重要度を付ける

D. 文章中の単語や文節の関係性を分析する

165

第2章　データサイエンス力（実践）

問題4

画像処理の説明として、最も適切でないものを1つ選べ。

A. 画像データのフォーマットには、JPEG、PNG、BMP、TIFF などがある
B. 標本化により区切られた画素が少ない場合、ジャギーやエイリアシングが発生しうる
C. 量子化された値は、濃淡の階調を表す
D. パディングにより画像の一部を切り落として、構図のバランスを整える

問題5

音声処理の説明として、最も適切なものを1つ選べ。

A. サンプリングレートが低いほど、より正確に元の音波を再現できる
B. 量子化ビット数を大きくするほど、より忠実に振幅を表現できる
C. WAV は、人間に聞こえない音域を取り除いて圧縮したフォーマットである
D. MP3 は、非圧縮で、高音質を維持するフォーマットである

解答と解説

問題1　　　　　　　　　　　　　　　　　　　　　　　　　　　［答］C

　時系列データの中に含まれる細かい変動を短期的変動といいます。たとえば、株価の変動であれば、前日の株価との階差をとることでトレンドなどを除去することができます。短期的変動を抽出することで、急激な変化などによる外れ値を見つけやすくなります。よって、Cが正解です。

問題2　　　　　　　　　　　　　　　　　　　　　　　　　　　［答］C

　変動が細かすぎるデータ（株価など）の全体の傾向を把握する際には、移動平均（ある一定区間ごとの平均値を、区間をずらしながら算出したもの）を用いて可視化する方法が適切です。よって、Cが正解です。AとDは同じことを表しており、階差を求めることでトレンドや季節変動を除去することができ、外れ値の検出に役立ちます。

166

節末問題

問題 3 [答] A

　形態素解析は、文章を形態素（意味を有する最小単位の単語）に分解する作業です。コンピュータが文章の意味を導き出すためには、まず形態素解析によって、文章を形態素に分割することになります。よって、A が正解です。なお、D は係り受け解析の説明です。

問題 4 [答] D

　画像に対するクリーニング処理の 1 つであるパディングは、画像の周りなど、画素が不足する部分を適当な色の画素で埋め合わせる処理です。一方、画像の一部を切り落として構図のバランスを整える処理は、トリミングと呼ばれています。よって、D が正解です。

問題 5 [答] B

　音声の量子化における量子化ビット数は、信号を何段階で調整するかを表す数値です。量子化ビット数が大きいほど、調整する段階が細かくなるため、より忠実に振幅を表現することができます。よって、B が正解です。なお、サンプリングレートが高いほど、より正確に元の音波を表現できるため、A は不適切です。WAV とMP3 の説明は、それぞれ逆であるため、C と D も不適切です。

第3章

データエンジニアリング力

本章では、データ分析を行うシステムの企画、設計、開発、テストの一連の流れについて説明します。また、システム開発で必要なセキュリティの基礎知識、および生成 AI の概要について学習します。

第3章　データエンジニアリング力

3.1 環境構築

　システムを開発する際には、まず初めにシステムの企画や設計を行います。本節では、システムの企画や設計段階で使用できる技術について学習します。

3.1.1 システム企画

　サービスを提供するためにどのようなシステムが必要かを検討し、システムの計画から導入までを取りまとめていく業務を、システム企画といいます。システム企画を行う際には、システムに必要なデータが利用可能なのかどうか考える必要があります。このとき、利用可能なデータとして、オープンデータがあります。

　総務省の「オープンデータ基本指針」によると、**オープンデータ**とは、国、地方公共団体および事業者が保有する官民データのうち、国民誰もがインターネット等を通じて容易に利用（加工、編集、再配布等）できるよう、次のいずれの項目にも該当する形で公開されたデータのことをいいます[1]。

1. 営利目的、非営利目的を問わず二次利用可能なルールが適用されたもの
2. 機械判読に適したもの
3. 無償で利用できるもの

　2013年6月、G8サミットにおいて、日本を含む各国の首脳はオープンデータに関する国際公約に合意しました。これが「オープンデータ憲章」です。オープンデータ憲章では、オープンデータを公開することによって経済成長を促すことを述べています。また、オープンデータに関して、次の5つの原則を定めています[2]。

---

[1]　出典：総務省「オープンデータ基本指針」（https://cio.go.jp/sites/default/files/uploads/documents/kihonsisin.pdf）

[2]　出典：外務省「オープンデータ憲章（概要）」（https://www.mofa.go.jp/mofaj/gaiko/page23_000044.html）

170

3.1 環境構築

1. 原則としてのオープンデータ
2. 質と量
3. すべての者が利用できる
4. ガバナンス改善のためのデータの公表
5. イノベーションのためのデータの公表

オープンデータの活用事例として、「COVID-19 Japan 新型コロナウイルス対策ダッシュボード」があります。これは、日本国内の新型コロナウイルスの感染者数、病床数、病床使用率を都道府県ごとに一覧表示できる Web サイトです。各地方自治体が公開している新型コロナウイルス感染症に関するオープンデータをもとに作成されています。

POINT!

オープンデータを活用することで、データ収集や加工のコストを抑えることができます。オープンデータなどの表形式のデータは CSV 形式で提供されていることが多いです。

3.1.2 システム設計

▶ バックアップ

システム障害が発生したときに、深刻な問題となるのがデータの消失です。このため、システムの設計段階で、障害が発生してもデータが消失しない仕組みを作っておかなければなりません。障害に対してデータベースのデータを守る仕組みとして、バックアップがあります。代表的なバックアップ方法は、次の3つです。

● フルバックアップ

フルバックアップは、データベース全体のバックアップを取得します。フルバックアップを取得する際には、システムを停止する必要があります。また、データの復旧には、最新のフルバックアップしたデータが必要となります。

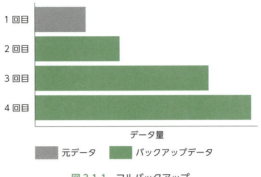

図 3.1-1　フルバックアップ

　フルバックアップは、データ復旧時に必要なファイルが1つで、復旧作業が簡単であるというメリットがあります。デメリットとしては、1つのバックアップデータのサイズが大きいため、バックアップにかかる時間が長いことが挙げられます。

● 増分バックアップ

　増分バックアップは、前回のバックアップ後に更新されたデータのバックアップを取得します。データの復旧には、フルバックアップしたデータと、すべての増分バックアップしたデータが必要です。

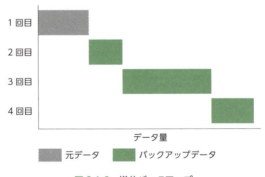

図 3.1-2　増分バックアップ

　増分バックアップは、1つのバックアップデータのサイズが小さいため、バックアップにかかる時間が短いというメリットがあります。デメリットとしては、データ復旧時にすべてのバックアップデータが必要となり、復旧作業が煩雑になることが挙げられます。

● 差分バックアップ

差分バックアップは、前回のフルバックアップ後に更新されたデータのバックアップを取得します。データの復旧には、フルバックアップしたデータと、最新の差分バックアップしたデータの 2 つが必要です。

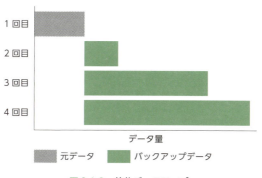

図 3.1-3　差分バックアップ

差分バックアップは、バックアップにかかる時間、およびデータ復旧作業の煩雑さの面で、フルバックアップと増分バックアップの中間に位置します。

これらのバックアップ方法を用いて、定期的にデータベースのバックアップを取得することで、データの完全な消失を防ぐことが可能です。システムを設計する際には、システムの特徴や使用するデータベースに合わせて、バックアップ方法や取得するタイミングを検討しましょう。

▶ クラスタ構成

データベースと同様に、サーバー内の情報も安全に保持する必要があります。そのために、サーバーの構成にはクラスタ構成が用いられます。**クラスタ構成**とは、複数台のサーバーを連携し、ユーザー側から見て、あたかも 1 台のサーバーであるかのように動作させる技術のことです。クラスタ構成には次の 2 つの種類があります。

● HPC (High Performance Computing) クラスタ

HPC クラスタは、拡張性（**スケーラビリティ**）を実現します。複数台のサーバーを並列で使用することで、システム全体の性能を高めます。たとえば、1 台のサーバーだと 1 秒かかる処理を、10 台のサーバーを使用することで 0.1 秒で実行できます。

第3章　データエンジニアリング力

● HA（High Availability）クラスタ

　HAクラスタは、高可用性（**ハイアベイラビリティ**）を実現します。複数台のサーバーを並列で使用することで、1台のサーバーが故障しても他のサーバーを使用し、システムを稼働し続けることができます。たとえば、1台のサーバーの稼働率が99%（故障する確率が1%）である場合に、2台のサーバーを使うことで、稼働率が99.99%（2台とも故障する確率は1% × 1%の0.01%）となります。

　HAクラスタでは、冗長構成でサーバーを構築します。**冗長構成**とは、同じ機能を持つサーバーを複数用意して耐障害性を高めるサーバー構成のことです。本番機と、本番機に同期する予備機を用いて、システム障害に備えます。冗長構成の代表的な種類は、次の3つです。

表 3.1-1　冗長構成の種類

冗長構成	概要	コスト	復旧時間
ホットスタンバイ	予備機を常に起動しておき、本番機で障害が発生した場合は即座に予備機に切り替える。	高い	短い
コールドスタンバイ	予備機を停止させておくことでコストを下げる。障害が発生した場合は予備機を停止状態から稼働させる必要がある。	安い	長い
ウォームスタンバイ	ホットスタンバイとコールドスタンバイの中間。予備機は最小限のOSのみを起動しておくことで、ある程度コストを抑えつつ、復旧時間の短縮も図る。	中間	中間

　冗長構成のメリットは、サーバーが故障したときに速やかに予備機に切り替えることで、システムの停止時間を縮小できることです。どの冗長構成を使用するかは、コストやシステムの稼働率を考慮して決める必要があります。

　また、HPCクラスタやHAクラスタといったクラスタ構成を用いてシステムを構築することを、**クラスタリング**（クラスタ化）といいます。

> **POINT!**
>
> クラスタリングは、拡張性（スケーラビリティ）と高可用性（ハイアベイラビリティ）を実現する目的で行われます。

174

▶ 仮想化

システム設計を行うとき、使用するプラットフォームや開発で用いるツールなどのアーキテクチャを選定する必要があります。このとき、システムのサーバー構成として、仮想化の技術が使用できます。

仮想化とは、ハードウェア（サーバー、メモリ、ストレージなど）やネットワークを分割または統合することで、実体とは異なる構成に見せかけて動作させることです。たとえば、複数のストレージを統合して、1つの巨大なストレージとして運用します。仮想化において、1つのハードウェアを分割して、複数のサーバーが稼働しているように見せることを、サーバーの仮想化といいます。また、サーバーの仮想化の1つに、コンテナ型仮想化があります。

コンテナとは、他のプロセスから隔離されている独立した領域のことです。**コンテナ型仮想化**では、1台の土台コンピュータの中にある複数のコンテナをサーバーのように運用することで、複数のサーバーが稼働しているように見せかけます。ホストOS（土台コンピュータのOS）にコンテナエンジンをインストールし、コンテナエンジンがコンテナを作成します。コンテナの中にミドルウェアやアプリケーションを格納しておくことで、コンテナエンジンを通じて、コンテナをサーバーのように操作することができます。

図 3.1-4　コンテナ型仮想化のイメージ

コンテナ型仮想化には、ゲストOS（仮想サーバーで動作するOS）が不要で、ホストOS上のカーネル（OSの中核）を使用するという特徴があります。

コンテナ型仮想化でアプリケーションを実行するための代表的なプラットフォームとして、**Docker**があります。Dockerの基本用語を次ページの表3.1-2に示します。

表3.1-2　Dockerの基本用語

用語	概要
Docker Engine	コンテナエンジン。Dockerイメージを使用してコンテナを作成する。
Dockerイメージ	コンテナの作成や実行の、元となるデータ。コンテナの設定やプログラムファイルが含まれているアーカイブファイル。

　Docker Engineをインストールしているコンピュータに Dockerイメージを配布することで、簡単に実行環境を構築することができます。

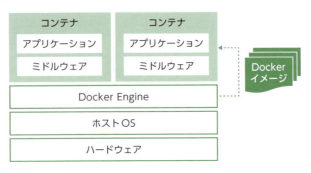

図3.1-5　Dockerの動作イメージ

　Docker などのコンテナ型仮想化技術により、環境構築にかかる時間を短縮することができます。また、この技術は分析環境を構築する際にも利用できます。

▶ マネージドサービス

　クラウド上のマネージドサービスを使用して、短時間で開発環境を整えることが可能です。**マネージドサービス**とは、サービスの利用に必要なソフトウェアを提供、管理してくれるサービスのことです。クラウド上のマネージドサービスを契約すると、必要なアプリケーションの機能をすぐに利用できるようになります。そのため、サーバーの構築や、アプリケーションのインストール、設定作業を行わずに、アプリケーションが利用できます。

　分析環境を構築するマネージドサービスには、Amazon SageMaker、Azure Machine Learning、Google Cloud AI Platform、IBM Watson Studioなどがあります。たとえば、Amazon SageMakerを契約すると、すぐに、対話型の開発環境であるJupyter Notebook（P.225参照）を利用して機械学習の実施と学習結果の保存などが行えます。

3.1 環境構築

▶ ノーコード・ローコードツール

アプリケーションの開発時間を短縮するためのツールとして、ノーコード・ローコードツールがあります。

● ノーコードツール

ソースコードを記述せずに、システムを開発するためのツールです。画面にパーツが表示され、それらのパーツを組み合わせることでアプリケーションを作成します。ソースコードを書かないため、プログラミングスキルがなくても開発が可能です。しかし、パーツをカスタマイズすることができず、柔軟性がないという欠点もあります。

● ローコードツール

ソースコードを少しだけ記述して、システムを開発するためのツールです。画面のパーツを組み合わせてアプリケーションを作成します。パーツは拡張できることが多く、ノーコードツールよりも、要件に柔軟に対応できます。

ノーコードツールやローコードツールを使用することで、プログラミングスキルが十分ではない人でも、アプリケーションを作成することができます。しかし、ノーコードツールやローコードツールは、複雑な要件には対応できません。そのため、複雑な要件のシステムを開発する場合には、従来通りソースコードを書いて開発を行う必要があります。

このようなツールやサービスを使用することで、ソースコードの実装や開発環境の構築を効率的に行うことができます。システムを設計する場合は、要件に合わせて適切なアーキテクチャを利用しましょう。

177

第3章　データエンジニアリング力

節末問題

問題1

総務省のオープンデータ基本指針が示しているオープンデータについて、最も適切でないものを1つ選べ。

- **A.** 二次利用可能なルールが適用されている
- **B.** 機械判読に適している
- **C.** 無償で利用できない
- **D.** 国、地方公共団体および事業者が保有する官民データ

問題2

データベースのバックアップについて、最も適切でないものを1つ選べ。

- **A.** フルバックアップを取得するには、システムを停止する必要がある
- **B.** 増分バックアップは、前回のバックアップ後に更新されたデータのバックアップを取得する
- **C.** 差分バックアップは、前回のフルバックアップ後に更新されたデータのバックアップを取得する
- **D.** 差分バックアップは、差分バックアップしたデータのみで復旧が可能である

問題3

次の文章の（1）（2）（3）に当てはまるものとして、最も適切なものを1つ選べ。

複数台のサーバーを連携して、1台のサーバーのように動作させる技術をクラスタ構成といい、クラスタ構成を用いてシステム構築を行うことを（1）という。（1）は、（2）と（3）を実現するために行われる。

- **A.** （1）クラスタリング　　（2）スケーラビリティ　　（3）ハイアベイラビリティ
- **B.** （1）冗長構成　　　　　（2）拡張性　　　　　　　（3）ハイアベイラビリティ
- **C.** （1）冗長構成　　　　　（2）スケーラビリティ　　（3）ハイアベイラビリティ
- **D.** （1）クラスタリング　　（2）完全性　　　　　　　（3）可用性

178

節末問題

問題 4

クラスタ構成をとる利点として、最も適切でないものを 1 つ選べ。

A. システムの性能が高まる

B. マルウェアの攻撃を防ぐ

C. システム停止の可能性が低くなる

D. 処理速度が速くなる

問題 5

Amazon SageMaker などのマネージドサービスの説明として、最も適切でないものを 1 つ選べ。

A. サービスの利用に必要なソフトウェアを提供、管理してくれる

B. サーバー構築やアプリケーションのインストールが必要である

C. 分析環境の構築に利用できる

D. 短時間で開発環境を整えることができる

解答と解説

問題 1 [答] C

総務省のオープンデータ基本指針によると、オープンデータとは、国、地方公共団体および事業者が保有する官民データのうち、二次利用が可能なルールが適用されており、かつ、機械判読に適した、無償で利用できるデータのことをいいます。よって、C が正解です。

問題 2 [答] D

フルバックアップは、データベース全体のバックアップを取得します。バックアップを取得するには、システムの停止が必要となります。増分バックアップは、前回のバックアップ後に更新されたデータのバックアップを取得します。

差分バックアップは、前回のフルバックアップ後に更新されたデータのバックアップを取得します。データの復旧には、フルバックアップしたデータと、最新の差分バックアップしたデータの 2 つが必要です。よって、D が正解です。

第3章　データエンジニアリング力

問題3　　　　　　　　　　　　　　　　　　　　　　　　　　　　　　[答] A

　クラスタ構成を用いてシステム構築を行うことをクラスタリングといいます。クラスタリングは、拡張性（スケーラビリティ）と高可用性（ハイアベイラビリティ）を実現するために行われます。よって、A が正解です。なお、耐障害性を高める構成のことを冗長構成といいます。D の「完全性」と「可用性」は、セキュリティの3要素のうちの2つです。

問題4　　　　　　　　　　　　　　　　　　　　　　　　　　　　　　[答] B

　クラスタ構成でサーバーを構築することで、処理を行うサーバーの数が増えるためシステム全体の性能が高まり、処理速度が速くなります。また、1台のサーバーが故障しても他のサーバーが稼働し続けるため、システム停止の可能性が低くなります。なお、クラスタ構成をとればマルウェアの攻撃を防げる、というわけではありません。よって、B が正解です。

問題5　　　　　　　　　　　　　　　　　　　　　　　　　　　　　　[答] B

　マネージドサービスとは、サービスの利用に必要なソフトウェアを提供、管理してくれるサービスのことです。サーバー構築やアプリケーションのインストール、設定作業を行わずにアプリケーションを利用できます。そのため、短時間で開発環境を整えることができます。また、Amazon SageMaker などのマネージドサービスは、分析環境の構築に利用できます。よって、B が正解です。

180

3.2 データの取り扱い

3.2 データの取り扱い

本節では、データに対するさまざまな処理（収集、蓄積、加工、共有）の方法や、データの構造について見ていきます。

3.2.1 データの収集

データ収集のプログラムを実装する際、SDK や API を使うことで開発にかかる時間を短縮できます。

▶ SDK と API

● SDK (Software Development Kit)

SDK とは、特定のプラットフォーム（開発環境や言語）を使用してアプリケーションを開発するために必要なものをまとめたソフトウェア開発キットです。開発環境を使用するための説明書、プログラム、API、開発環境、サンプルコードなどが含まれています。

たとえば、**JDK**（Java Development Kit）は、プログラミング言語の Java を使ってシステム開発を行うときに使用する SDK です。JDK を使用することで、Java で開発を行う際に必要な環境を簡単に整えることができます。

● API (Application Programming Interface)

API とは、アプリケーションを開発するためのインターフェース（仕様）です。つまり、外部ソフトウェアが持っている機能を、アプリケーション内で利用できる仕組みのことです。

Java の API は、クラスファイル（Java の最小単位）をまとめた**ライブラリ**（他のプログラムから引用できる状態のプログラムを複数まとめたファイル）の形式で提供されています。また、Windows の API である **Win32 API/Win64 API** を用いることで、プログラムから簡単に Windows の機能を使用できます。

SDK を使用すると、特定の言語などで開発を行う際に必要な環境を簡単に整える

181

第3章　データエンジニアリング力

ことができます。また、API を使用すると、アプリケーションの機能を一から開発する必要がなくなります。したがって、SDK や API を使えばアプリケーションの開発コストや時間を削減できます。

POINT!

SDK は、特定の開発環境や開発言語を使用してアプリケーションを開発するために必要なものをまとめたソフトウェア開発キットです。API は、アプリケーションを開発するためのインターフェースです。

▶ Web ページからのデータ収集

データを収集する方法の1つとして、Web ページからのデータ収集があります。Web ページとは、Web ブラウザを使用して閲覧できる文書のことです。Web ページには、静的コンテンツと動的コンテンツがあります。

● 静的コンテンツ（静的 Web ページ）

静的コンテンツは、いつ誰がアクセスしても同じ Web ページが表示されます。ブラウザからアクセスすることで、Web サーバー上に配置された HTML ファイルが返却されます。そのため、サーバー上に配置された HTML ファイルが変更されない限り、毎回同じ内容が取得できます。たとえば、企業のホームページは、静的コンテンツといえます。

● 動的コンテンツ（動的 Web ページ）

動的コンテンツは、アクセス時の状況によって異なる Web ページが表示されます。たとえば、Web アプリケーションは動的コンテンツといえます。検索機能のある Web アプリケーションでは、ユーザーが検索欄に入力した情報を**クエリ文字列**として Web サーバーに送信し、Web サーバー上でクエリ文字列を使用して検索結果の Web ページを作成しています。

このような Web ページから情報を収集するために使用されるのが、クローリングとスクレイピングの技術です。クローリングとは、インターネット上の Web ページをプログラムが巡回し、HTML ファイルの情報を取得する技術です。一方、スクレイピングは、HTML ファイルの情報から特定の情報を取得する技術です。

182

3.2 データの取り扱い

インターネット上の Web ページの情報を収集する際には、対象のサイトをクローリングして、取得した情報から特定の情報をスクレイピングします。そこで使用される API が、**Web クローラー・スクレイピングツール**です。最近は、無償で提供されている Web クローラー・スクレイピングツールも存在しており、これを使って誰でも簡単にデータを収集することができます。

私的利用の場合や Web 検索サービスに利用する場合、情報解析を行う場合には、自由なデータ収集が可能です。しかし、Web ページの利用規約で、情報の再利用が禁止されていて、それに違反した場合は法的に訴えられることもあります。クローリングやスクレイピングを行うときは、対象の Web ページの利用規約を確認しておきましょう。

さて、Web ページを Web ブラウザで閲覧するときには、HTTP や HTTPS という通信プロトコルを使用します。**通信プロトコル**とは、通信を行うためのルール（規約）のことです。代表的な通信プロトコルには、表 3.2-1 のような種類があります。

表 3.2-1　通信プロトコルの種類

通信プロトコル	概要
HTTP (Hyper Text Transfer Protocol)	Web ブラウザと Web サーバーとの通信に使用する。ブラウザ・サーバー間で HTML ファイルをやりとりする。
HTTPS (HTTP Secure)	HTTP での通信を SSL や TLS で暗号化したもの。盗聴や改ざん、なりすましを防止できる。
FTP (File Transfer Protocol)	ネットワーク上でファイルを送受信するときに使用する。
SSH (Secure Shell)	遠隔のコンピュータに接続するときに使用する。通信は暗号化される。

多くのプラットフォームには、プロトコルが用意されています。プロトコルに則ることで、データ収集対象のプラットフォームと正しくやりとりすることが可能です。

▶ ログ出力

既存のサービスやアプリケーションからデータを収集するにあたっては、ログ出力を理解しておく必要があります。ログとは、プログラムの実行結果を履歴として残すものです。ログには、INFO、DEBUG、WARN、ERROR などの種類があります。たとえば、ERROR ログが出力された場合、システムに重大な障害が発生していると判断できます。このようなログ出力は、サーバー上のログファイルに蓄積するのが

183

一般的です。

　データ分析のプログラムを開発する際、ログの出力項目、出力条件、蓄積方法、ログファイルのデータ形式などを、システムの要件や分析要件に合わせて適切に設定する必要があります。

　なお、ログ出力の記述方法は言語によって異なります。たとえば、Python では、logging ライブラリを使用してログ出力を行います。

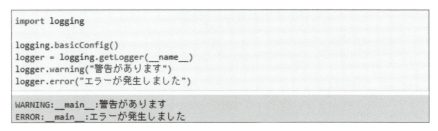

図 3.2-1　Python でのログ出力例

　出力したログを解析することで、プログラムに不具合が発生した場合に原因を特定できたり、システム障害を発見できたりします。データサイエンティストとして、まずは、開発で使用するプログラミング言語でのログ出力に慣れておきましょう。

3.2.2　データの構造

　データは、構造化データと非構造化データに大別されます。**構造化データ**とは、データを「列」と「行」の形式で表すことができるデータです。たとえば、構造化データである従業員情報は、2 次元の表形式で次のように表せます。

表 3.2-2　表形式の構造化データ

従業員 ID	氏名	部署 ID	入社日
0001	中村花子	1	2019-04-01
0002	山田太郎	2	2019-09-01
0003	鈴木次郎	1	2020-04-01

　表形式以外にも、CSV、TSV、JSON、XML などのデータは、「列」と「行」で扱うことができるため、構造化データといえます。

　一方、**非構造化データ**とは、データに規則性がなく、「列」と「行」で表せないデー

タのことです。たとえば、雑多なテキスト、音声、画像、動画などは、非構造化データといえます。非構造化データは、データを処理し、構造化データに変換してから操作する必要があります。

> POINT!
> 構造化データは、「列」と「行」の表形式で表すことができるデータです。一方、非構造化データは、雑多なテキスト、音声、画像、動画など規則性のないデータです。

▶ リレーショナルデータベース

構造化データの代表的なものにリレーショナルデータベース（RDB）があります。RDBでは、「列」と「行」の表形式でデータを保持します。

RDBを図で表すときに使われるのがER図です。**ER図**（Entity Relationship Diagram）とは、いわばRDBの設計図です。たとえば、従業員情報をER図で表記する場合、図3.2-2のように表せます。

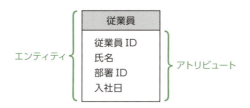

図 3.2-2　エンティティとアトリビュート

このとき、従業員情報のようなデータのまとまりを**エンティティ**といいます。また、エンティティを構成している従業員IDや氏名などの属性情報を**アトリビュート**といいます。

エンティティは独立して存在するわけではなく、複数のエンティティが関連を持っていることが多いです。このような、エンティティ同士の関連を**リレーションシップ**といい、ER図では線でつなぐことで表します。

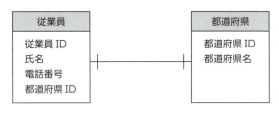

図 3.2-3　リレーションシップの例（1 対 1 のカーディナリティ）

　図 3.2-3 のリレーションシップでは、従業員エンティティと都道府県エンティティが都道府県 ID によって紐づいています。このとき、エンティティ同士にどのような関係性があるかを表現したものを、カーディナリティといいます。**カーディナリティ**（Cardinality）は多重度とも呼ばれ、エンティティとエンティティの関係を数的に表す用語です。カーディナリティには「1 対 1」、「1 対多」、「多対多」などの種類があります。

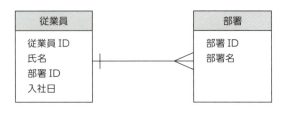

図 3.2-4　1 対多のカーディナリティ

　図 3.2-4 のリレーションシップでは、従業員エンティティと部署エンティティが部署 ID によって紐づいています。このとき、従業員「1」人に対して、「多」数の部署が紐づく可能性があるため、「1 対多」のカーディナリティとなります。

> POINT!
>
> ER 図は、エンティティ（テーブル）の属性やエンティティ同士の関係性を表すことができます。ER 図の読み方について確認しておきましょう。

　前述のように、カーディナリティの種類には「多対多」もあります。しかし、RDB では「多対多」の関係性は、データの不整合が起こる可能性があるため、データの構成を見直す必要があります。それでは、どのような基準でデータの構成を見直すのでしょうか。次項で、この点について見ていきます。

3.2 データの取り扱い

▶ 正規化

データの構成を検討するときに使われるのが、**正規化**（Normalization）です。正規化を行うことで、データの重複を防ぎ、整合性を保つことができます。ここでは、まず、正規化を行う上で重要な用語について説明します。

● 主キー（候補キー）と非キー属性

主キーとは、テーブルのレコードを一意に特定するためのカラム（列）のことです。複数のカラムを主キーとして扱う場合は、複数のカラムを合わせて複合主キーといいます。また、主キー以外のカラムを非キー属性といいます。

学生テーブル

学生ID	氏名	学部名
1	田中一郎	法学部
2	佐藤二郎	文学部

所属サークルテーブル

学生ID	サークルID	サークル名
1	1	スポーツ
1	3	軽音

図 3.2-5　主キーと複合主キー

たとえば学生テーブルでは、学生 ID がわかれば氏名と学部名を特定できます。そのため、学生 ID が主キーとなります。また、所属サークルテーブルでは、学生 ID、サークル ID が複合主キーとなります。

● 関数従属性

関数従属性とは、特定のカラムの値がわかると、他のカラムの値もわかるような関係性のことです。たとえば、学生 ID が「1」の場合に、氏名が「田中一郎」と特定できるとき、氏名は学生 ID に関数従属しているといえます。

● 部分関数従属性

部分関数従属性とは、複合主キーのテーブルで、非キー属性が主キーの一部に関数従属している関係性のことです。たとえば、複合主キーの一部であるサークル IDがわかればサークル名を特定できるとき、サークル名はサークル ID に部分関数従属しているといえます。

学生ID	サークルID	サークル名
1	1	スポーツ
1	3	軽音

図 3.2-6　部分関数従属性

第3章　データエンジニアリング力

● **推移的関数従属性**

推移的関数従属性とは、非キー属性のカラム A が、非キー属性のカラム B に関数従属している関係性のことです。たとえば、図 3.2-7 のテーブルでは、学部 ID がわかれば学部名を特定できます。どちらのカラムも非キー属性であるため、学部名は学部 ID に推移的関数従属しているといえます。

学生ID	氏名	学部ID	学部名
1	田中一郎	1	法学部
2	佐藤二郎	2	文学部
3	山田三子	3	経済学部

図 3.2-7　推移的関数従属性

正規化では、段階を踏みながらテーブルを切り分けていきます。正規化が行われていないテーブルを、非正規形といいます。非正規形のテーブルに対して第一正規化を行うことで、第一正規形となります。さらに、第一正規形のテーブルに対して第二正規化を行うことで、第二正規形となり、第二正規形のテーブルに対して第三正規化を行うことで、第三正規形となります。

図 3.2-8　正規化のフロー

それでは、第一正規化から第三正規化まで、具体的にどのような操作を行うのか見ていきましょう。

● **第一正規化**

学生情報を扱うテーブルを非正規形で表した場合、サークル ID とサークル名の列が繰り返し項目となっています。**第一正規化**では、テーブル内の繰り返し項目を別テーブルに切り出します。第一正規化を行うと、テーブルは第一正規形となります。

非正形

学生ID	氏名	学部ID	学部名	サークルID	サークル名	サークルID	サークル名
1	田中一郎	1	法学部	1	スポーツ	3	軽音
2	佐藤二郎	2	文学部	3	軽音		
3	山田三子	3	経済学部	2	ダンス		

（繰り返し項目）

第一正規形

学生ID	氏名	学部ID	学部名
1	田中一郎	1	法学部
2	佐藤二郎	2	文学部
3	山田三子	3	経済学部

学生ID	サークルID	サークル名
1	1	スポーツ
1	3	軽音
2	3	軽音
3	2	ダンス

図 3.2-9　第一正規化

● 第二正規化

第二正規化では、第一正規形の条件を満たした状態で、部分関数従属が存在しない状態にします。つまり、複合主キーのテーブルから、部分関数従属している部分を別テーブルに切り出します。第二正規化を行うと、テーブルは第二正規形となります。

第一正規形

学生ID	氏名	学部ID	学部名
1	田中一郎	1	法学部
2	佐藤二郎	2	文学部
3	山田三子	3	経済学部

学生ID	サークルID	サークル名
1	1	スポーツ
1	3	軽音
2	3	軽音
3	2	ダンス

（部分関数従属）

第二正規形

学生ID	氏名	学部ID	学部名
1	田中一郎	1	法学部
2	佐藤二郎	2	文学部
3	山田三子	3	経済学部

学生ID	サークルID
1	1
1	3
2	3
3	2

サークルID	サークル名
1	スポーツ
3	軽音
3	軽音
2	ダンス

図 3.2-10　第二正規化

第3章 データエンジニアリング力

● **第三正規化**

第三正規化では、第二正規形の条件を満たした状態で、推移的関数従属が存在しない状態にします。つまり、非キー属性同士で関数従属している部分を別テーブルに切り出します。第三正規化を行うと、テーブルは第三正規形となります。

第二正規形

学生ID	氏名	学部ID	学部名
1	田中一郎	1	法学部
2	佐藤二郎	2	文学部
3	山田三子	3	経済学部

※学部ID・学部名の枠に「推移的関数従属」の注釈

学生ID	サークルID
1	1
1	3
2	3
3	2

サークルID	サークル名
1	スポーツ
3	軽音
3	軽音
2	ダンス

第三正規形

学生ID	氏名	学部ID
1	田中一郎	1
2	佐藤二郎	2
3	山田三子	3

学部ID	学部名
1	法学部
2	文学部
3	経済学部

学生ID	サークルID
1	1
1	3
2	3
3	2

サークルID	サークル名
1	スポーツ
3	軽音
3	軽音
2	ダンス

図 3.2-11　第三正規化

正規化を行うことで、データの冗長性を排除し、更新異常を防ぐことができます。しかし、正規化が進むことによってテーブルの数が増えるため、データ取得の速度は遅くなります。そのため、システムに合わせて正規化の度合いを検討する必要があります。

> **POINT!**
>
> 正規化の目的は、データの冗長性を排除して整合性を保つことです。第一正規化では、繰り返し項目がない状態にします。第二正規化では、第一正規形の条件を満たし、部分関数従属がない状態にします。第三正規化では、第二正規形の条件を満たし、推移的関数従属がない状態にします。

3.2 データの取り扱い

3.2.3 データの蓄積

Webアプリケーションでは、データを保管するためにRDBMS（Relational Database Management System：リレーショナルデータベース管理システム）などのデータベース管理システムを使用します。なお、データ分析を行いたい場合は、RDBMSのデータを**DWH**（Data Warehouse：データウェアハウス）に移し替えて蓄積していくことが一般的です。

企業のデータ分析では、DWHとしてDWHアプライアンスが利用されます。**DWHアプライアンス**とは、大量データの分析を高速で処理できるアーキテクチャです。データ分析で使用されるDWHアプライアンス製品には、Oracle Exadata、IBM Integrated Analytics System、Teradataなどがあります。

DWHアプライアンスは、カラム指向型DBを採用していることが多いです。**カラム指向型DB**（列指向型DB）とは、カラム（列）単位でデータの保持や取得を行うデータベースのことです。一方、RDBMSは行指向型DBです。**行指向型DB**とは、行単位でデータの保持や取得を行うデータベースのことをいいます。

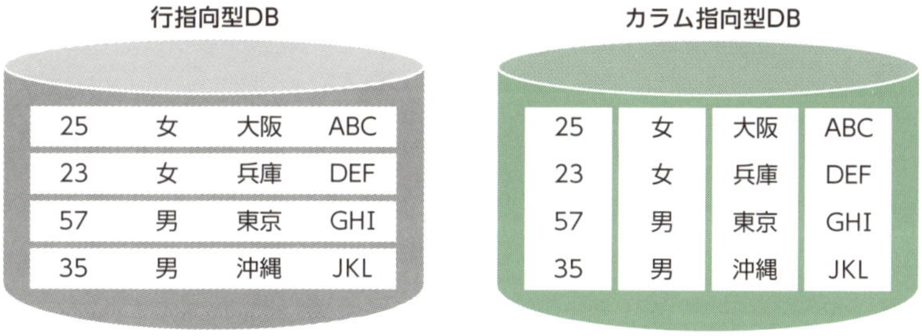

図3-2.12　行指向型DBとカラム指向型DB

行指向型DBは行単位でデータを保持しているため、特定の行のデータを参照、追加、更新、削除する処理は得意です。一方、カラム指向型DBは、列単位でデータを保持しているため、大量のデータでも特定の列を集計し、データ分析や統計処理を行うのに適しています。

▶ 分散技術

データの蓄積や分析が得意なDWHは、1つのコンピュータ上で動作する技術です。そのため、データ量が増えると、処理速度が追いつかなくなることがあります。そこで、大量のデータを高速に処理する場合には、分散技術（分散処理）が使用されます。

191

分散技術とは、1つのデータを複数のコンピュータで並列で処理する技術のことです。複数のコンピュータで処理を実行することで、より多くのデータを高速に処理できます。また、処理性能を高めたい場合は、コンピュータを増やすことで対応が可能です。分散処理のフレームワークには、Hadoop や Spark があります。

Hadoop は、分散技術に関する複数のサービスを組み合わせたものです。システムを管理する1台のマスターサーバーと、データ処理を行う複数台のスレーブサーバーで分散処理を行います。このマスターサーバーとスレーブサーバーをつないでいる分散ファイルシステムが、**HDFS**（Hadoop Distributed File System）です。HDFSは、データの集計を行い、複数のスレーブサーバーに対してデータを書き込みます。HDFSを使用すれば、1台のサーバーの**ストレージ**（データを長期間保管する装置）には収まらないデータも、複数台のサーバーのストレージに分散して蓄積することができます。スレーブサーバー上には、**MapReduce** という分散処理フレームワークが存在し、データの Map 処理（データ抽出、分解、振り分け）と Reduce 処理（データ集計、出力）を行います。MapReduce はストレージが大きいことが特徴で、膨大なデータの処理が可能です。しかし、ストレージへの読み書きには時間がかかるため、特定のレコードに対する更新が頻繁に発生する場合には処理速度が遅くなってしまいます。

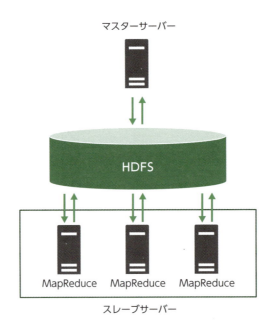

図 3.2-13　Hadoop の構成

3.2　データの取り扱い

　なお、Hadoop2 系では MapReduce の仕組みが変わり、YARN が使用されるよう
になりました。**YARN** とは、分散処理で使用される汎用的なクラスタ管理システム
です。

　Spark も Hadoop と同様、分散技術に関する複数のサービスを組み合わせたフ
レームワークですが、Hadoop よりも構成が複雑です。Spark では、MapReduce の
代わりに **RDD**（Resilient Distributed Dataset）を使用します。RDD は、データを
ストレージに書き込まずにメモリ上で保管するため、毎回ストレージに書き込み
を行う MapReduce よりも処理速度が速くなります。RDD と同様の API として、
DataFrame と **DataSet** があります。プログラミング言語や処理要件に合わせて、
どの API を使用するか検討しましょう。

　分散ファイルシステムの HDFS で使用されているカラム指向型 DB が、HBase です。
HBase は、NoSQL データストアの一種です。**NoSQL データストア**とは、RDBMS 以外
のデータベース管理システムの総称であり、HBase の他にも、Cassandra、MongoDB、
CouchDB、Redis、Amazon DynamoDB、IBM Cloudant、Azure Cosmos DB などが
あります。NoSQL データストアは、必要に応じてサーバーの台数を増やせるため、拡
張性（スケーラビリティ）が高いという利点があります。

　Java のプログラムから HBase に新規データを登録する場合、HBase に用意されて
いる Java API を利用します。その他の NoSQL データストアについても、データを
操作する場合には、一般的に API を利用して操作を行います。

▶ クラウド上のストレージサービス

　クラウド上のストレージにデータを格納するには、ストレージサービスを利用し
ます。クラウド上のストレージサービスは、保守コストがかからないため安価で、
契約すればすぐに利用できるという利点があります。一方で、クラウド上（インター
ネット上）にデータを格納するため、アクセス権限を適切に設定していなければ、意
図しないユーザーにデータを見られてしまう可能性もあり、注意が必要です。代表的
なクラウド上のストレージサービスには、Amazon S3、Google Cloud Storage、IBM
Cloud Object Storage などがあります。クラウド上のストレージサービスにデータ
を格納する場合も、API を利用してデータの操作を行うことが一般的です。

193

第 3 章　データエンジニアリング力

3.2.4　データの加工

　実務でデータを加工する場合、RDB を利用することが一般的です。RDB を操作するには、**SQL**（Structured Query Language）という言語が使用されます。SQL には DDL と DML の 2 種類があります。

● DDL (Data Definition Language)

　DDL とは、データ定義言語のことです。CREATE 文（テーブル等の作成）、ALTER 文（テーブル定義の変更）、DROP 文（テーブルの削除）が DDL に該当します。

● DML (Data Manipulation Language)

　DML とは、データ操作言語のことです。SELECT 文（データの抽出）、INSERT 文（データの挿入）、UPDATE 文（データの更新）、DELETE 文（データの削除）の 4 つが、DML に該当します。

　本項では、DML の 1 つである SELECT 文の使い方や、RDB でデータを加工、抽出する方法などについて見ていきます。

　データベースのデータを抽出する場合、SELECT 文を使用します。SELECT 文の基本構文は次のとおりです。

```
SELECT 列名 FROM テーブル名;
```

　たとえば、ある店の売上金額を取得したい場合には、次のようになります。

```
SELECT 売上金額 FROM 売上テーブル;
```

▶ フィルタリング処理

　SELECT 文でデータを抽出する際に、条件を絞ることもできます。条件を絞ることを**フィルタリング処理**といいます。フィルタリング処理を行うためには、次のように **WHERE** 句を使用します。

```
SELECT 列名 FROM テーブル名 WHERE フィルタリング条件;
```

WHERE 句を使用してフィルタリング処理を行う場合、次の演算子が使用できます。

● AND
AND 演算子は、条件が 2 つ以上あり、いずれの条件も満たすデータを抽出します。たとえば、部署が営業部で売上が 50 万円以上の社員を抽出する場合、次のようになります。

```
SELECT 社員 FROM 社員テーブル WHERE 部署 = '営業部' AND 売上 >= 500000;
```

● OR
OR 演算子は、条件が 2 つ以上あり、いずれかの条件を満たすデータを抽出します。たとえば、電話番号が未入力のユーザー、またはメールアドレスが未入力でないユーザーを抽出する場合、次のようになります。

```
SELECT ユーザー名 FROM ユーザーテーブル WHERE 電話番号 = '' OR メールアドレス <> '';
```

● LIKE
LIKE 演算子は、指定したカラムのデータが特定のパターンを含んでいる場合に抽出します。たとえば、アンケートから「満足」の文字列を含む回答を抽出する場合、次のようになります。

```
SELECT 回答 FROM アンケートテーブル WHERE 回答 LIKE '%満足%';
```

● IN
IN 演算子は、指定したカラムのデータが、IN 句の中に列挙されている文字列のうちいずれかを含んでいる場合に抽出します。たとえば、所在地が大阪か兵庫か京都の店舗を抽出する場合、次のようになります。

```
SELECT 店舗 FROM 店舗テーブル WHERE 所在地 IN('大阪', '兵庫', '京都');
```

● BETWEEN
BETWEEN 演算子は、指定したカラムのデータが、指定した範囲内である場合に抽出します。たとえば、年収が 300 万円以上 500 万円以下の社員を抽出する場合、

第3章　データエンジニアリング力

次のようになります。

```
SELECT 社員 FROM 社員テーブル WHERE 年収 BETWEEN 3000000 AND 5000000;
```

　また、フィルタリング条件には SELECT 文を記述することもできます。WHERE
句の中に記述する SELECT 文を、副問い合わせといいます。副問い合わせは丸かっ
こで囲む必要があります。たとえば、年齢が平均年齢以上の従業員の氏名を抽出す
る場合、次のようになります。

```
SELECT 氏名 FROM 従業員テーブル WHERE (SELECT AVG(年齢) FROM 従業員テーブ
ル) <= 年齢;
```

▶ ソート処理

　データを抽出する際、**ソート処理**で並べ替えが可能です。並び順には昇順と降順
があります。**昇順**（Ascending）とは、小さい値から順番に並べることです。日本語
の場合はフリガナの 50 音順、英語の場合はアルファベット順に並べます。それとは
逆に、大きい値から順番に並べることを、**降順**（Descending）といいます。

　SELECT 文でソート処理を行うためには、次のように **ORDER BY** 句を使用しま
す。ORDER BY 句を使って昇順でソートしたい場合、列名の後に **ASC** キーワード
を付けます。また、降順でソートしたい場合には、列名の後に **DESC** キーワードを
付けます。列名の後に何も指定しない場合は、昇順でソートが行われます。

```
SELECT 列名 FROM テーブル名 ORDER BY 列名;
```

　たとえば、従業員番号の降順にソートした後で名前の昇順にソートしてデータを
抽出する場合は、次のようになります。

```
SELECT 従業員 FROM 従業員テーブル ORDER BY 従業員番号 DESC, 名前;
```

POINT!

複数のカラムでソートする場合は、ORDER BY 句の後にカンマ区切りで列名を記
述します。このとき、先に書いてある列名から順番にソート処理が行われます。

▶ 結合処理

どのような利用者がどの動画をどれだけ再生したのかを分析したい場合には、利用者・コンテンツ・再生回数といった複数のテーブルを組み合わせてデータを抽出する必要があります。このように複数のテーブルからデータを抽出するときに使用するのが、**結合処理**です。結合処理には、次のような種類があります。

● 内部結合

内部結合は、テーブル A とテーブル B を、指定した列の値で結合し、値が一致しているレコードのみを抽出します。

購入テーブル

購入ID	商品ID
1	1
2	3
3	4
4	2

商品テーブル

商品ID	商品名
1	Tシャツ
2	ズボン
3	カバン

購入ID	商品ID	商品名
1	1	Tシャツ
2	3	カバン
4	2	ズボン

図 3.2-14　内部結合

SQL で内部結合を行う場合、**INNER JOIN**（内部結合）を使用します。INNER JOIN の構文は次のとおりです。

```
SELECT 列名 FROM テーブルA INNER JOIN テーブルB ON 結合条件;
```

たとえば、図 3.2-14 のように購入テーブルと商品テーブルを商品 ID で内部結合する場合、次のようになります。

```
SELECT 購入ID, 購入テーブル.商品ID, 商品名 FROM 購入テーブル INNER JOIN
商品テーブル ON 購入テーブル.商品ID = 商品テーブル.商品ID;
```

このとき、購入テーブルと商品テーブルには商品 ID という同じ名前のカラムが存在します。結合するテーブルの双方に同じ名前のカラムが存在する場合、どちらのテーブルのカラムなのかを判別するために、「テーブル名.カラム名」のように記述する必要があります。

● **外部結合**

外部結合は、テーブル A とテーブル B を、指定した列の値で結合します。左外部結合では SQL で左に記述したテーブル、右外部結合では SQL で右に記述したテーブルを基準テーブルとし、基準テーブルに存在するレコードをすべて抽出します。

購入テーブル

購入ID	商品ID
1	1
2	3
3	4
4	2

商品テーブル

商品ID	商品名
1	Tシャツ
2	ズボン
3	カバン

購入ID	商品ID	商品名
1	1	Tシャツ
2	3	カバン
3	4	
4	2	ズボン

図 3.2-15　外部結合

SQL で外部結合を行う場合、**LEFT OUTER JOIN**（左外部結合）を使用することが多いです。LEFT OUTER JOIN では、左側にあるテーブルを基準テーブルとします。LEFT OUTER JOIN の構文は次のとおりです。

```
SELECT 列名 FROM テーブルA LEFT OUTER JOIN テーブルB ON 結合条件;
```

たとえば、図 3.2-15 のように購入テーブルと商品テーブルを商品 ID で外部結合する場合、次のようになります。

```
SELECT 購入ID, 購入テーブル.商品ID, 商品名 FROM 購入テーブル LEFT OUTER
JOIN 商品テーブル ON 購入テーブル.商品ID = 商品テーブル.商品ID;
```

● **自己結合**

自己結合は、テーブル A に対し、同一のテーブル A を結合してデータを抽出します。結合には内部結合もしくは外部結合を使用します。

図 3.2-16　外部結合で自己結合を行う場合

たとえば、図 3.2-16 のように同一のメッセージテーブルを送信 ID と返信 ID で外部結合する場合、次のようになります。

```
SELECT メッセージA.送信ID, メッセージA.メッセージ, メッセージA.返信ID, メ
ッセージB.メッセージ FROM メッセージテーブル AS メッセージA LEFT OUTER
JOIN メッセージテーブル AS メッセージB ON メッセージA.返信ID = メッセー
ジB.送信ID;
```

自己結合では同一のテーブルを結合するため、テーブル名やカラム名が重複し、どちらのテーブルのものか判別できなくなってしまいます。そのため、「テーブル名 AS 別名」でテーブル名に別名を付けて、判別を行います。

● **UNION 処理**

UNION 処理は、テーブル A のレコードとテーブル B のレコードを統合してデータを抽出します。このとき、重複した値は 1 つに統合されます。

食べ物テーブル	
食べ物ID	メニュー
1	ハンバーグ
2	お寿司
3	焼肉

飲み物テーブル	
飲み物ID	メニュー
1	お茶
2	ジュース

メニュー
ハンバーグ
お寿司
焼肉
お茶
ジュース

図 3.2-17　UNION 処理

　たとえば、図 3.2-17 のように、食べ物テーブルのメニューと飲み物テーブルのメニューを UNION 処理で統合する場合、次のようになります。

```
SELECT メニュー FROM 食べ物テーブル UNION SELECT メニュー FROM 飲み物テーブル;
```

　結合処理では、結合方法を間違えると、想定とは異なるデータを抽出してしまうことがあります。また、書き方を間違えるとデータ抽出に時間がかかり、データベースに負荷をかける場合もあります。そのため、実際の業務では、正しい結合方法を選択し、できる限り短い処理時間で実行できる SQL 文を組み立てることが大切です。

> **POINT!**
> 複数テーブルのデータを取得するには、結合処理を行います。内部結合と外部結合の構文や違いを理解しておきましょう。

▶ 集計処理

　ここまで、SQL を使用したデータ抽出の方法を学習しました。しかし、ただデータを抽出するだけでは、データの特徴を見つけ出し、分析を行うことはできません。デー

タの特徴を見つけるには、複数のデータを集めて合計する**集計処理**を行う必要があります。SQL には、集計処理を行うためのさまざまな集計関数が用意されています。

● SUM 関数

合計値を取得するときには、SUM 関数を使用します。たとえば、売上テーブルに存在する商品の合計値を取得したい場合、次のようになります。

```
SELECT SUM(商品) FROM 売上テーブル;
```

● MAX 関数

最大値を取得するときには、MAX 関数を使用します。たとえば、貯蓄額について調査を実施したとします。その調査に答えた男性の貯蓄額のうち、最も大きい貯蓄額を取得したい場合、次のようになります。

```
SELECT MAX(貯蓄額) FROM 調査テーブル WHERE 性別 = '男性';
```

● MIN 関数

最小値を取得するときには、MIN 関数を使用します。たとえば、動画の中で再生回数が最も少ないデータを取得したい場合、次のようになります。

```
SELECT MIN(再生回数) FROM 動画テーブル;
```

● COUNT 関数

レコード数を取得するときには、COUNT 関数を使用します。たとえば、2022/08/01 の売上個数を取得したい場合、次のようになります。

```
SELECT COUNT(商品) FROM 売上テーブル WHERE 日付 = '2022-08-01';
```

● AVG 関数

平均値を取得するときには、AVG 関数を使用します。たとえば、調査に答えた 20 代の人の平均貯蓄額を抽出したい場合、次のようになります。

```
SELECT AVG(貯蓄額) FROM 調査テーブル WHERE 20 <= 年齢 AND 年齢 < 30;
```

第3章　データエンジニアリング力

　集計関数で取得できる合計や最大値、最小値、レコード数といったデータは、基本統計量と呼ばれます。**基本統計量**とは、データの基本的な特徴を表す値のことです。基本統計量を求めることで、収集したデータの特徴を把握し、分析することが可能になります。

　基本統計量を求める集計関数と一緒に使用されるのが、GROUP BY 句です。次のような構文を記述することで、GROUP BY 句の直後の列名でレコードをグループ化し、グループごとにデータを集計できます。

SELECT 列名 **FROM** テーブル名 **GROUP BY** 列名;

　たとえば、店舗ごとの売上個数を取得したい場合、次のようになります。

SELECT COUNT(商品) *FROM* 売上テーブル *GROUP BY* 店舗名;

　なお、GROUP BY 句でグループ化したデータに対してフィルタリング処理を行う場合、WHERE 句を使用することはできません。この場合は、次のように HAVING 句を使用します。

SELECT 列名 **FROM** テーブル名 **GROUP BY** 列名 **HAVING** フィルタリング条件;

　たとえば、従業員を部署ごとにグループ化し、平均年収が 400 万円を超えている部署の部署名を抽出したい場合は、次のようになります。

SELECT 部署名 *FROM* 従業員テーブル *GROUP BY* 部署 *HAVING AVG*(年収) > 4000000;

POINT!

データの基本的な特徴を表す値を、基本統計量といいます。SQL での基本統計量の求め方を確認しておきましょう。

▶ 前処理

　調査票をもとにデータ分析を行う場合、他の値から極端に離れている「外れ値」や、入力ミスによる「異常値」、未入力の「欠損値」などに注意する必要があります。たとえば、20代女性の平均貯蓄額を求めたい場合、10億円という外れ値が含まれていると、実際の状況とはかなり異なる平均値が算出されてしまいます。データ分析を行うときに、このような値を取り除くことを、**クレンジング処理**といいます。クレンジング処理を行うには、まず極端な値をフィルタリング処理で抽出する必要があります。その後、抽出したデータの除外や置き換えを行います。

　SQLやプログラミング言語では、何も含まれていないデータを「NULL」といいます。たとえば、調査票の回答から欠損値（NULLや空文字）を取り除いたデータを取得する場合、次のようになります。

```
SELECT 回答 FROM 調査票テーブル WHERE 回答 IS NOT NULL AND 回答 <> '';
```

　また、NULL値を規定値に変換する場合には、COALESCE関数を使用します。たとえば、調査票の回答がNULLのときに、回答の値を「5」に変換する場合、次のようになります。

```
SELECT COALESCE(回答, 5) FROM 調査票テーブル;
```

　クレンジング処理で、外れ値や欠損値、異常値のあるデータを取り除いた場合、重要なデータが削除されていないか気を付けましょう。また、取り除いたことによってデータが減りすぎていないかにも注意する必要があります。

▶ マッピング処理

　都道府県名である「兵庫県」をデータベースに登録するとき、「兵庫県」、「兵庫」、「ひょうご」など、表記ゆれが起こる可能性があります。このような表記ゆれによるデータの不整合は、都道府県名とコード値のマッピング処理を行うことで解決できます。**マッピング処理**とは、ある値を別の値とマッピング（割り当て、対応付け）する処理のことです。

　RDBでマッピング処理を行う場合、マスターテーブルを使用します。マスターテーブルとは、コード値と名前を保持しておくマスター（対応表）となるテーブルのことです。マスターテーブルを使用すれば、名前に変更が生じた場合も1か所の変

第3章　データエンジニアリング力

更で対応でき、データの不整合が起こりにくくなります。

　各都道府県には、「JIS X 0401:1973 都道府県コード」により2桁のコード値がそれぞれ割り当てられています。データベースに登録するときに都道府県名ではなくコード値を登録し、都道府県名とコード値のペアを都道府県マスターテーブルに登録しておくことで、いつでも同じ都道府県名を取得することができます。

調査テーブル

調査ID	都道府県コード
1	27
2	1
3	13

都道府県マスターテーブル

都道府県コード	都道府県名
1	北海道
13	東京都
27	大阪府

図 3.2-18　都道府県マスターテーブル

　図 3.2-18 のように調査テーブルに都道府県コードを登録し、都道府県マスターテーブルに都道府県名を登録しているとき、調査 ID と都道府県名を取得するには結合処理を行います。実際に SQL で記述すると、次のようになります。

```
SELECT 調査ID, 都道府県名 FROM 調査テーブル LEFT OUTER JOIN 都道府県マスターテーブル ON 調査テーブル.都道府県コード = 都道府県マスターテーブル.都道府県コード;
```

　なお、マスター（対応表）のデータは、変更される可能性があります。たとえば、顧客情報をマスターとして所持している場合、顧客の名前や住所が変更となる可能性があります。このとき、マスターの変更履歴を保存し、それをデータ上で表現することを、**スロー・チェンジ・ディメンション**（SCD：Slowly Changing Dimensions）といいます。マスターの内容は他のデータと比べて更新される頻度が低く、データで表現したときに変化が緩やかなことから、このような名前で呼ばれています。

　マスターを最新化したり、漏れのないマスターを作成するには手間がかかります。そこで、マスターとしてオープンデータを使用することもあります。前述の都道府県マスターや市町村マスターは、総務省がオープンデータとして公開しています。マスターを使用する際には、オープンデータが利用可能かどうか検討してみるとよいでしょう。

3.2 データの取り扱い

▶ サンプリング処理

すべてのデータ（母集団）の中から一部のデータ（標本データ）を抽出することを、**サンプリング処理**といいます。集団の特徴を分析したい場合、すべてのデータを抽出することは難しいため、いくつかのデータをサンプルとして抽出します。サンプリングの方法を表 3.2-3 に示します。

表 3.2-3　サンプリングの方法

方法	概要
単純無作為サンプリング（**ランダムサンプリング**）	母集団のすべての要素から、ランダムにサンプルを抽出する。
層別サンプリング	母集団をグループ分けして、それぞれのグループの中からランダムにサンプルを抽出する。
集落サンプリング	母集団を集落（クラスタ）に分けて、その中からランダムにクラスタを抽出する。その後、抽出されたクラスタに含まれるデータをすべて調査する。
系統サンプリング	母集団から一定間隔でサンプルを抽出する。
多段サンプリング	母集団をグループ分けして、その中からランダムにグループを抽出する。その後、抽出されたグループの中からランダムにサンプルを抽出する。

ランダムサンプリングでは、ランダムにサンプルを抽出するために乱数を使用します。**乱数**とは、ある範囲の中からランダムに抽出される値のことです。SQL では、乱数を使用しデータをランダムに並べ替えてから、指定した数だけのレコードを取得することで、ランダムサンプリングを実現できます。

▶ 変換・演算処理

RDB のカラムには、**データ型**が指定されています。データ型には、**数値型**（NUMBER）、**文字型**（CHAR）、**日付型**（DATE）などがあります。

数値型のデータは、四則演算を行うことができます。**四則演算**とは、足し算（+）、引き算（-）、掛け算（*）、割り算（/）のことです。SQL での四則演算でも算数と同様に、「掛け算と割り算は、足し算や引き算よりも優先される」や、「丸かっこを使用することで優先順位を指定できる」といったルールがあります。

SQL で四則演算を行う場合、SQL の列名部分に算術式を入れることができます。たとえば、商品テーブルから、販売価格（価格から割引額を引いて税率に 1 を足したものを掛けた値）を抽出したい場合、次のようになります。

第 3 章　データエンジニアリング力

```
SELECT (価格 - 割引額) * (1 + 税率) FROM 商品テーブル;
```

　また、数値型のデータを日付型に変換してデータを抽出することも可能です。RDBMS 製品の 1 つである Oracle では、TO_DATE 関数を使用して変換を行います。たとえば、数値型の「20220822」を日付型に変換したい場合は、次のように記述します。

```
SELECT TO_DATE('20220822', 'YYYYMMDD') FROM 売上テーブル;
```

　この他、数値型のデータを文字型に変換する場合には、TO_CHAR 関数を使用します。

　データ型の変換とは少し異なりますが、テーブルに登録されているデータを縦横変換することも可能です。このときに使用するのが、制御フロー関数（CASE 文）です。制御フロー関数とは、条件を指定して値を表示できる関数です。たとえば、試験結果テーブルに前期と後期の試験結果が登録されている場合、データを取得すると図 3.2-19 の左表の結果が取得できます。

試験結果テーブル

期間	試験結果
1	85
2	91

縦横変換後

前期	後期
85	91

図 3.2-19　縦横変換

　このデータを縦横変換して図 3.2-19 の右表の形で取得したい場合には、試験結果テーブルの期間カラムの値が 1 の場合「前期」という別名で試験結果を取得し、2 の場合「後期」という別名で試験結果を取得する SQL を記述します。

```
SELECT CASE 期間 WHEN 1 THEN 試験結果 END AS 前期, CASE 期間 WHEN 2 THEN
試験結果 END AS 後期 FROM 試験結果テーブル;
```

▶ Excel でのデータ加工

　データの加工を行うことで、データ分析の精度を向上させたり、作業時間を短縮することができます。データの加工には Excel を使うこともあります。

3.2 データの取り扱い

　Excel で数値の四則演算を行うには、セル内に、イコール（=）を入れてその後に数式を記述します。また、他のセルを参照する場合は、当該セル番地を指定することで値を取得できます。たとえば図 3.2-20 のように、C1 セルと C2 セルに数式を記述すると、他のセルを参照して四則演算した結果を取得できます。

	A	B	C
1	10	6	= A1 + B1
2	7	3	= A2 * B2

	A	B	C
1	10	6	16
2	7	3	21

図 3.2-20　Excel での四則演算

　また、データベースのデータを Excel で参照した場合、Excel 上でデータの結合処理を行うことがあります。この結合処理には、**VLOOKUP 関数**を使用します。関数を使用するときもセル内に、イコール（=）を入れてその後に数式を記述します。

　たとえば、前述の調査テーブルと都道府県マスターテーブルを結合して、都道府県コードに一致する都道府県名を取得したい場合は、図 3.2-21 のように記述します。

	A	B	C	
1	調査ID	都道府県コード	都道府県名	
2	1	27	=VLOOKUP(B2, B6:C8, 2, FALSE)	調査テーブル
3	2	1	=VLOOKUP(B3, B6:C8, 2, FALSE)	
4	3	13	=VLOOKUP(B4, B6:C8, 2, FALSE)	
5		都道府県コード	都道府県名	都道府県マスターテーブル
6		1	北海道	
7		13	東京都	
8		27	大阪府	

図 3.2-21　VLOOKUP 関数

　図 3.2-21 の C2 セル、C3 セル、C4 セルのように関数を書くことで、これらの各セルに、マスターテーブルに設定されている都道府県名が表示されます。VLOOKUP 関数の使い方については、実際に Excel を操作して慣れておきましょう。

　Excel では、関数を使用して基本統計量を求めることも可能です。SQL と同様に、合計（SUM 関数）、最大値（MAX 関数）、最小値（MIN 関数）、レコード数（COUNT 関数）を算出できます。また、Excel のデータ分析ツールを使えば、基本統計量が簡単に求められます。

第3章　データエンジニアリング力

Excel を使用してデータを加工する際、文字コードに注意する必要があります。**文字コード**とは、コンピュータで文字を正しく処理するために、文字に番号を割り当てるときのルールです。たとえば、「A」という文字に対して「01000001」という番号を割り当てることで、0 と 1 の数値しか判別できないコンピュータでも、文字を処理できるようになります。代表的な文字コードには、UTF-8 や UTF-16、Shift-JIS、EUC-JP、ISO-2022-JP などがあります。

異なる文字コードのデータを開いたとき、文字化けが発生したり、データが欠損する可能性があります。たとえば、Excel は、CSV ファイルを Shift-JIS で読み込む設定になっています。そのため、UTF-8 の CSV データを Excel で開くと文字化けが発生し、内容がわからなくなってしまいます。この場合、UTF-8 の CSV データを Shift-JIS に変換するか、Excel でファイルを開く際に UTF-8 を選択することで、問題を解決できます。このように、生成したデータ（変換元データ）と分析を行うツールとで文字コードが異なる場合、文字コードの変換を行う必要があります。

文字コードの変換には、Windows 標準機能である「メモ帳」が使用できます。まず、メモ帳でファイルを開き、ファイルメニューから「名前を付けて保存」を選択します。すると、「名前を付けて保存」画面が表示されます。この画面の下側にあるプルダウンリストで、保存する文字コードを切り替えることにより、文字コードの変換処理を行えます。

▶ プログラムでのデータ加工

SQL や Excel の他、プログラミング言語でもデータの加工、抽出が行えます。プログラムで正しい形式のデータを抽出したいときに、正規表現を活用した抽出条件を設定することがあります。

正規表現とは、文字列のパターンを表現するための記法です。たとえば、登録されているメールアドレスの書式が正しいかどうかを判定する場合などに正規表現を使用します。主な正規表現を表 3.2-4 に示します。

表 3.2-4　主な正規表現

正規表現	概要
^	文字列の先頭
$	文字列の末尾
¥d	数値
{n}	n 回繰り返す

208

3.2 データの取り扱い

この他にも、OS コマンドや Excel の VBA などでフィルタリング処理やクレンジング処理を行うときに、正規表現を使用します。

3.2.5 データの共有

加工・分析後のデータは、フォーマットを指定してエクスポート（出力）することができます。代表的なフォーマットを表3.2-5 に示します。

表 3.2-5　代表的なフォーマット

フォーマット	概要
CSV (Comma-Separated Values)	カンマでデータを区切る。Excel で開くことができる。
TSV (Tab-Separated Values)	タブでデータを区切る。Excel で開くことができる。
XML (Extensible Markup Language)	タグでデータを囲んで表現する。入れ子構造にすることができる。
JSON (JavaScript Object Notation)	JavaScript の記法で記述する。キーと値のペアでデータを表現する。処理速度が速い。

エクスポート後にどのような用途でデータを使用するのかを考えて、それに適したフォーマットを選択します。

> **POINT!**
>
> 表形式のデータを抽出する場合には、CSV が使用されることが多いです。データを CSV で抽出するとき、データに「カンマ」が含まれていると予期しないところでカラムが分割されるため、注意が必要です。

加工・分析後のデータは、データベースに保存する必要があります。RDB にデータを挿入したい場合は、SQL の **INSERT** 文を使用します。また、RDB のデータを更新したい場合には UPDATE 文を使用します。

RDB では、テーブルのカラムにデータ型やデータの桁数が定義されています。そのため、データを挿入する際に、当該データがテーブル定義に従っているかを確認しなければなりません。それ以外にも、データの挿入時には、次ページの表 3.2-6 のような制約に注意する必要があります。

209

第3章　データエンジニアリング力

表 3.2-6　制約

制約	概要
NOT NULL 制約	対象のカラムに対して、NULL を挿入することを禁止する。
一意性制約	対象のカラムに対して、重複したデータの挿入を禁止する。
外部参照制約	他のテーブルのカラムを参照し、そのカラムに登録されていないデータの挿入を禁止する。

　テーブル定義や制約に違反していると、INSERT 文の実行時にエラーとなるため、注意が必要です。また、そのままのデータ形式では RDB に挿入できない場合には、あらかじめデータを加工しておく必要があります。

　さて、CSV ファイルを RDB に挿入する場合、コマンドを使用して一括で挿入することができます。コマンドは RDBMS 製品によって異なりますが、たとえば、IBM Db2 では **IMPORT** コマンド、MySQL では **LOAD** コマンドが使用できます。

▶ BI ツール

　データベースに保存した分析結果を出力しても、数値の羅列だけでは内容を理解することが難しいです。そこで、**BI ツール**を使ってデータの分析結果を表やグラフで表します。BI ツールの「BI」は、Business Intelligence の略です。このツールにより、データを分析し可視化することができます。

　BI ツールが登場したのは 2000 年代です。当時は、**エンタープライズ BI** が使用されていました。しかし、エンタープライズ BI は、データの加工、集計、分析、出力の操作が複雑で、IT やプログラムに関する専門知識がなければ扱うことができませんでした。現在よく使われている**セルフ BI** は、この問題を解決し、IT やプログラムの知識を持たないユーザーにもわかりやすい UI（ユーザーインターフェース）を実装しています。セルフ BI の活用により、専門知識を持たないユーザーも自分で分析を行えるようになりました。

　データサイエンティストが BI ツールを使用する場合、レポーティング機能を用いて分析結果を可視化することが必要とされます。レポーティング機能を使用すれば、必要なデータから表やグラフを作成し、ダッシュボードにまとめて表示することができます。レポーティングで使用されることが多いグラフは、図 3.2-22 のとおりです。

210

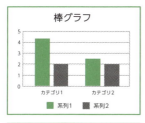

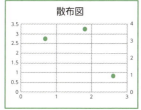
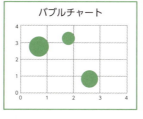

図 3.2-22　グラフの種類

グラフを作成するときには、分析の目的に合わせて、出力対象の項目やグラフの形式を検討する必要があります。

▶ ファイル共有

分析結果のファイルを共有するには、**ファイル共有サーバー**を使用します。ファイル共有サーバーは、社内や自社のデータセンターで管理するオンプレミス型が主流でした。しかし近年は、Googleドライブのようなクラウド上のファイル共有サービスを利用するケースが増えています。クラウド上のファイル共有サービスは、サーバーの維持費用がかからず、すぐに利用開始できるというメリットがある一方で、サービスの障害が発生した場合に対応できないというデメリットもあります。

この他、ファイルの共有に **FTP サーバー**を使用することもあります。FTP サーバーとファイルのやりとりを行うには、FTP（File Transfer Protocol）を使います。しかし、FTP での通信は暗号化されないため、セキュリティ面で危険性があります。そこで、FTP サーバーはオンプレミス型の環境で使用されることが多いです。

ファイル共有サーバーや FTP サーバーからダウンロードしたデータは、Excel などの表計算ソフトで表示して分析を行います。それ以外にも、Excel のピボットテーブル機能を用いて、ネットワーク上のファイルを読み込んで分析することもできます。元データが更新されたときには、ピボットテーブルの更新を行うだけで更新後のデータを読み込むことができ、分析時間を短縮できます。

第 3 章　データエンジニアリング力

　データの共有を行うとき、ファイル共有サーバーや FTP サーバー、データベースではなく、Web 上でデータを取得することもあります。Web 上でデータをやりとりするための規格に、REST や SOAP があります。

● REST (REpresentational State Transfer)

　REST とは、Web アプリケーションからデータを取得するための設計原則のことです。XML や JSON の形式でデータを取得できます。データを取得するには、REST の原則に則った API である REST API を使用します。処理速度が速く、入力パラメータが少ない情報配信サービスなどに適しているという特徴があります。

● SOAP (Simple Object Access Protocol)

　SOAP とは、異なる言語やプラットフォームで開発されたアプリケーションとやりとりするためのプロトコルです。XML ベースの言語によって定義されています。REST よりも高機能なため、複雑な入力や入出力チェックなどを必要とするサービスに適しています。

　これらの規格を使用することで、異なる Web アプリケーションからデータを取得することができます。

節末問題

節末問題

3

問題 1

非構造化データとして、最も適切でないものを 1 つ選べ。

A. 防犯カメラの録画データ

B. 雑多なテキストデータ

C. 手書き文字の画像データ

D. 従業員マスターデータ

問題 2

ER 図のリレーションシップに関する記述として、最も適切なものを 1 つ選べ。

A. エンティティを構成している属性情報のことである

B. エンティティ同士の関連のことである

C. 多重度ともいわれる

D. エンティティ同士の関係を数的に表現するものである

問題 3

上司から、分析結果のデータセットをリレーショナルデータベースに挿入するように指示を受けた。このときに使用する SQL 文として、最も適切なものを 1 つ選べ。

A. SELECT 文

B. INSERT 文

C. UPDATE 文

D. DELETE 文

第3章　データエンジニアリング力

問題 4

以下の抽出条件を SQL の WHERE 句で表現する際の表記として、最も適切なものを 1 つ選べ。

【抽出条件】

収入 (INCOME) が平均収入以上である

A. WHERE INCOME > SELECT AVG(INCOME) FROM EMP

B. WHERE INCOME > (SELECT AVG(INCOME) FROM EMP)

C. WHERE INCOME >= (SELECT AVG(INCOME) FROM EMP)

D. WHERE INCOME >= (SELECT SUM(INCOME) FROM EMP)

問題 5

以下の SQL 文に関する説明として、最も適切なものを 1 つ選べ。

```
SELECT 商品名
FROM 商品
WHERE 価格 * 1.1 >= 1000
ORDER BY 商品名 DESC;
```

A. 価格と 1.1 を掛けた金額が 1000 以上の商品名を、商品名の降順で抽出する

B. 価格と 1.1 を掛けた金額が 1000 以上の商品名を、商品名の昇順で抽出する

C. 価格と 1.1 を掛けた金額が 1000 より大きい商品名を、商品名の降順で抽出する

D. 価格を 1.1 で割った金額が 1000 より大きい商品名を、商品名の昇順で抽出する

214

節末問題

解答と解説

問題 1 [答] D

　非構造化データとは、データに規則性がなく、「列」と「行」で表せないデータのことです。たとえば、雑多なテキスト、音声、画像、動画などは非構造化データです。従業員マスターデータのように「列」と「行」で表せるデータは、構造化データと呼ばれています。よって、D が正解です。

問題 2 [答] B

　リレーションシップとは、エンティティ同士の関連のことです。よって、B が正解です。エンティティを構成している属性情報のことを、アトリビュートといいます。また、エンティティ同士の関係を数的に表現するものを、カーディナリティといいます。カーディナリティは、多重度ともいわれます。

問題 3 [答] B

　リレーショナルデータベースにデータを挿入する場合、INSERT 文を使用します。よって、B が正解です。なお、SELECT 文はデータの抽出、UPDATE 文はデータの更新、DELETE 文はデータの削除を行うための SQL 文です。

問題 4 [答] C

　「以上」を表す記号は「>=」です。WHERE 句の中には、副問い合わせを使用して、SELECT 文を記述できます。このとき、副問い合わせの SELECT 文は丸かっこで囲む必要があります。また、SQL で平均値を求める場合は、AVG 関数を使用します。よって、C が正解です。なお、SUM 関数は合計値を求める場合に使用します。

問題 5 [答] A

　SQL で掛け算を表す記号は「＊」です。また、ORDER BY 句の列名の後に DESC キーワードを付けることによって、降順で並べ替えができます。よって、A が正解です。なお、昇順で並べ替える場合は、ORDER BY 句の列名の後に何も記述しないか、ASC キーワードを付ける必要があります。また、割り算を表す記号は「/」です。

第3章　データエンジニアリング力

3.3　プログラミング

　大量のデータに対して抽出、加工、分析をする場合、プログラムを実装して処理を行うことが一般的です。データ処理のプログラムを書くためには Python や R といったプログラミング言語、データベースを操作するためには SQL といったデータベース言語が使われます。

表 3.3-1　データ分析で使用する言語

言語	概要
Python	少ない記述量でコードが書ける。統計解析だけでなく、機械学習や Web アプリケーションの作成などに幅広く活用できる。
R	統計解析に特化したプログラミング言語である。パッケージが豊富なため、簡単に綺麗なグラフを作成できる。
SQL	データベースを操作する。

　ここからは、Python や R を使用してデータ分析を行うために、プログラミングの基礎について学習していきます。

3.3.1　基礎プログラミング

▶ データ型と型変換

　プログラムにおいてデータを保持する箱のことを、**変数**と呼びます。変数には、**データ型**があり、どのような型のデータを保持できるのかを指定できます。たとえば、整数型の変数は、整数のデータを格納できる箱です。多くのプログラミング言語では、表 3.3-2 のようなデータ型を扱うことができます。

表 3.3-2　データ型の種類

データ型	概要
整数型	整数を扱う。
浮動小数点型	小数を扱う。
真偽値型（**ブール型**）	真（TRUE）と偽（FALSE）の 2 値を扱う。
文字列型	文字列を扱う。

216

3.3 プログラミング

同じデータ型であっても、プログラミング言語によってメモリサイズ（箱の大きさ）は異なります。そのため、異なるプログラミング言語間でデータをやりとりする場合は、データの大きさに注意する必要があります。

また、文字列型の「1」と整数型の「2」を加算したい場合、異なるデータ型では演算を行うことができません。演算処理を行うには、データ型の型変換（キャスト）を行う必要があります。型変換には次の2種類があります。

● 明示的型変換

明示的型変換は、関数などを使用して明示的に型変換を行います。たとえば、Pythonで文字列型の「5」を整数型に変換する場合は、int(5) と記述します。

● 暗黙の型変換

暗黙の型変換は、明示的に型変換の処理を書かなくても、自動的に型変換を行います。たとえば、Python で整数型を浮動小数点型に変換する場合は、暗黙の型変換が行われます。暗黙の型変換でメモリサイズが大きいデータ型から小さいデータ型に変換する場合、入りきらなかったデータが欠損する可能性があるため、注意が必要です。

型変換の方法は、プログラミング言語によって異なります。プログラムに慣れている人でも、別のプログラミング言語を使用する場合には、使用する関数やデータ型のメモリサイズなどを確認しておきましょう。

▶ オブジェクト指向

データを保持する変数（プロパティ）や、処理（メソッド）を1つにまとめたものを**クラス（オブジェクト）**といいます。また、複数のクラスを組み合わせてシステムを構築する概念を**オブジェクト指向**といいます。オブジェクト指向には、「継承」、「ポリモーフィズム」、「カプセル化」という3つの主要な概念があります。

● 継承

クラスのプロパティやメソッドを他のクラスに受け継がせる（継承させる）ことができる仕組みを**継承**といいます。

217

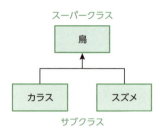

図 3.3-1　継承のイメージ

　たとえば、鳥クラスが「飛ぶ」というメソッドを持っているとします。このとき、鳥クラスを継承しているカラスクラスとスズメクラスも「飛ぶ」というメソッドを持つことができます。鳥クラスのような継承元のクラスを**スーパークラス**（親クラス）といい、カラスクラス、スズメクラスのような継承先のクラスをサブクラス（子クラス）といいます。

● **ポリモーフィズム（多態性）**
　クラスが継承関係にあるとき、同じスーパークラスを継承しているサブクラスのメソッドでも、クラスによって異なる動作をすることを**ポリモーフィズム**といいます。

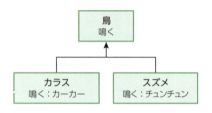

図 3.3-2　ポリモーフィズムのイメージ

　たとえば、鳥クラスに「鳴く」というメソッドがある場合、サブクラスであるカラスクラス、スズメクラスも同様に「鳴く」メソッドを持つことができます。しかし、同じ「鳴く」でも、カラスは「カーカー」、スズメは「チュンチュン」と鳴き、異なる動きをします。

● **カプセル化**
　クラスのプロパティに対して、他のクラスから直接アクセスできないようにすることを**カプセル化**といいます。

●カプセル化していない場合　　　　●カプセル化している場合

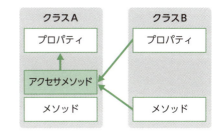

図 3.3-3　カプセル化のイメージ

　カプセル化していない場合、他のクラスがプロパティ値を意図しない値に変更してしまう可能性があります。そこで、カプセル化では、プロパティに直接アクセスできないようにするためにアクセサメソッドを使用します。アクセサメソッド内で入力チェックを行い、意図しない値に変更できないようにすることで、プロパティ値をカプセルのように守ることができます。

　上記のような、オブジェクト指向の概念にもとづいてプログラムを書く言語を、**オブジェクト指向言語**といいます。代表的なオブジェクト指向言語には、**Java**、**C++**、**Python**、**R言語**などがあります。

▶ アルゴリズム

　プログラムはアルゴリズムを組み合わせて記述していきます。アルゴリズムとは、目的を実現するための手順や方法のことです。アルゴリズムを図で表すときには、**フローチャート**（流れ図）を使用します。たとえば、1から10までの数字を繰り返し、数字が3の倍数である場合のみ画面に出力するアルゴリズムをフローチャートで記述すると、次ページの図3.3-4のようになります。

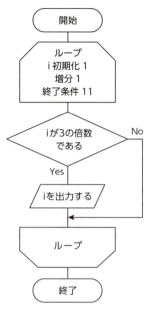

図 3.3-4 フローチャートの例

　フローチャートの書き方は JIS（日本産業規格）によって規格化されており、JIS X0121 では表 3.3-3 のような記号を使用しています。

表 3.3-3　代表的なフローチャートの記号

記号	名称	説明
（角丸長方形）	端子	開始または終了を表す。
（長方形）	処理	プログラム内のあらゆる処理を表す。
（ひし形）	判断	判断（条件分岐）を表す。記号の中に条件を記述し、Yes の場合と No の場合で処理を分岐する。
（ループ端記号）	ループ端	ループ（繰り返し）の始まりと終わりを表す。ループ始端または終端の記号中に、初期化、増分、終了条件を表記する。
（平行四辺形）	データ	データの入出力を表す。

表 3.3-3 では、ループ端の記号の中に「初期化、増分、終了条件を表記する」となっていますが、実際には、プログラミング言語に合わせて、ループ端の中に継続条件を書いたり、初期値と増分値と継続条件の３つを書いたりと、さまざまな書き方をします。このように、細かな書き方はプロジェクトによって異なるので、注意が必要です。

また、アルゴリズムを組み立てるときには、要件を満たしているか確認する必要があります。この他、可読性や処理速度にも注意しなければなりません。たとえば、Python で二重ループ（入れ子の繰り返し処理）を記述すると、処理速度が非常に遅くなることがあります。そのため、二重ループを使用している場合は、別の書き方ができないか、ループ内に記述した処理の速度を速くできないかなどを検討する必要があります。

▶ 処理速度の改善

プログラムの処理速度を計測する際、Linux では time コマンドを使用します。たとえば、Python で記述した sample.py ファイルの処理速度を計測する場合、次のようになります。

```
$ time python sample.py

real    0m0.053s
user    0m0.027s
sys     0m0.015s
```

実行結果の、real は実際に処理にかかった時間、user は**ユーザーCPU 時間**（プログラムが使用している CPU 時間）、sys は**システム CPU 時間**（OS が使用している CPU 時間）を表します。ユーザーCPU 時間が長い場合には、プログラムのアルゴリズムの中に計算負荷の高いロジックがあることがわかります。また、システム CPU 時間が長い場合には、OS の機能を呼び出している処理である**システムコール**を減らせないか検討する必要があります。

▶ プログラミング

プログラムでデータの分析を行う場合、システムから分析プログラムにデータを受け渡します。データの受け渡しには、データフォーマットや開発言語に合った API を使用します。このとき、XML や JSON などのデータフォーマットを使用することがあります。

第 3 章　データエンジニアリング力

● **データフォーマット**

　XML は、拡張可能なマークアップ言語であり、タグで囲んでデータを表現します。
たとえば、店舗情報データを XML で表すと、次のようになります。

```
<?xml version="1.0"?>
<Store>
    <Name>honmachi</Name>
    <Address>
        <ZipCode>5410056</ZipCode>
        <City>Osaka</City>
    </Address>
</Store>
```

　一方、**JSON** は、JavaScript の記法で記述するデータフォーマットです。XML よ
りもシンプルに記述でき、処理速度が速いといった利点があります。たとえば、店
舗情報データを JSON で表すと、次のようになります。

```
{
    "name" : "honmachi"
    "address" : {
        "zipcode" : 5410056,
        "city" : "Osaka"
    }
}
```

　JSON は、キーと値のセットでデータを保持します。上記のファイルの場合、
name というキーと honmachi という値がセットで保持されています。また、address
というキーとコロン (:) 以降の波かっこで囲まれた値がセットになっています。さら
に、その値の中に zipcode というキーと 5410056 という値のペア、city というキーと
Osaka という値のペアが含まれています。

　プログラミング言語では、JSON データはキーと値のセットを連想配列として保
持することが多いです。連想配列では、キーを指定することで、値を取得できま
す。たとえば、上記の JSON データを格納した連想配列の名前を array とすると、
array["address"]["city"] と指定することで、Osaka という値を取得できます。

222

3.3 プログラミング

● 関数

JSON データを連想配列に変換するには、関数を使用します。**関数**とは、データ（引数）を受け取って処理を行い、その処理結果（戻り値）を返すプログラムの部品のことです。関数では、引数として 0 個以上の値を渡すことができ、戻り値として 0 または 1 個の値を返却することができます。プログラムで関数を呼び出す場合には、引数や戻り値の型と数を確認する必要があります。

関数には、自分で定義するユーザー定義関数と、プログラミング言語に標準で含まれている組み込み関数の 2 種類があります。**組み込み関数**は、プログラミング言語が最初から用意してくれている便利な関数です。組み込み関数を使用することで、コードの記述量を減らすことができます。

● 標準ライブラリ

プログラムの記述量を減らすために、標準ライブラリも使用されています。**標準ライブラリ**とは、プログラミング言語に標準で付属しているライブラリです。標準ライブラリをプログラム内でインポート（読み込み）することで、ライブラリに含まれている関数を使用できるようになります。たとえば、Python では、**Pandas** という標準ライブラリを使用して最小値、最大値、データ数、平均値、標準偏差などを求めることができます。

● 外部ライブラリ

標準ライブラリ以外に、外部ライブラリを使用することもあります。**外部ライブラリ**とは、開発者がインターネット上に公開している便利なライブラリのことをいい、これを使用すれば、さらにコード記述量を減らせます。

Python は、外部ライブラリが豊富です。データ分析でよく使用される外部ライブラリを表 3.3-4 に示します。

表 3.3-4　Python の外部ライブラリ

ライブラリ	概要
scikit-learn	機械学習ライブラリ。
NumPy	標準ライブラリの math を拡張したライブラリ。数学処理を効率的に行える。
matplotlib	描画ライブラリ。グラフの作成ができる。NumPy と組み合わせることでグラフィカルなデータ分析を行える。

外部ライブラリを使用する場合も、標準ライブラリと同様にインポートする必要があります。また、外部ライブラリに含まれる関数を呼び出す場合には、引数の型

223

第3章　データエンジニアリング力

と戻り値の型を調べなければなりません。たとえば、NumPy ライブラリには、複数の値から平均を求める average 関数があります。average 関数の引数に複数の値（整数を格納した配列型）を渡した場合、求めた平均値（整数型）を戻り値として返します。引数の型や戻り値の型は、ライブラリの公式ドキュメントなどで調べることができます。

● Web API

また、Web API を使用することもあります。**Web API（REST）**とは、インターネットを介して異なるソフトウェアシステム間でデータをやりとりするための標準的な手法です。HTTP プロトコルを利用して、リクエストとレスポンスを行います。Web API を使用することで、高度な分析機能や予測モデルを自分のアプリケーションに組み込むことができます。たとえば、機械学習モデルを提供するサービスにリクエストを送信し、レスポンスとして受け取った分析結果をもとに意思決定を行うことが可能です。これにより、開発者は複雑なアルゴリズムを自ら実装することなく、迅速かつ効率的に高精度な分析を実現できます。

一方で、外部サービスである Web API を使用する場合、注意すべきこともあります。すべての処理が Web API に依存するため、Web API の仕様変更やサービス停止が起こった場合、それに合わせてプログラムを変更しなければなりません。また、大量のデータを必要とするアプリケーションでは、コストの増加やパフォーマンスの低下が問題となることもあります。さらに、Web API に受け渡しするデータのプライバシーにも配慮する必要があります。

● 対話型の開発環境

Python や R を使用してデータ分析のプログラムを開発するには、コードの書き方や、コードを実行するためのコマンド、実行結果の読み方、分析結果の図表の出力先などを理解しておくことが重要です。また、実行環境の構築や、分析に必要なライブラリの設定など、さまざまな準備も必要です。そのため、プログラミングに不慣れな人にとって、プログラムでのデータ分析は難易度が高いです。

こうした課題の解決策として、対話型の開発環境の利用が挙げられます。**対話型の開発環境**とは、名前の通り、対話をするような感覚でプログラムを実装できる開発環境です。ボタンなどを使用して簡単に操作できる画面が準備されており、簡単にプログラムを実行することができます。

無償で利用できる対話型の開発環境として、RStudio があります。**RStudio** は、R で記述したプログラムの実行や、実行結果の確認、出力した図表の確認を 1 つの画

面で行えるツールです。RStudio ではコードの入力補完機能を使用できるため、開発にかかる時間を短縮することができます。また、分析に使うライブラリをまとめてインストールすることも可能です。

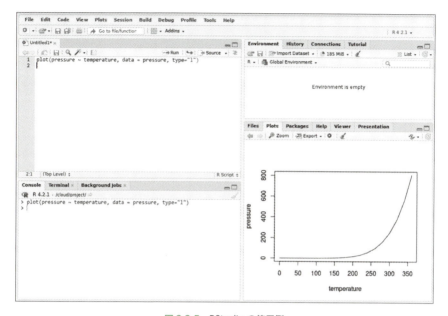

図 3.3-5　RStudio の使用例

その他に、Notebook 環境を使用することもあります。**Notebook 環境**とは、コードの記述、実行、結果の確認を 1 つのインターフェースで行える対話型の開発環境を指します。無償で利用できる Notebook として、Jupyter Notebook があります。

Jupyter Notebook は、ブラウザ上で、Python などのプログラムの実行や、実行結果の保存ができるツールです。入力欄にプログラムを入力し実行ボタンを押すと、すぐ下の行に実行結果が表示されます。そのため、実行結果を確認しながら実装を進めることができます。また、ソースコード、実行結果、図表などを 1 つのファイルに保存できるので、データを共有しやすいという利点もあります。

第 3 章　データエンジニアリング力

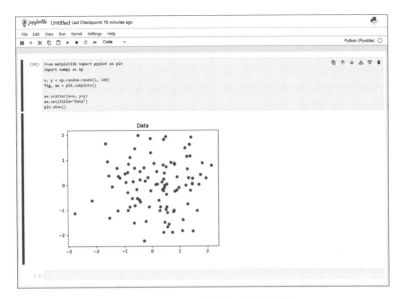

図 3.3-6　Jupyter Notebook の使用例

　最近のデータサイエンス分野では、クラウド上の対話型開発環境が非常に重要な役割を果たしています。たとえば、Amazon SageMaker Studio Lab、Google Colab、Azure Data Studio、IBM Watson Studio などがあります。

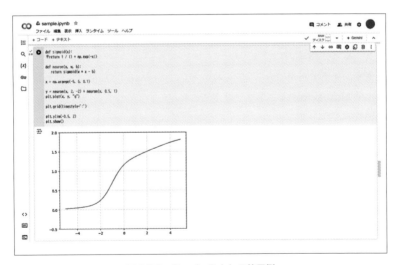

図 3.3-7　Google Colab の使用例

これらの対話型の開発環境を使用すれば、従来よりも楽にデータ分析のプログラムを開発することができます。

3.3.2 テスト技法

プログラムを実装したら、実装したプログラムが正しく動作しているかどうかを確認します。その確認作業をテストといいます。テストには、いくつかの種類があります。

▶ ホワイトボックステスト

プログラムの内部構造に着目したテストを**ホワイトボックステスト**といいます。ホワイトボックステストでは、ソースコードをもとにテストケースを作成します。そのため、ソースコードを解読できる開発者自身がテストを実施することが多いです。

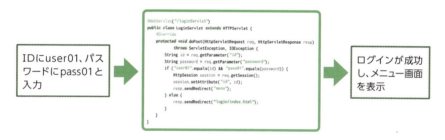

図 3.3-8　ホワイトボックステスト

ホワイトボックステストでテストケースを作成するときの技法に、制御フローテストとデータフローテストがあります。

制御フローテストは、プログラムのフローチャートのすべての分岐を通るように、テストを実施する方法です。しかし、業務システムのような大規模なプログラムの場合、すべての分岐をテストすると大きなコストがかかります。そのため、基準を設定してテストケースを作成することが一般的です。基準には、すべての命令を少なくとも1回は実行する**命令網羅**、すべての分岐を少なくとも1回は実行する**分岐網羅**、すべての条件分岐の組み合わせを少なくとも1回は実行する**条件網羅**などがあります。使用する基準によって、テストケースのパターンも変わってきます。

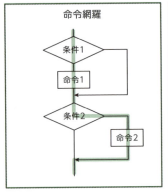
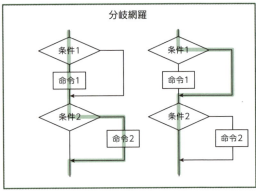
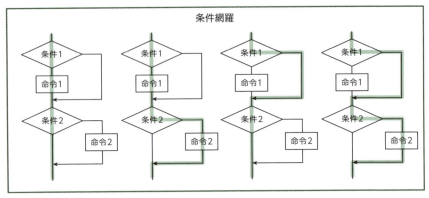

図 3.3-9　制御フローテスト

　一方、**データフローテスト**とは、プログラム内における変数（データ）の値の変化（定義、使用、消滅）に着目してテストを実施する方法です。変数は定義された後に使用され、不要になると消滅します。たとえば、変数が消滅した後に、その変数が使用されていれば、「コードに誤りがある」と判定します。
　ソースコードの分岐のうち、どれだけ判定を行ったかを表す値を**コードカバレッジ**（コード網羅率）といいます。ホワイトボックステストでは、設定した基準の中で、高いコードカバレッジであることを目指します。

▶ **ブラックボックステスト**

　プログラムの要件や仕様に着目したテストを**ブラックボックステスト**といいます。ブラックボックステストでは、プログラムの入出力をもとにテストケースを作成します。ソースコードの中身を知らなくてもテストを行うことができるため、プログラマー以外

の人がテストを実施することもあります。また、プログラムの入出力は設計書に書かれているので、設計書が完成した段階で、テストケースを作成できるというメリットがあります。

図 3.3-10　ブラックボックステスト

　ブラックボックステストでテストケースを作成するときの技法に、同値分割と境界値分析があります。
　同値分割（同値分析）とは、入力値を有効値（正常系）と無効値（異常系）に分割し、それぞれの代表値を使用して入力チェックを行う方法です。たとえば、ユーザーIDの桁数が8文字以上12文字以下の場合、同値分割では、それぞれのグループの代表値として「6」、「10」、「13」を使用してテストケースを作成します。

図 3.3-11　同値分割

　また、プログラムでミスをしやすいのが、「以下」や「未満」などの境界値の判定です。同値分割でテストを実施した場合、この判定が想定通りかどうか確認することができません。そこで、境界値分析が用いられます。**境界値分析**とは、入力値を有効値（正常系）と無効値（異常系）に分割し、それぞれの境界値を使用して入力チェックを行う方法です。たとえば、ユーザーIDの桁数が8文字以上12文字以下の場合、境界値分析では、有効値と無効値の境界にあたる「7」、「8」、「12」、「13」を使用してテストケースを作成します。

図 3.3-12　境界値分析

　開発者はシステムの要件に合わせて適切なテストケースを作成し、仕様の漏れやシステムの不具合（バグ）がないことを確認する必要があります。

> **POINT!**
> ホワイトボックステストでは、ソースコードに着目してテストを行います。一方、ブラックボックステストでは、プログラムの要件や仕様に着目してテストを行います。

3.3.3　バージョン管理

　実務でプログラムを書く場合、複数人のチームで作業することがほとんどです。このとき、チーム内でソースコードファイルを共有するために、**バージョン管理**を行います。バージョン管理では、ファイル保管場所である**リポジトリ**に、ファイルの変更履歴を記録していきます。

　バージョン管理を行うには、バージョン管理システムを使用します。バージョン管理システムには、集中リポジトリ方式と分散リポジトリ方式の2種類があります。

● **集中リポジトリ方式**

　集中リポジトリ方式は、1つのリポジトリ（リモートリポジトリ）でファイルの変更履歴を管理します。開発環境からリモートリポジトリにファイルの変更を反映することで、すぐに他の人が変更内容を見られるようになります。

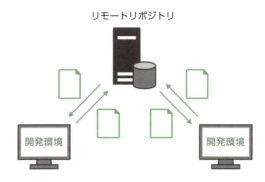

図 3.3-13　集中リポジトリ方式

　集中リポジトリ方式の代表的なバージョン管理システムには、**Subversion**（SVN）があります。

● **分散リポジトリ方式**
　分散リポジトリ方式は、リモートリポジトリとローカルリポジトリの2つのリポジトリでファイルの変更履歴を管理します。開発環境からローカルリポジトリに変更を反映し、その後リモートリポジトリに反映することで、他の人が変更内容を見られるようになります。

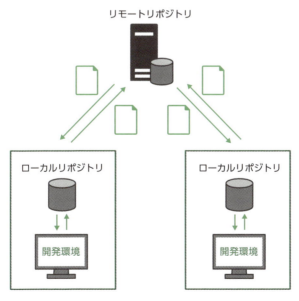

図 3.3-14　分散リポジトリ方式

第3章　データエンジニアリング力

　分散リポジトリ方式の代表的なバージョン管理システムには、**Git** があります。また、Git をベースにした Web サービスである **GitHub** では、データ分析や機械学習でも使用できるオープンソースのソースコードが公開されています。

　バージョン管理を行うことで、いつ、誰が、どのような目的で、どのファイルを変更したのかを管理することができます。

> **POINT!**
>
> バージョン管理システムを使用する場合、リモートリポジトリにファイルの変更を登録することでソースコードを共有できる、ということを覚えておきましょう。

節末問題

問題 1

オブジェクト指向において、クラスのプロパティに対して他のクラスから直接アクセスできないようにすることを何というか。最も適切なものを 1 つ選べ。

- **A.** 継承
- **B.** ポリモーフィズム
- **C.** カプセル化
- **D.** オブジェクト

問題 2

プログラムの処理速度を計測した際に、システム CPU 時間が非常に長い場合の対応として、最も適切なものを 1 つ選べ。

- **A.** 二重ループの処理をなくす
- **B.** アルゴリズムのロジックを変更する
- **C.** 明示的型変換を行う
- **D.** システムコールを減らす

問題 3

Jupyter Notebook や RStudio などの対話型の開発環境についての説明として、最も適切でないものを 1 つ選べ。

- **A.** 対話をする感覚でプログラムを実装できる
- **B.** ボタンなどを使用して操作できる
- **C.** コードの実行にはコマンドを使用する必要がある
- **D.** コードの記述と実行結果の確認が同じ画面で行える

第 3 章　データエンジニアリング力

問題 4

ホワイトボックステストの説明として、最も適切なものを 1 つ選べ。

A. プログラムの要件や仕様に着目したテストである

B. プログラムの内部構造に着目したテストである

C. 境界値分析という技法がある

D. コードを読めなくてもテストが行える

問題 5

バージョン管理の分散リポジトリ方式の説明として、最も適切でないものを 1 つ選べ。

A. ファイルの変更履歴をリポジトリに記録する

B. リモートリポジトリとローカルリポジトリの 2 つのリポジトリで変更履歴を管理する

C. 代表的なバージョン管理システムに Subversion がある

D. リモートリポジトリに変更を登録することで、他の人とファイルの変更を共有できる

解答と解説

問題 1　　　　　　　　　　　　　　　　　　　　　　　　　　　　[答] C

　クラスのプロパティに対して他のクラスから直接アクセスできないようにすることを、カプセル化といいます。よって、C が正解です。なお、A の「継承」とは、クラスのプロパティやメソッドを他のクラスに受け継がせるための仕組みです。B の「ポリモーフィズム」とは、同じスーパークラスを継承しているサブクラスのメソッドでも、クラスによって異なる動きをすることです。D の「オブジェクト」とは、クラスのことです。

問題 2　　　　　　　　　　　　　　　　　　　　　　　　　　　　[答] D

　システム CPU 時間が長い場合には、OS の機能を呼び出しているシステムコールを減らす必要があります。よって、D が正解です。プログラムが使用している CPU

234

時間をユーザーCPU 時間といい、この時間が長い場合には、二重ループをなくしたり、アルゴリズムのロジックを変更する必要があります。また、明示的型変換はデータ型の変換を行う処理なので、処理速度とは無関係です。

問題 3　　　　　　　　　　　　　　　　　　　　　　　　　　　　[答] C

対話型の開発環境では GUI 画面が用意されており、コードの実行にコマンドを使用する必要はありません。よって、C が正解です。対話型の開発環境とは、対話をする感覚でプログラムを実装できる開発環境のことです。ボタンなどを使用することで、プログラムを簡単に実行できます。また、Jupyter Notebook や RStudio では、コードの記述と実行結果が同じ画面に表示されます。

問題 4　　　　　　　　　　　　　　　　　　　　　　　　　　　　[答] B

ホワイトボックステストは、プログラムの内部構造（ソースコード）に着目したテストです。よって、B が正解です。なお、プログラムの要件や仕様に着目したテストをブラックボックステストといいます。ブラックボックステストはプログラムの入出力をもとにテストケースを作成するため、コードの中身を知らなくてもテストが行えます。また、ブラックボックステストには、境界値分析という技法があります。

問題 5　　　　　　　　　　　　　　　　　　　　　　　　　　　　[答] C

Subversion は、集中リポジトリ方式のバージョン管理システムです。よって、C が正解です。バージョン管理では、ファイルの変更履歴をリポジトリに保管します。また、リモートリポジトリに変更を登録することで、他の人とファイルの変更を共有できます。分散リポジトリ方式では、リモートリポジトリとローカルリポジトリの 2 つのリポジトリで変更履歴を管理します。この方式の代表的なバージョン管理システムには Git があります。

3.4 ITセキュリティ

本節におけるITセキュリティとは、情報セキュリティのことを指します。情報セキュリティとは、**セキュリティの3要素**である機密性、完全性、可用性を守ることです。これは、ISMS（情報セキュリティマネジメントシステム）の認証基準「ISO/IEC27001（JIS Q 27001）」によって定義されています。セキュリティの各要素の考え方を以下に示します。

● 機密性（Confidentiality）

機密性は、許可されたユーザーのみが情報にアクセスできることを保証します。機密性を保つための対策として、パスワード認証や暗号化、アクセス権限の設定などが挙げられます。

● 完全性（Integrity）

完全性は、情報が不正に改ざんされておらず、いつアクセスしても正確かつ完全であることを保証します。完全性を保つには、ハッシュ関数、電子署名、公開鍵認証基盤などを使用します。

● 可用性（Availability）

可用性は、許可されたユーザーが要求したときに、常にアクセスが可能であることを保証します。可用性を保つには、システムの二重化やデータのバックアップなどを行います。

セキュリティの3要素は、それぞれの単語の頭文字を取って情報セキュリティの**CIA**とも呼ばれています。情報を取り扱う場合は、CIAを意識することが大切です。

図 3.4-1　情報セキュリティのCIA

3.4 ITセキュリティ

3.4.1 攻撃と防御手法

　情報を扱う上で注意しなければならないのが、悪意のあるソフトウェアからの攻撃です。ユーザーに不利益をもたらす有害なソフトウェアを、**マルウェア**といいます。代表的なマルウェアとその概要を表 3.4-1 に示します。

表 3.4-1　代表的なマルウェア

名称	概要
コンピュータウイルス	既存のプログラムに寄生して伝染する。感染すると、システム障害などの意図しない動作が起こる。
ワーム	単独のプログラムとして動作し、感染するとコンピュータ内で自己増殖する。デバイス内のファイルやメール機能を利用し、他のデバイスに感染が広がる。
トロイの木馬	無害なソフトウェアを装ってコンピュータに侵入する。感染したコンピュータ内に潜伏し、不正侵入の裏口を作成したり、個人情報を外部に送信するなどの不正な操作を行う。
スパイウェア	ユーザーが気付かないうちにコンピュータに侵入する。そして、感染したコンピュータから、個人情報やインターネットの閲覧情報などを収集する。
ランサムウェア	感染したコンピュータのデータを勝手に暗号化し、データの復元のために身代金を要求する。
ボット	不正なリンクへのアクセスや、不正なアプリケーションのインストールなどで感染する。感染したコンピュータを乗っ取り、遠隔操作を行う。

　情報を扱う際には、マルウェアの種類や攻撃パターンについて理解した上で、適切に対策する必要があります。

POINT!

コンピュータウイルスは既存のプログラムに寄生して伝染します。ワームは、単独で伝染します。トロイの木馬は、無害なソフトウェアを装って伝染します。

　攻撃への対策の1つとして、アクセス権限という考え方があります。**アクセス権限**とは、ユーザーがデータにアクセス（参照、作成、更新、削除）できる権限のことです。特定のユーザーにのみアクセス権限を付与することにより、許可されていない情報の閲覧や、悪意のあるユーザーによるデータ更新などといった意図しない動作を防ぐことができます。アクセス権限を持っているユーザーを特定することを**認証**といいます。また、ユーザーにアクセス権限を付与することを**認可**といいます。データ管理

237

第 3 章　データエンジニアリング力

者は、認証と認可を用いて、ユーザーに必要最低限のアクセス権限を設定しなければなりません。

アクセス権限は、次の 4 つのレベルで設定することが可能です。

1. OS レベル

OS にログインするユーザーに対して、アクセス可能なファイルや、利用可能な機能を制限します。

例：ログインユーザーが、自分の参加しているプロジェクトに関係するファイルのみを閲覧できる。

2. ネットワークレベル

アクセス元の IP アドレスや通信プロトコルをもとに、アプリケーションにアクセスできるサーバー等を制限します。

例：自社のネットワークでアクセスした場合のみ、自社の Web サイトを見ることができる。

3. アプリケーションレベル

アプリケーションにログインするユーザーに対して、ユーザーの権限ごとに利用できる機能を制御します。

例：ブログアプリケーションにログインすると、自分で投稿したブログを自ら編集することができる。

4. データレベル

データベースにログインするユーザーに対して、各テーブルのデータへのアクセスや更新の制限を行います。

例：対象のデータベースに対して更新権限のあるユーザーがログインした場合にのみ、テーブルのデータを更新できる。

アクセス権限を正しく設定することで、意図しないデータの更新や、悪意のあるユーザーによる不正アクセスを防げる可能性があります。

Web サービスで使用されるアクセス権限の仕組みに、OAuth があります。**OAuth** とは、異なる Web サービス間で認可を行うための標準仕様です。OAuth を使用することで、特定の Web ページや API に対してアクセス権限を付与できます。

たとえば、Zoom や Slack などのアプリケーションでは、アカウントを保持していないユーザーに対しても、Google アカウントを使用して認証することができます。これは、Google の API が OAuth を使用しているためです。このとき、Zoom や Slack などの、他のサービスを利用して認証を行うアプリケーションをアクセス主体といいます。また、Google などの、認証に使用するアカウントを持っている Web サービスや API を**リソース**といいます。リソースは認可によって保護されています。

OAuth では、ユーザーが「他のサービスを使用してログイン」ボタンを押下するなどの動作を行うことで、認証を開始します（図 3.4-2 の①）。その後、ユーザーは、ログイン情報を使用して他のサービスにログインを行います（②）。ログインが成功すると認可サーバーから認可コードが渡されます（③）。次に、ユーザーは認可コードを使用して、アクセス主体から認可サーバーに認可リクエストを行います（④）。認可された場合、認可サーバーから**アクセストークン**を受け取ることができます（⑤）。アクセス主体は、ログインリクエストにアクセストークンを付与して、リソースサーバーへログインを行います（⑥）。このとき、リソースサーバーへのアクセスには、API を使用します。その後、リソースサーバーは受け取ったアクセストークンを認可サーバーに渡し、認可サーバーがアクセストークンの検証を行います（⑦）。正しいアクセストークンであった場合、ログインは成功し、アクセス主体にログイン情報を返却します（⑧）。

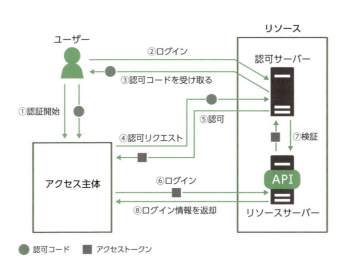

図 3.4-2　OAuth の流れ

アクセストークンには有効期限を設定することもできます。これにより、万が一

アクセストークンが流出した場合でも、被害を最小限に抑えることができます。

ログイン機能を自分で実装する場合、セキュリティ攻撃への対策をする必要があり、開発コストがかかります。また、ログインに使用するアカウント情報をデータベースなどで保管する必要があり、保守コストもかかります。OAuth認証を使用すれば、低コストでログイン機能を実装することも可能となります。

3.4.2　暗号化技術

攻撃への対策を行っていても、情報が漏洩する可能性はあります。そこで、第三者に内容を読み取られないようにするために、暗号化という考え方があります。**暗号化**とは、データを第三者には判読できない形式に変換する技術のことです。また、暗号化されたデータを元の状態に戻すことを復号といいます。情報を暗号化すれば、ルールを知らない者は情報の内容を読み取ることができなくなります。

暗号化や復号をする際には、鍵を使用します。暗号化に使用する鍵を**暗号鍵**といい、復号に使用する鍵を**復号鍵**といいます。

図 3.4-3　暗号化と復号

代表的な暗号化方式には、共通鍵暗号方式と公開鍵暗号方式の2種類があります。それぞれの方式の概要を下記に示します。

▶ 共通鍵暗号方式

共通鍵暗号方式は、暗号鍵と復号鍵が同一である暗号化方式です。この方式では、あらかじめ、送信者と受信者が1つの**共通鍵**を共有しておきます。送信者は、その共通鍵を使ってデータを暗号化します。次に、送信者は、暗号化したデータを受信者に渡します。データを受け取った受信者は、共通鍵を使用してデータを復号します。

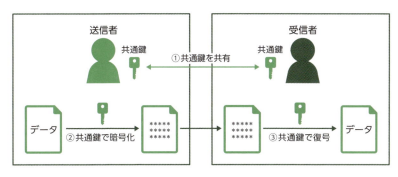

図 3.4-4　共通鍵暗号方式

　共通鍵暗号方式を用いるメリットは、同じ送信者と受信者が何度もやりとりする場合に鍵の受け渡しが不要なことです。しかし、送信先が大人数の場合には送信先分の鍵の管理が必要となるので、大勢とのやりとりには向きません。また、鍵を送信者と受信者で共有するため、漏洩のリスクが高いというデメリットもあります。

▶ 公開鍵暗号方式

　公開鍵暗号方式は、暗号鍵と復号鍵が別々である暗号化方式です。この方式では、送信者と受信者の間で、**公開鍵**と**秘密鍵**の2つの鍵を使用します。具体的には、まず、受信者が公開鍵と秘密鍵を作成し、公開鍵を公開します。送信者は、受け取った公開鍵を使ってデータを暗号化します。次に、送信者は、暗号化したデータを受信者に渡します。データを受け取った受信者は、秘密鍵を使用してデータを復号します。

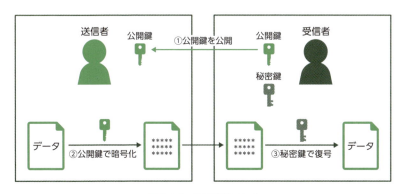

図 3.4-5　公開鍵暗号方式

公開鍵暗号方式では、公開鍵で暗号化されたデータは、秘密鍵で復号が可能です。また、秘密鍵で暗号化されたデータは、公開鍵で復号が可能です。

公開鍵暗号方式を用いた場合のメリットは、秘密鍵を送信者と受信者で共有しないため、漏洩リスクが低いことです。しかし、共通鍵暗号方式と比べると、暗号化および復号の処理が遅いというデメリットもあります。

それぞれの暗号化方式のメリットとデメリットを考慮し、どちらの暗号化方式を採用するかを検討します。なお、共通鍵暗号方式と公開鍵暗号方式を組み合わせて使用することもできます。インターネット通信においては、2つの暗号化方式を組み合わせた **SSL**（Secure Socket Layer）という仕組みが使われています。

> **POINT!**
>
> 暗号化と復号において、共通鍵暗号方式では共通鍵という1つの鍵を使用し、公開鍵暗号方式では公開鍵と秘密鍵の2つの鍵を使用します。

▶ ハッシュ関数

暗号化とは異なるルールでデータを変換する方法として、ハッシュ関数があります。**ハッシュ関数**とは、文字列を特定のルールで別の数値文字列に変換する関数のことです。たとえば、「ABC」という文字列は、ハッシュ関数を使って「3C01BD」という文字列に変換できます。このようにハッシュ関数を利用してデータを変換することを、ハッシュ化といいます。また、ハッシュ化された文字列を、**ハッシュ値**や**要約値**といいます。

図 3.4-6　ハッシュ化の例

ハッシュ関数は非可逆の性質を持っています。そのため、ハッシュ値を変換前の文字列に戻すことはできません。また、同じ文字列は必ず同じ値に変換されますが、異なる文字列は変換前の値が似ていても全く違う値に変換されます。つまり、ハッ

シュ値から元データを予測することは困難であるため、ハッシュ関数はデータの改ざんを検出する手法として使われています。

▶ 電子署名

ハッシュ値と公開鍵暗号方式を組み合わせてデータの改ざんを検出する仕組みが、**電子署名**です。電子署名を用いることで、データが送信者本人によって作成されたものであり、改ざんされていないことを証明できます。

データ通信における電子署名の流れについて説明します。まず、送信者が公開鍵と秘密鍵を作成します。その後、送信者はハッシュ関数を用いてデータをハッシュ値に変換します。さらに、変換したハッシュ値を秘密鍵で暗号化します。このとき、暗号化されたデータを電子署名といいます。

図 3.4-7　電子署名の流れ（送信者）

次に、送信者は、データ、電子署名、および公開鍵を受信者に渡します。受信者は、受け取ったデータを送信者と同一のハッシュ関数を用いてハッシュ化し、ハッシュ値を作成します。さらに、受け取った電子署名を公開鍵で復号し、ハッシュ値を作成します。このとき、作成した2つのハッシュ値が同一である場合に、データが改ざんされていないことを証明できます。

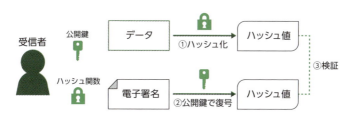

図 3.4-8　電子署名の流れ（受信者）

電子署名を利用することで、データが送信者によって送信されたものであるか確

認することが可能です。しかし、送信者が信用できる人物や組織であることや、送信者の公開鍵が正しいものであることは確認できません。悪意のあるユーザーが送信者になりすましている可能性もあります。次項で紹介する公開鍵認証基盤は、この問題を解消するのに有用な仕組みです。

▶ 公開鍵認証基盤

公開鍵認証基盤（**PKI**：Public Key Infrastructure）とは、送信者の公開鍵が送信者によって作成されたものであり、送信者が信頼できる人物や組織であることを保証するための仕組みです。

公開鍵認証基盤の流れを説明します。まず、送信者が公開鍵と秘密鍵を作成します。その後、送信者はデータを秘密鍵で暗号化し、電子署名を作成します。次に、送信者は認証局に申請を行います。認証局は、送信者が信頼できる人物、組織であるかを審査します。審査を通過した場合、送信者と送信者の公開鍵が信頼できることを証明する証明書を発行します。

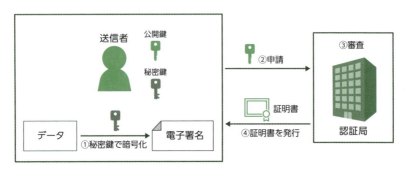

図 3.4-9　送信者と認証局

次に、送信者は、暗号化されたデータ、電子署名、公開鍵、証明書を受信者に渡します。受信者は、受け取った証明書の有効性を認証局に確認します。証明書が有効であった場合、送信者と送信者の公開鍵の有効性を証明できます。その後、受信者は有効な公開鍵を使用して電子署名を復号し、データを取得します。送信者から受け取ったデータと復号したデータが一致している場合、データが改ざんされていないことが証明できます。

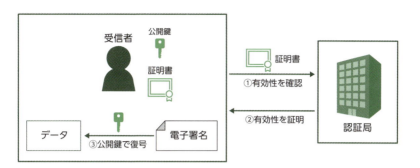

図 3.4-10　受信者と認証局

　公開鍵認証基盤を使用することで、データの改ざんの検出だけでなく、送信者と送信者の公開鍵の信頼性を保証できます。

　ここまで、さまざまな暗号化技術について学習しました。データ管理者は、上記の暗号化技術を組み合わせて、情報の機密性や完全性を守る必要があります。また、データを受信する際には、なりすましや改ざんされたデータではないことを確認し、悪意のあるユーザーからの攻撃を防御します。

第3章　データエンジニアリング力

節末問題

問題1

次の文章の（1）（2）に当てはまるものとして、最も適切なものを1つ選べ。

セキュリティの3要素のうち、認可されたユーザーが要求したときに、常にアクセス可能であることを保証するのは（1）である。また、データにアクセス制限をして、許可されたユーザーのみが情報にアクセスできることを保証するのは（2）である。

A. （1）機密性　（2）完全性

B. （1）機密性　（2）可用性

C. （1）可用性　（2）完全性

D. （1）可用性　（2）機密性

問題2

次の文章の（1）（2）（3）に当てはまるものとして、最も適切なものを1つ選べ。

悪意のあるソフトウェアの総称を（1）といい、さまざまな種類がある。（2）は単独のプログラムとして存在し、自己増殖する。（3）は、既存のプログラムに寄生して伝染し、コンピュータに意図しない動作を引き起こす。

A. （1）コンピュータウイルス　（2）ワーム　　　　　　　（3）トロイの木馬

B. （1）コンピュータウイルス　（2）トロイの木馬　　　　（3）マルウェア

C. （1）マルウェア　　　　　　（2）ワーム　　　　　　　（3）コンピュータウイルス

D. （1）マルウェア　　　　　　（2）コンピュータウイルス　（3）ワーム

問題3

次の文章の（1）（2）に当てはまるものとして、最も適切なものを1つ選べ。

データへのアクセスを制御するために、アクセス権限がある。ユーザーにアクセス権限を与えることを（1）という。また、アクセス権限を持っているユーザーを特定することを（2）という。

A. （1）認証　　（2）認可

B. （1）認可　　（2）認証

C. （1）暗号化　（2）復号

D. （1）復号　　（2）暗号化

問題4

次の文章の（1）（2）（3）に当てはまるものとして、最も適切なものを1つ選べ。

データを第三者には判読できない形式に変換することを暗号化という。また、暗号化したデータを元に戻すことを復号という。このとき、暗号化に使用する鍵を（1）、復号に使用する鍵を（2）という。公開鍵暗号方式では、（1）として（3）を使用する。

A. （1）公開鍵　（2）秘密鍵　（3）暗号鍵

B. （1）暗号鍵　（2）復号鍵　（3）共通鍵

C. （1）暗号鍵　（2）復号鍵　（3）公開鍵

D. （1）秘密鍵　（2）公開鍵　（3）共通鍵

問題5

次の文章の（1）（2）（3）に当てはまるものとして、最も適切なものを1つ選べ。

代表的な暗号化方式には（1）と（2）がある。（1）は、暗号化と復号に、（3）という1つの鍵を使用する。

A. （1）共通鍵暗号方式　（2）公開鍵暗号方式　（3）共通鍵

B. （1）公開鍵暗号方式　（2）共通鍵暗号方式　（3）共通鍵

C. （1）公開鍵暗号方式　（2）共通鍵暗号方式　（3）秘密鍵

D. （1）秘密鍵暗号方式　（2）公開鍵暗号方式　（3）公開鍵

第 3 章　データエンジニアリング力

解答と解説

問題 1 [答] D

　セキュリティの 3 要素のうち、機密性とは、許可されたユーザーのみが情報にアクセスできることを保証することです。完全性とは、情報が不正に改ざんされておらず、いつアクセスしても正確かつ完全であることを保証することです。可用性とは、許可されたユーザーが要求したときに、常にアクセスが可能であることを保証することです。よって、D が正解です。

問題 2 [答] C

　悪意のあるソフトウェアの総称を、マルウェアといいます。それぞれのマルウェアには特徴があります。ワームは単独で存在し、感染すると自己増殖します。コンピュータウイルスは既存のプログラムに寄生して伝染します。トロイの木馬は、無害なプログラムを装ってコンピュータに侵入し、不正な操作を行います。よって、C が正解です。

問題 3 [答] B

　ユーザーにアクセス権限を付与することを認可といいます。また、アクセス権限を持っているユーザーを特定することを認証といいます。よって、B が正解です。なお、暗号化とは、データを第三者には判読できない形式に変換することです。復号とは、暗号化したデータを元のデータに戻すことです。

問題 4 [答] C

　暗号化に使用する鍵を暗号鍵、復号に使用する鍵を復号鍵と呼びます。公開鍵暗号方式では、暗号鍵として公開鍵を使用します。また、復号鍵として秘密鍵を使用します。よって、C が正解です。なお、共通鍵暗号方式では、暗号鍵と復号鍵の両方で、共通鍵という 1 つの鍵を使用します。

問題 5 [答] A

　代表的な暗号化方式に共通鍵暗号方式と公開鍵暗号方式があります。共通鍵暗号方式では、暗号化と復号に共通鍵という 1 つの鍵を使用します。また、公開鍵暗号方式では、暗号化と復号に公開鍵と秘密鍵の 2 つの鍵を使用します。よって、A が正解です。なお、秘密鍵暗号方式は、共通鍵暗号方式の別名です。

248

3.5 生成 AI

本節では、近年話題の生成 AI について学習しましょう。

3.5.1 生成 AI

生成 AI とは、人間の指示（プロンプト）にもとづいて、新しいテキストや画像、音声などのコンテンツを自動的に生成する人工知能の技術を指します。

特に、自然言語処理分野では、**大規模言語モデル**（LLM）が活用され、ユーザーの問いかけに対して文章を生成したり、与えられた条件に従って情報をまとめたりすることが可能となりました。ChatGPT や BERT、DALL-E といったモデルがその代表例であり、さまざまな分野での応用が進んでいます。

3.5.2 プロンプトエンジニアリング

生成 AI を活用する際、ユーザーは、プロンプトと呼ばれるテキストを AI に提供します。**プロンプト**とは、AI に対する具体的な指示や質問を含むテキストのことです。たとえば、「この文章を要約してください」や「次の文章に続くストーリーを作ってください」といった指示がプロンプトに該当します。AI は、このプロンプトにもとづいて、最も適切な応答や結果を生成します。

生成 AI に望ましい結果を出力させるためには、プロンプトを効果的に設計、調整する技術であるプロンプトエンジニアリングを行います。このとき、期待される出力に合わせて適切なプロンプト技法やプロンプトルールを使用します。

▶ プロンプト技法

プロンプト技法とは、生成 AI に対して効果的なプロンプトを与えることで、期待する出力を得るための技術を指します。生成 AI を活用する際には、次のようなプロンプト技法が使われています。

第 3 章　データエンジニアリング力

● Few-shot Prompting

　生成 AI にいくつかの例を提示し、それにもとづいて AI が推論し、期待通りの結果を出力する技法です。たとえば、翻訳や文章の要約、分類といったタスクでは、AI に具体的な例を示すことで、より正確で一貫性のある出力が得られます。特定のフォーマットが求められる場合にも、この手法は有効です。

入力例

以下の文章を要約してください。

入力：「データサイエンスは、ビッグデータや AI 技術を活用して、データにもとづいた意思決定を行うための分野です。近年、多くの企業がデータサイエンティストを採用し、データ分析にもとづいたビジネス戦略を立案しています。」

出力：「データサイエンスは、データを活用した意思決定の分野で、企業がデータ分析にもとづく戦略を策定しています。」

入力：「機械学習は、データにもとづいてコンピュータが学習し、予測や判断を行う技術です。これは、画像認識や自然言語処理など多くの分野で応用されています。」

出力：「機械学習は、コンピュータがデータにもとづき予測や判断を行う技術で、多くの分野に応用されています。」

入力：「AI は、さまざまな産業において業務の自動化や効率化を進めています。これにより、労働コストの削減や生産性の向上が図られています。」

出力：

出力例

「AI は、産業で業務の自動化や効率化を進め、労働コスト削減や生産性向上を実現している。」

● Chain-of-Thought（CoT：思考の連鎖）Prompting

　複雑な問題を解く際に、AI が一連のステップを経て段階的に答えを導き出す技法です。たとえば、数式の解法や論理的な推論を必要とするタスクでは、AI が 1 つずつステップを踏んで解決策を提示するため、より正確で納得のいく結果を得ることができます。

3.5 生成 AI

入力例

> 問題：データセットの平均値が 80、標準偏差が 10 です。このデータセットの中で、70 より大きい値は何パーセントですか？（正規分布を仮定）
>
> 解決プロセス：
> 1. Z スコアを計算
> 2. Z スコアに対する確率の確認
> 3. 70 より大きい値の割合を計算
> 4. 最終結果

出力例

> 正規分布における値が 70 より大きい確率を求めるために、Z スコアを計算する手順は正しいです。以下のプロセスで解決します。
>
> 1. Z スコアの計算
> Z スコアを計算します。Z スコアは −1 です。
>
> 2. Z スコアに対する確率の確認
> Z スコアが −1 の場合、正規分布表を参照するか、計算機を使ってこの Z スコアに対応する累積確率を求めます。Z スコアが −1 のとき、累積確率（70 以下の値の割合）は約 0.1587（15.87%）です。
>
> 3. 70 より大きい値の割合を計算
> 70 より大きい値の割合は、全体の 100% から 70 以下の割合を引いたものです。
>
> 4. 最終結果
> したがって、70 より大きい値は全体の約 84.13% です。これが求める答えです。

▶ プロンプトルール

プロンプトルールとは、AI に対する入力指示の基本的な指針や規則であり、特定の要素やスタイルを明確に伝えるためのフレームワークです。文書生成 AI だけでなく、画像生成 AI などのさまざまな生成 AI で、プロンプトルールが使用されています。

画像生成 AI とは、プロンプトをもとに画像を生成する技術です。特定の要素やス

251

第3章　データエンジニアリング力

タイルを指定することで、ユーザーが求めるビジュアルコンテンツを作成できます。

　画像生成 AI で使用されることの多いプロンプトルールには、次のようなものがあります。

● 強調プロンプト

　特定の要素や特徴を際立たせるための指示です。たとえば、「鮮やかな色の花」と入力すると、AI は色彩豊かな花の画像を生成します。このように、強調プロンプトを使うことで、生成される画像のイメージを明確にし、特定の印象やスタイルを強調できます。

● ネガティブプロンプト

　生成したくない要素や特徴を指定する方法です。たとえば、「人物がいない風景」といったプロンプトを使うことで、意図しない人物を排除した静かな風景を得ることができます。ネガティブプロンプトは、特に複雑なシーンや特定のスタイルを要求する場合に効果的で、不要な要素が混入することを防ぎ、より正確な結果を得るのに役立ちます。

　これらのプロンプトルールを組み合わせることで、生成 AI の効果を最大限に引き出すことが可能です。たとえば、「赤く染まった空の下の美しい夕日」という強調プロンプトと「人がいない」というネガティブプロンプトを同時に使うことで、より理想的な画像を生成できます。

3.5.3　プログラムでの活用

　次に、生成 AI をプログラムで活用する場合を考えてみましょう。API を使って生成 AI にリクエストを送ることで、システムやアプリケーションに生成 AI を組み込むことができます。

▶ API パラメータ

　API パラメータとは、API を使って生成 AI にリクエストを送る際に、API の動作を調整するための設定値です。プログラムで生成 AI を活用する際には、次のようなAPI パラメータを使用することができます。

● Temperature

　生成されるテキストや画像の創造性とランダム性を制御するパラメータです。値を高くすると多様なアイディアが生まれ、低くすると安定した結果が得られます。

● Top

　出力候補の確率分布を制限するパラメータです。値を調整することで生成内容の範囲を制御できます。

　生成 AI を使用する際には、適切なプロンプト技法やプロンプトルールを使用し、結果に合わせて API パラメータを設定することで、期待に沿ったテキストや画像を生成しやすくなります。

3.5.4　コーディング支援

　近年の技術進化により、**大規模言語モデル**（LLM）の活用がデータ分析やサービス、システム開発においてますます重要な役割を果たしています。大規模言語モデルは、人間の言語を理解し、生成する能力を持つため、コーディング支援においても多くの利点を提供します。

▶ 大規模言語モデルの活用方法

　大規模言語モデルは次のような場面で活用できます。

● コードの作成

　データ分析やシステム開発に必要なコードを迅速に生成できます。自然言語でプロンプトを書くことで、Python や R のコードも生成できます。そのため、プログラミングの専門知識がなくても、複雑なコーディングやデータ処理が可能となります。

● 既存コードの改良

　コードのバグを検出し、性能を改善する提案を受けることができます。修正や改良が迅速に行えるため、プログラミング効率も向上します。

● ダミーデータの生成

　開発した機能のテストや分析検証に必要なダミーデータを自動生成できます。プ

第3章　データエンジニアリング力

ライバシーが問題となるデータを使用せずに、テストを実施できます。

　大規模言語モデルは、データ分析やシステム開発において非常に強力なツールです。その活用により、作業の効率化や正確性の向上が期待できますが、注意すべき点も存在します。特に、モデルの出力を鵜呑みにせず、生成されたコードの検証や修正を行うことが重要です。

節末問題

問題 1

　ある IT 研修企業では、プログラミング教材作成のために、「コーディングを行うプログラマー」のイラストを画像生成 AI で作成しようとしている。プログラマーがコーディングしている様子が視覚的にわかりやすい画像を生成するためのプロンプト設定として、最も適切なものを 1 つ選べ。

- **A.** ネガティブプロンプトを活用し、不要な背景や過剰な装飾を除外する指示を入力する
- **B.** ランダム生成を繰り返し、満足できるイラストが得られるまでプロンプトは変更しない
- **C.** キーワードとして「コーディング」「プログラマー」を設定し、特に細かい指示は加えない
- **D.** プログラミングと関係のない「人物の表情や服装のディテール」に重点を置く指示を入力する

問題 2

　あるシステム開発プロジェクトでは、生成 AI を使用してテスト用のダミーデータを作成する計画がある。e ラーニングシステムで使用される学習コンテンツのデータを想定しており、システムが学習コンテンツを正しく表示できるかを検証するために使用する。生成 AI の活用により、多様な学習コンテンツのシナリオを効率的に作成し、テストケースの充実を図ることを目的としている。このとき、生成 AI でダミーデータを作成する手順として、最も不適切なものを 1 つ選べ。

- **A.** データの具体的な要件を説明する
- **B.** 関連するサンプルデータを提供する
- **C.** 生成 AI にすべて任せる
- **D.** データのフォーマットを指定する

第 3 章　データエンジニアリング力

解答と解説

問題 1　　　　　　　　　　　　　　　　　　　　　　　　　　　　　　[答]　A

　ネガティブプロンプトは、画像に不要な要素が混入することを防ぐ効果があります。今回のケースでは、「コーディングしているプログラマー」のシーンを明確に描写するため、人物の表情や背景など不要な要素を排除する必要があります。よって、A が正解です。なお、ランダム生成や、細かい指示の省略では、質の高い画像が得られません。また、人物の表情や服装に焦点を当てると、テーマから逸れてしまいます。

問題2　　　　　　　　　　　　　　　　　　　　　　　　　　　　　　[答]　C

　生成 AI でダミーデータを生成する際には、具体的な要件やデータのフォーマットを指定する必要があります。また、関連するサンプルデータを提供することで、ダミーデータの精度を高めることができます。一方で、生成 AI によって出力されるデータは、必ずしも正しいとは限りません。データを作成する際には、生成 AI にすべて任せず、作成者自ら、データが適切であるかどうか確認する必要があります。よって、C が正解です。

256

第4章

ビジネス力

本章では、データサイエンスの力をビジネスに活用するときの行動規範、およびデータ分析時に必要な能力や思考について見ていきます。

第4章　ビジネス力

4.1　行動規範

　近年、データサイエンスをビジネスで活用するシーンが増えてきました。たとえば、ECサイトの購入実績のデータを分析し、売れ筋商品を効率良く販売したり、廃棄となっている商品のデータを分析し、在庫数を調整して食品ロスを防ぐなど、データサイエンスをビジネスで活用することで、事業の売上増加や問題解決を実現することができます。ビジネスでデータサイエンスを活用する際には、データ分析の手順やデータの収集方法、データ倫理などを理解しておく必要があります。

4.1.1　ビジネスマインド

ビジネスでデータ分析を行うには、以下の作業が必要となります。

1. 分析の目的を満たす論理構成を考える
2. 分析を行う
3. 意思決定を行う

▶ 1. 分析の目的を満たす論理構成を考える

　論理構成とは、「ビジネスの目的」、「ビジネスの目的を達成するための課題・仮説」、「原因・解決策を探るためのデータ」といったデータ分析を行う際に必要な要素を三階層で構成したものです。

● ビジネスの目的

　データ分析対象のビジネスにおける、達成したい目的を明確にします。目的が明確でない状態でデータ分析を行っても、価値のある結果を得ることはできません。ビジネスの目的に、事業の**KGI**（Key Goal Indicator：重要目標達成指標）や、**KPI**（Key Performance Indicator：重要業績評価指標）の変化を数値目標として設定しておくと、データ分析の効果がわかりやすくなります（KGIとKPIについては4.2.6項で説明します）。

258

表 4.1-1　KGI と KPI

用語	概要	例
KGI	事業で達成したい目標を明確にしたもの	自社 EC サイトの今期の売上を前期より 20％アップさせる
KPI	KGI を達成するためのプロセスを明確にしたもの	・商品売切れロス率を 3％以下に抑える ・平均顧客単価を 50 円上げる

　また、設定するビジネスの目的が、分析対象のビジネスに関わるステークホルダーが考える目的と合致している必要があります。そのため、分析プロジェクト開始前からステークホルダーとのコミュニケーションが重要になります。

● **ビジネスの目的を達成するための課題・仮説**

　前述したビジネスの目的を達成するための、課題の洗い出しや仮説を立案します。

　課題や仮説は、分析プロジェクトのメンバーや分析対象のビジネスに関わるステークホルダーと検討することで整理されていきます。精度の高い解決策や仮説を立案するためには、分析対象のビジネスの業務プロセスについて理解を深めるとともに、関係者への業務課題のヒアリングが欠かせません。また、事前ヒアリングで集めた情報から仮説を立て、プロジェクトメンバーと共有することや、分析プロジェクト活動で得た結果をステークホルダーに説明するための資料作成などの**課題や仮説の言語化**は、分析プロジェクト全体を通して必要なスキルの 1 つです。ここでの言語化とは、課題や仮説について分析プロジェクトの関係者間で認識の齟齬がないように、わかりやすく情報を伝えることを意味します。

　課題や仮説の言語化を行う際には、表 4.1-2 のような思考やフレームワークを用いることが有効です。

表 4.1-2　思考・フレームワーク

思考・フレームワーク	概要
問題解決力 （プロブレムソルビング）	解決すべき「問題」の本質を見極め、対応策を考え、解決することができる能力のこと。
論理的思考 （ロジカルシンキング）	問題に対する解決策とその根拠を論理的に考え、整理しながら説明できる能力のこと。
メタ認知思考	自分自身の考えや行動を客観的に見ることで、本質的な課題に気付き、解決できる能力のこと。
デザイン思考	新しい製品やサービスを作る際に、ユーザーの行動原理を理解し、仮説を立て、検証を繰り返し、ユーザーに共感しながら問題解決を図る手法。

第 4 章　ビジネス力

● 原因・解決策を探るためのデータ

　立案された解決策や仮説を立証するために、どのようなデータが必要なのかを想定して用意します。このとき用意するデータの採取方法の違いにより、表 4.1-3 のように情報の種類が分かれます。

表 4.1-3　データの採取方法における情報の種類

情報	概要
一次情報	自分が体験して得た情報や、自分が行った調査や実験などから得た情報。
二次情報	自分で直接得た情報ではなく、他人から得た情報。他人が公開している一次情報などを指す。
三次情報	情報源が不明な情報。

　データ分析では、実際の分析対象のビジネス現場に出向き、自ら一次情報を集めることで、データ元の信頼性や新たな視点が得られます。また、課題を解決するための仮説が新たに想像できたり、データを扱う上での制約、集計の条件や、業務に適用する際のイメージがつかめるなど、精度の高い分析につながります。

　逆に、一次情報を集めずにデータ分析を行った場合、データ元の信頼性に確信を持つことができません。また、分析対象のビジネス現場に出向いて活きた情報を収集しないと、そのビジネス現場では「与件」である事象についても、データ分析者は「発見」だと勘違いしてしまうといったことが起こり得ます。

▶ 2. 分析を行う

　分析の方法には、検証的分析と探索的分析という 2 種類の方法があります。

　検証的分析は、事前に立てた仮説について、データを用いて論理的に証明する分析方法です。一方、探索的分析は、大量のデータから論理的に情報を解釈し、仮説を立て、証明する分析方法です。目的やデータの構成に合わせて適切な方法を選定します。

　分析を行う最大の目的は、論理構成で定めた「ビジネスの目的」を達成するための、より良い意思決定を促すことです。意思決定につなぐことができる分析結果を得るためには、分析プロジェクト中は常に分析の目的と、その目的を達成するために立案した仮説の正当性を考えながら分析を行うことが重要です。また、事前に立てた仮説とは異なる結果を得た場合は、重要な新しい知見が得られる可能性があるため、その結果を詳しく分析する必要があります。

▶ 3. 意思決定を行う

　論理構成で設定した「ビジネスの目的」を達成するために、意思決定を行います。

これまで見てきたように、ビジネスでデータ分析を行う際は、ビジネス上の課題に対して課題や仮説を立案し、データを収集・分析して意思決定を行います。次の図4.1-1 はデータ分析を行う際のプロセスを示したものです。

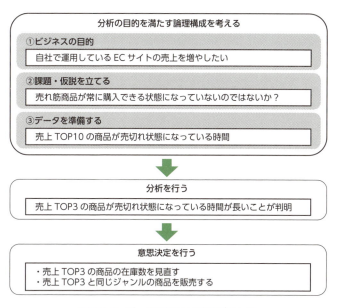

図 4.1-1　データ分析を行う際のプロセス

4.1.2　データ倫理

データサイエンティストは、データを取り扱う者として、**データ倫理**を身に付ける必要があります。データ倫理とは、データ全般に対する守るべき秩序のことです。

データを取り扱う際に重要な倫理として、データに対する**不正行為**をしないことが挙げられます。データに対する不正行為の中でも代表的なものとして、捏造（Fabrication）、改ざん（Falsification）、盗用（Plagiarism）があります。これら3つは、頭文字を取って **FFP** と呼ばれています。

表 4.1-4　データに対する不正行為

不正行為	概要
捏造	存在しないデータを作成し、分析結果に影響を与える。
改ざん	データを変造または偽造し、分析結果に影響を与える。
盗用	適切な引用や許可なく、他人のアイディアやデータを使用する。

第4章　ビジネス力

　このような不正行為を行うと、データサイエンスによる社会的発展が阻害される
だけでなく、データサイエンティストへの信頼も失うことになります。

　また、現在では、さまざまなシーンで機械学習やディープラーニングが用いられ
るようになり、機械学習の分析アルゴリズムの設計者や、学習データを集めるデー
タ収集者、AIを使用する者に高い倫理観が求められるようになりました。アルゴリ
ズムに対する倫理観の欠如に起因する事故・事件は年々増加傾向にあり、たとえば、
自動運転の誤動作による事故、データバイアスによって生じたAIの差別的判断、
ディープフェイクを用いて著名人が信頼を失うような動画を作成・拡散し印象操作
を行うことなどが、社会的に大きな問題となっています。ここでは、「データバイア
ス」、「ディープフェイク」、「フェイクニュース」、「ハルシネーション」、「AIによ
る差別」について詳しく見ていきます。

▶ データバイアス

　データバイアスとは、データ取得者が間違った知識や差別観、偏った認識を持っ
た状態で収集した、偏りのあるデータのことです。

　たとえば、関東のサラリーマンの平均年収を取得したいにもかかわらず、東京都
のサラリーマンの平均年収のみを取得して、関東のサラリーマンの平均年収のデー
タとして扱ってしまうケースです。偏りのあるデータを機械学習の学習データとし
て与えると、機械学習は誤った予測結果を出力してしまいます。このような事象を
アルゴリズムバイアスといいます。

▶ ディープフェイク

　ディープフェイクという言葉は、「ディープラーニング」（深層学習）と、偽物と
いう意味の「フェイク」という言葉を合わせた造語です。

　ディープフェイクは、ディープラーニングを使用して、2つの画像や動画や音声の
一部を結合させることで、実際には存在しない画像や動画や音声を作る技術です。
もともとは映画やテレビといった動画コンテンツの作成現場で、映像を加工するた
めの技術として用いられていましたが、近頃、この技術が悪用されるケースが増え
てきました。

　たとえば、ディープフェイクを使い、ポルノ動画に登場する人物の顔を著名人の
顔と差し替えた動画を作成し、インターネット上に拡散させるといった事件が起き
ました。このような動画を**フェイク動画**と呼びます。ディープフェイクの問題が頻
繁に起きている背景に、偽物の画像を生成する「生成ネットワーク」と画像を判断す

る「識別ネットワーク」という2つのネットワークをお互いに競わせて、質の高い画像を生成する**敵対的生成ネットワーク**（Generative Adversarial Network）という種類のAIが大きな進歩を遂げたことにより、フェイク動画の作成が容易になったことが挙げられます。

また、敵対的生成ネットワークの「生成ネットワーク」には、**オートエンコーダー**という技術が用いられるようになり、画像のノイズを除去することによって精度の高い偽物の画像をより効率的に生成できるようになりました。

▶ フェイクニュース

近年、偽情報がニュースやSNSなどに流されて社会に混乱をもたらす事態が多発しています。たとえば、国内では新型コロナウイルスの感染が拡大した頃に、医学的根拠のないさまざまな情報が飛び交い、国民の混乱を招きました。また、他国では大統領を決める選挙期間中に候補者の偽情報がSNSで流布し、選挙活動に大きな影響を与えました。このようなフェイクニュースの拡散や流布に**Bot**が悪用されるケースが増えてきています。

フェイクニュースが拡散する要因として、生成AIの発展が挙げられます。**生成AI**とは、学習したデータをもとに画像や音声や文章など、さまざまなデータを生成する技術です。また、生成AIの一種であるGoogle社のBERTやOpenAI社のChatGPTのような**大規模言語モデル**のサービスが世間で注目を集めており、実用化されています。生成AIを使えば、簡単にフェイクニュースの文章や画像を作成できるので、悪用されてしまうケースが増えています。

▶ ハルシネーション

ハルシネーションとは、AIが誤った情報や存在しない情報を生成してしまう事象のことです。ハルシネーションという言葉には「幻覚」や「幻影」といった意味があり、AIが誤った情報を出力しても、そのクオリティの高さから正しい情報として見誤ってしまうことがあるため、ハルシネーションと呼ばれています。

たとえば、他国の弁護士が生成AIを利用して、民事訴訟裁判で用いる資料を作成しましたが、その資料の中で引用された複数の判例が、実際には存在しない偽の判例であることが判明し、大きな問題となりました。

ハルシネーションの発生要因や対策の詳細についてはP.318で説明します。

第 4 章　ビジネス力

▶ AI による差別

AI の学習データとして用いるデータに偏りがあると、差別的判断を行ってしまうおそれがあります。たとえば、AI を用いた画像認識システムが黒人をゴリラと判定した問題や、AI を用いた**チャットボット**が SNS などのコミュニケーションツールの会話を学習データとしたことにより、暴言やヘイトスピーチを発するなどの問題が起きています。また、AI を用いた採用システムが女性が不利になるような判断結果を提示するなど、さまざまな問題が発生しています。

近年のデータ倫理の問題にともない、データ倫理に関する ELSI の研究が盛んに行われるようになりました。**ELSI** とは、新たに開発された技術が社会で活用されるまでに解決すべき倫理的（Ethical）・法的（Legal）・社会的（Social）な課題（Issues）の頭文字を取って名付けられた、技術的な課題以外の課題の総称です。

また、2019 年に内閣府から発表された**人間中心の AI 社会原則**には、AI の活用に際して、3 つの基本理念と、その理念を実現するための 7 つの社会原則が記されています。その社会原則にはデータ倫理の問題について盛り込まれており、政府がデータ倫理を重要視していることがわかります。

4.1.3　コンプライアンス

データ分析時に用いるデータには、個人情報が含まれていることがあります。個人情報を取り扱う際には、遵守すべきルールがあり、そのルールを守らなければ法令違反になります。また、海外向けサービスを取り扱うプロジェクトの場合、日本の法令だけでなく、海外の法令も知っておかないと、知らず知らずのうちに法令違反になってしまうこともあり得ます。

個人情報やプライバシー保護に関する法令を知り、個人情報を取り扱う際に注意が必要なポイントやリスクをあらかじめ理解しておけば、法令違反になることを防ぐことが可能です。ここでは、近年、個人情報やプライバシー保護の観点で見直しが行われた法令について確認していきます。

▶ GDPR（General Data Protection Regulation：EU 一般データ保護規則）

GDPR とは、2018 年 5 月に施行された EU 域内の各国に適用される法令です。個人情報やプライバシーの保護の強化を目的としています。EU 域内の居住者が法令適用対象となるため、日本から EU に商品やサービスを提供している場合は対応が必

264

要になります。

　原則的に、EU 域外への個人情報の持ち出しを禁止しており、EU が「EU 域内と同等の個人情報保護水準が保てている国である」という十分性認定を出した国であれば、例外的に持ち出しが可能となります。

▶ CCPA（California Consumer Privacy Act : カリフォルニア州消費者プライバシー法）

　CCPA とは、カリフォルニアの居住者を対象とした個人データの保護に関する法令であり、2020 年 1 月に施行されました。カリフォルニア州の住民が、自身で個人情報の保護・管理をすることが目的にあります。

▶ 改正個人情報保護法

　2005 年 4 月、個人情報を守るための法律として個人情報保護法（個人情報の保護に関する法律）が施行されました。その後も社会情勢の変化にともない、3 年ごとに個人情報保護法の見直しが行われています。

　2022 年 4 月に施行された**改正個人情報保護法**では、個人データの利活用を促進させるために、新たに仮名加工情報が定義付けられました。これにより、改正個人情報保護法における、個人に関係する情報の分類は表 4.1-5 のようになりました。

表 4.1-5　個人に関係する情報分類

分類	概要
個人情報	生存する個人に関する情報のことで、特定の個人を識別できるものを指す。具体的には、氏名、住所、マイナンバーなどがある。また、個人情報の中には、より厳格に扱わなければならない要配慮個人情報というものがある。要配慮個人情報とは、不当な差別、偏見、その他の不利益が生じないように取り扱いに配慮が必要な情報のことをいう。人種、信条、社会的身分、病歴や犯罪の経歴、障害の有無、健康診断の結果などが該当する。
仮名加工情報	個人情報を加工し、他の情報と照合しない限り、個人を識別できないようにしたもので、復元は可能な情報。仮名加工情報のイメージを次ページの図 4.1-2 に示す。
匿名加工情報	個人情報を、個人識別ができないようにしたもので、復元は不可能な情報。匿名加工情報のイメージを次ページの図 4.1-3 に示す。
個人関連情報	上記以外の、生存する個人に関する情報。具体的には、IP アドレス、ネットの閲覧履歴、位置情報などがある。

元データ（個人情報）

名前	年齢	性別	住所
山田一郎	41	男	兵庫県
鈴木花子	34	女	石川県
高橋三郎	22	男	広島県

仮名加工情報

x1	x2	x3	x4
1	41	1	32
2	34	2	21
3	22	1	38

追加情報を参照することで個人として特定できる

追加情報

x1
id	名前
1	山田一郎
2	鈴木花子
3	高橋三郎

x3
id	性別
1	男
2	女

x4
id	名前
32	兵庫県
21	石川県
38	広島県

図 4.1-2　仮名加工情報のイメージ

元データ（個人情報）

名前	年齢	性別	住所
山田一郎	41	男	兵庫県加古川市〇〇町
鈴木花子	34	女	石川県金沢市〇〇町
高橋三郎	22	男	広島県松山市〇〇町

匿名加工データ（非個人情報）

名前	年齢	性別	住所
	40代	男	近畿
	30代	女	北陸
	20代	男	中国地方

削除　　抽象化　　　　抽象化

図 4.1-3　匿名加工情報のイメージ

4.1 行動規範

4.1.4 契約・権利保護

　データ分析やIT業務のような専門性の高い作業を行うときに、プロジェクトに専門知識を持つメンバーがいない場合、すでに専門知識を有している人材を雇用するか、プロジェクトメンバーを教育する必要があり、採用・教育コストや時間を要してしまいます。

　このような問題を解決する方法として、業務委託があります。業務委託とは、業務の一部を外部企業または個人に委託することです。

　業務委託の際に取り交わす**業務委託契約**には、「請負契約」、「委任契約」、「準委任契約」の3種類があります。表4.1-6に示すように要件がそれぞれ異なるため、業務に応じて適切な契約を選択する必要があります。

表 4.1-6　業務委託契約の契約種別

契約	概要
請負契約	当事者の一方が仕事を完成させることを条件に、相手方が報酬を支払う約束をする契約。仕事の完成が必須となる。
委任契約	当事者の一方が法律行為を含む業務を相手方に委託し、相手方がこれを承諾することによって成立する契約。仕事の完成は必須ではない。
準委任契約	当事者の一方が法律行為ではない事務を相手方に委託し、相手方がこれを承諾することによって成立する契約。仕事の完成は必須ではない。

　データ分析プロジェクトの分析作業は、請負契約もしくは準委任契約を締結することが一般的です。

267

第 4 章　ビジネス力

POINT!

請負契約と準委任契約の違いについて詳しく確認しておきましょう。

表 4.1-7　請負契約と準委任契約の相違点

	請負契約	準委任契約
目的	仕事の完成	事務の処理
受託者の報酬受け取り時期	仕事が未完成の場合は報酬を受け取ることができない。	仕事が完成していなくても報酬を受け取ることができる。
受託者の責任	契約不適合責任	善管注意義務 （善良なる管理者の注意義務）
成果物	原則あり	原則なし

また、委託者と受託者の間で取り交わす契約には次のようなものがあります。

表 4.1-8　委託者と受託者の間で取り交わす契約

契約	概要
個人情報の授受に関する契約	業務内で使用する個人情報の扱い方に関する契約。 個人情報の取得、受け渡し、管理方法などについて取り決める。
販売許諾契約	委託者が保有するサービスや製品を受託者が販売することを許可する契約。 受託者がサービスや製品を販売して得た金額の何 % をロイヤリティとして委託者に支払うのかなどを取り決める。
機密保持契約	業務を遂行する上で知り得た機密情報の漏洩や無断利用を禁止する契約。 契約で定めた事項に違反した場合、損害賠償請求を受ける可能性がある。

268

節末問題

節末問題

問題 1

　全国に展開する女性向けファッション販売業者 R 社から、あなたに対し、顧客データを活用して業績を上げたいという依頼があった。あなたはデータ分析を行うために、まずは論理構成を考えることにした。最も適切でない行動を 1 つ選べ。

- **A.** ビジネスの目的を明確にするために、事業の KGI や KPI の変化を数値目標として設定した
- **B.** 設定したビジネスの目的が R 社のステークホルダーが考える目的と一致していなかったが、とりあえず、目的を達成するための課題・仮説の立案をした
- **C.** R 社の関係者や分析プロジェクトのメンバーと意見を出し合いながら、目的を達成するための課題・仮説を立案した
- **D.** 立案された解決策や仮説を立証するために、R 社に出向き、現場関係者にヒアリングし、一次情報のデータを集めた

問題 2

一次情報として最も適切なものを 1 つ選べ。

- **A.** 自分で調査したアンケート結果
- **B.** 有識者が発表した文献
- **C.** プロジェクトメンバーが集めた情報
- **D.** SNS で得た情報

問題 3

CCPA についての説明として、最も適切なものを 1 つ選べ。

- **A.** カリフォルニアの居住者を対象としたデータの保護に関する法令である
- **B.** カリフォルニアの州政府が個人情報を一元管理することを目的としている
- **C.** EU 域内の各国に適用される法令である
- **D.** EU 域外への個人情報の持ち出しを禁止しているが、EU が認定を出した国であれば例外的に持ち出しが可能である

269

第 4 章　ビジネス力

問題 4

個人情報保護法における、個人に関係する情報の分類について、最も適切な説明を 1 つ選べ。

A. 仮名加工情報とは、個人情報を個人識別ができないようにした情報である

B. 個人情報とは、生存する個人に関する情報のことで、たとえば、氏名、マイナンバーなどがある

C. 匿名加工情報とは、個人情報を加工し、他の情報と照合しない限り個人を識別できないようにした情報である

D. 個人情報の中には、人種や犯罪履歴など、より厳格に扱わなければならない個人関連情報というものがある

問題 5

次の文章の（1）（2）（3）に当てはまるものとして、最も適切なものを 1 つ選べ。

請負契約とは、当事者の一方が仕事を完成させることを条件に、相手方が報酬を支払う約束をする契約で、仕事の成果を出すまでの過程は問われず、仕事の完成が（1）。

準委任契約とは、当事者の一方が（2）を相手方に委託し、相手方がこれを承諾することによって成立する契約で、仕事の完成は（3）。

A. （1）必須である　　　（2）法律行為を含む業務　　（3）必須ではない

B. （1）必須ではない　　（2）法律行為ではない事務　（3）必須である

C. （1）必須である　　　（2）法律行為ではない事務　（3）必須ではない

D. （1）必須ではない　　（2）法律行為を含む業務　　（3）必須である

解答と解説

問題 1 [答] B

分析目的を満たす論理構成を考えるにあたって、まずはビジネスの目的を明確にする必要があります。ここで設定するビジネスの目的は、データ分析対象となるビジネスのステークホルダーが考える目的と一致していなければなりません。よって、B が正解です。その他の選択肢は、論理構成を考える上で正しい行動です。

節末問題

問題 2　　　　　　　　　　　　　　　　　　　　　　　　　　　[答] A

　データの採取方法によって情報の種類が分かれます。一次情報は、自身の体験から得た情報や考察、または自身が行った調査や実験の結果などです。二次情報は、他人を通して得られた情報や書籍・文献などから得た情報などです。三次情報は、情報元が不明確な噂話や記事などです。選択肢の中で、自身が行った調査で得たデータは「自分で調査したアンケート結果」なので、A が正解です。

問題 3　　　　　　　　　　　　　　　　　　　　　　　　　　　[答] A

　CCPA（California Consumer Privacy Act：カリフォルニア州消費者プライバシー法）とは、カリフォルニアの居住者を対象とした個人データの保護に関する法令であり、2020 年 1 月に施行されました。カリフォルニア州の住民が、自身で個人情報の保護・管理をすることが目的にあります。よって、A が正解です。選択肢 C と D は、GDPR の説明です。

問題 4　　　　　　　　　　　　　　　　　　　　　　　　　　　[答] B

　A の「個人情報を個人識別ができないようにした情報」とは、匿名加工情報の説明です。C の「個人情報を加工し、他の情報と照合しない限り、個人を識別できないようにした情報」とは、仮名加工情報の説明です。D は要配慮個人情報の説明です。よって、B が正解です。

問題 5　　　　　　　　　　　　　　　　　　　　　　　　　　　[答] C

　請負契約は、仕事の完成と引き換えに、委託者が受託者に対して報酬の支払いを約束する契約であるため、仕事の完成が必須となります。準委任契約は、委託者が法律行為ではない事務を受託者に委託する契約で、仕事の完成は原則必須ではありません。よって、C が正解です。

4.2 論理的思考

前節では、行動規範（ビジネスマインド、データ倫理、コンプライアンス、契約・権利保護）について学習しましたが、本節では、データ分析を行うにあたって必要な能力や思考について見ていきます。

4.2.1 MECE

ビジネスの現場で、相手に自分の考えていることを伝わりやすくするためには、**論理的思考**が必要です。論理的思考を実践する際に役立つ考え方の1つにMECEがあります。

MECEとは、Mutually Exclusive（お互いに重複せず）and Collectively Exhaustive（全体で漏れがない）の頭文字を取ったもので、考察対象の要素を分類するときに漏れや重複がない状態を指します。図4.2-1は、MECEの状態を表したイメージ図です。

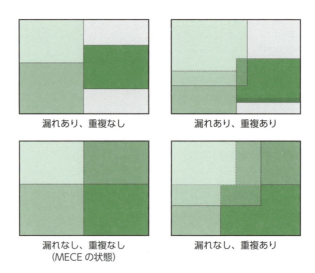

図 4.2-1　MECE のイメージ

たとえば、化粧品の購買者である成人女性を分類し、購入金額に違いがあるか分析する場合を考えてみましょう。図 4.2-2 のように、成人女性を「会社員」「主婦」のように分類したとします。このとき、兼業主婦は「会社員」と「主婦」の両方に当てはまるので重複しています。また、分類に「フリーター」や「学生」などが含まれていないので漏れがあります。

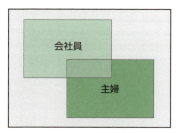

漏れあり、重複あり

図 4.2-2　成人女性を分類した図

この場合、成人女性を明確に分類できていないので漏れや重複が生じています。成人女性の分類であれば、年齢、居住地、既婚／未婚などで分けることができ、漏れや重複がない状態（MECE）で分類できます。例として、年齢で分類すると図 4.2-3 になります。

漏れなし、重複なし
（MECE の状態）

図 4.2-3　成人女性を年齢で分類した図

データ分析の現場において、データを分類する際に、考察対象となる要素が重複したり、一部の要素を見落としてしまうと、論理展開が破綻し、最終的に正しい結果を得ることができません。要素の重複や漏れがない状態で分析することで価値のある結果が得られることに留意しましょう。

4.2.2 言語化能力

データ分析者は、データ分析に用いる集計結果やグラフに対し、「**客観的な視点で捉えた事実**」と、その事実から仮説を立て、導き出された「**意味合い**」を言語化することが求められます。たとえば図 4.2-4 のような、2015 年度と 2022 年度における、ある電車の時刻別の乗車率が可視化されたグラフがあるとします。

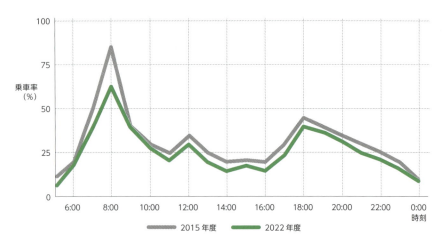

図 4.2-4　ある電車の乗車率を表したグラフ

まず、グラフを「客観的な視点で捉えた事実」として、「8 時台と 18 時台に乗車率が大きく変化する」ことがわかります。さらに、この「客観的な視点で捉えた事実」から仮説を立て、「意味合い」を導き出します。仮説として、「8 時台と 18 時台は通勤時間帯であるため、乗車率が大きく変化する」などが挙げられます。また、近年は在宅ワークという勤務形態を導入する企業も増えてきており、「2015 年度より 2022 年度の乗車率が全体的に下がっているのではないか」という仮説を立てることができます。ここから読み取れる「意味合い」としては、「この電車は通勤で利用されていることが多い」ということや、「企業の勤務形態に応じて乗車率が変動する」ということになります。

このように、データ分析に用いるための集計データや可視化した結果を見て、データ分析者自身が「客観的な視点で捉えた事実」と「意味合い」を言語化することで、より精度の高い分析につなげることができます。

4.2.3 ストーリーライン

データ分析者は、分析プロジェクト活動で得た結果をステークホルダーに説明するために、スライドで報告資料を作成し、発表する機会があります。このような報告資料を作成する際、論文構成で用いる「序論・本論・結論」の流れを理解しておくと、まとまりのある文章が作成できます。

表 4.2-1　序論・本論・結論の流れ

序論	研究と課題設定の背景を明確に提示するために、「何を研究するのか？」と「なぜこの研究に取り組むのか？」について述べる
本論	研究対象に対する仮説を立て、仮説を証明するための論理構成やアプローチの方法について述べた後、「研究を行った結果、何がわかったのか？」について述べる
結論	本論で述べた研究の結果を踏まえ、自分の考えや主張を述べる

報告資料を作成するときは、まずストーリーラインを考えます。**ストーリーライン**とは、結論に至るまでの説明の流れのことをいい、聞き手に説明が正しく伝わるように、聞き手の認識や思考を誘導する役割を持ちます。ストーリーラインにはいくつかの方法があり、本項では、ピラミッド構造で構成する「WHY の並び立て」と「空・雨・傘」について確認していきます。

▶ WHY の並び立て

WHY の並び立てとは、自分の主張に対して、並列的に理由や具体的なデータを提示し、「なぜ○○なのか」という形式で構成していくことで主張を論理的にまとめます。図 4.2-5 は、ある飲食店でランチメニューの提供開始を提案するストーリーです。

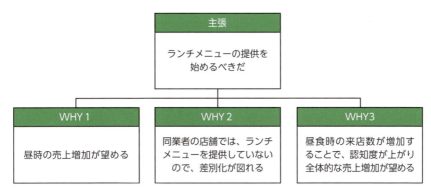

図 4.2-5　WHY の並び立てのストーリー

▶ 空・雨・傘

空・雨・傘とは、問題解決を報告するときに適したストーリーで、ある問題に対して、「空（現状の課題）」、「雨（課題の分析・考察）」、「傘（結論）」で構成します。図 4.2-6 は、空・雨・傘のストーリーを表した図です。

図 4.2-6　空・雨・傘のイメージ

空・雨・傘は現状の課題をもとに解釈し、その解釈をもとに考察し、結論につなげるので、相手に疑問を持たせずストーリーを論理的にまとめることができます。

図 4.2-7 は、ある飲食店で売上が落ちたという問題に対して、現状の課題の把握から問題解決までのストーリーを図にしたものです。

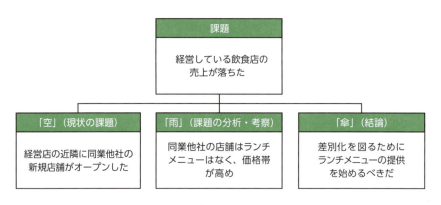

図 4.2-7　「空」「雨」「傘」型のストーリー

このように、ストーリーラインを意識して報告資料を作成することで、分析プロジェクトのステークホルダーや関係者に伝えたいことを論理的に説明することができ、効果的な報告ができるようになります。

> **POINT!**
>
> データ分析プロジェクトの報告資料で説明する流れは、以下が望ましいです。
>
> 1. 現状の課題の共有
> 2. 分析方法や分析の進め方などのアプローチ方法の共有
> 3. 分析結果の共有
> 4. 結果から導き出される意味合いの共有
> 5. 結果を踏まえた次のアクションの提案など

4.2.4 ドキュメンテーション

報告資料に図表を適宜入れると、ストーリーラインを視覚的にわかりやすく伝えることができます。

報告資料やプレゼンテーション資料などで用いる図表の例を図 4.2-8 に示します。報告したい内容に合ったグラフや表を用いることで、効果的なプレゼンテーションが行えます。

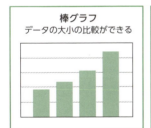
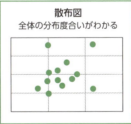
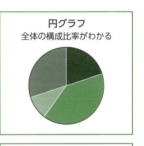
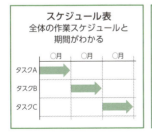
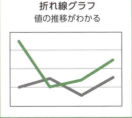

図 4.2-8　資料作成時に用いる図表の例

第4章　ビジネス力

　なお、報告資料を作成したり、立案した仮説を証明したりするときに、さまざまな論文、情報、データから引用することがあります。その際に注意すべきことは次の2点です。

- 引用元の情報の正確性
- 引用元の明記

▶ 引用元の情報の正確性

　論文や書籍、またはインターネットなどから情報を入手する際に、入手した情報が信頼できる情報なのかを見極めなければなりません。

　たとえば、分析プロジェクトの論理構成を構築する際に、入手した情報を疑いもなく使用すると、後で情報が誤っていたことが判明した場合、論理構成の構築や情報の収集をやり直さなければならなくなり、作業の手戻りが発生してしまいます。また、誤った情報をもとに説明したことにより、データサイエンティストとしての信頼を失うことにもなります。

　分析プロジェクトでは、可能な限り一次情報を参照することを第一に考え、その情報の正確性をチェックしておきます。二次情報を用いる場合は、情報源を明記することで情報が誤っていた場合の対応もとりやすくなり、リスクを軽減できます。

▶ 引用元の明記

　情報を引用する際は、適切に引用元を明記しなければ著作権法に抵触するおそれがあるので、注意が必要です。文章や図表などを引用する場合は、出典を明示します。出典とは、引用した著作物情報のことです。引用元が書籍の場合の出典には、書名、著者名、出版社名、刊行年などを明記します。また、引用元がWebページの場合の出典には、Webページのタイトルおよび URL などを明記します。

POINT!

報告資料を作成する際には、引用した情報の正確性をチェックし、引用元を明記する必要があることに留意しましょう。

4.2.5 説明能力

分析プロジェクトでは、分析結果が出力されたときやプロジェクトに影響を及ぼす問題が起きたときなどに、ステークホルダーや関係者に**報告**を行う機会があります。たとえば、プロジェクト初期段階では、分析者が考えた分析の目的を満たす論理構成などを提案します。また、プロジェクト終盤では、分析結果の報告および分析結果から導き出された業務改善の提案などを行います。この報告の場で、ステークホルダーやプロジェクト関係者に「目的と合っていない」、「論理構成が誤っている」という指摘を受けることもあります。図 4.2-9 は、論理構成に対する指摘の例です。

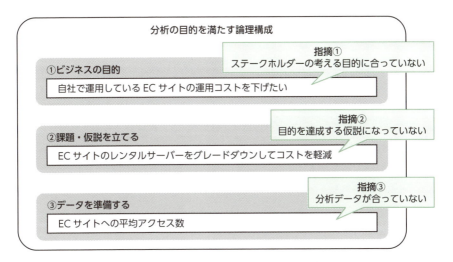

図 4.2-9 論理構成の論拠不足・論理破綻の指摘例

表 4.2-2 指摘事項と指摘内容の例

指摘事項	指摘内容の例
指摘① ステークホルダーの考える目的に合っていない	ステークホルダーは「EC サイトの運用コストを下げたい」のではなく、「EC サイトの売上を上げたい」
指摘② 目的を達成する仮説になっていない	レンタルサーバーをグレードダウンすると、サイトの操作性が悪くなる可能性がある
指摘③ 分析データが合っていない	「EC サイトへの平均アクセス数」ではなく、「EC サイトへのアクセスが多いときと少ないときの、それぞれのアクセス数」

第4章　ビジネス力

データサイエンティストは、受けた指摘に対して、その指摘が論理構成のどの部分に関するものなのかを速やかに理解する必要があります。また、指摘の内容を真摯に受け止めるとともに、周囲の意見を受け入れる柔軟さを持ち、**傾聴**することが大切です。

プロジェクト終盤で論理構成に対する「目的の相違」や「論理破綻」の指摘を受けると、手戻り作業が発生して、作業計画の大幅な変更や遅れにつながります。そうならないために、どのような論理構成で分析を進めたかを分析プロジェクトのメンバーで共有したり、ステークホルダーや関係者とレビューを定期的に実施して、認識を合わせながら分析プロジェクトを進めるように心掛けましょう。

4.2.6　KPI

分析プロジェクトでより質の高い分析を行うためには、分析対象となる事業や業務への理解を深めることが重要です。

そこで、データ分析者は、分析対象となる事業や業務で達成したい目標を表した**KGI**（Key Goal Indicator：重要目標達成指標）や、KGIを達成するためのプロセスを表した**KPI**（Key Performance Indicator：重要業績評価指標）にどのようなものが設定されているかを押さえるとともに、一般的な**収益方程式**「売上 = 平均顧客単価（1人あたりの平均購入金額）× 客数」を理解しておきます。これにより、分析対象となる事業や業務の目的が明確になり、精度の高い論理構成を考えたり、データ分析の結果をもとにステークホルダーに効果的な提案を行ったりすることができます。

KGIに対して影響度が高いKPIを選定するために、KPIツリーがよく用いられます。KPIツリーとは、事業で達成したい目標であるKGIと、KGIの実現のために設定されたプロセスを表したKPIと、そのKPIを達成するための目標値、または課題解決に用いることができるデータとの関係性をツリー形状で可視化したものです。

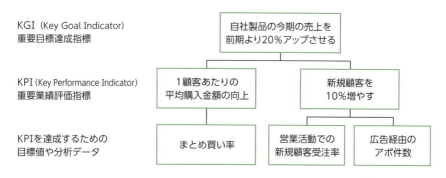

図 4.2-10　自社製品を持つ企業の KPI ツリー

　KPI ツリーを用いることで、目標とそれを達成するためのアクションが明確になります。KPI ツリーの下部にあたる、「KPI を達成するための目標値や分析データ」を分析・考察すれば、ステークホルダーに対して、KGI を達成するための具体的な提案を行うことができます。

第4章　ビジネス力

節末問題

問題 1

次の文の（1）に当てはまるものとして、最も適切なものを1つ選べ。

論理的思考の基本的な概念の1つである（1）は、考察対象の要素を分類するときに、漏れがない、かつ重複していない状態を表す。

- **A.** ELSI
- **B.** KGI
- **C.** MECE
- **D.** KPI

問題 2

次の文の（1）（2）に当てはまるものとして、最も適切なものを1つ選べ。

データ分析者は、データ分析に用いる集計結果やグラフに対し、自分自身の（1）から仮説を立て、導き出された（2）を言語化することが求められる。

- **A.**（1）経験にもとづいた直観　　　（2）感情
- **B.**（1）経験にもとづいた直観　　　（2）意味合い
- **C.**（1）客観的な視点で捉えた事実　（2）意味合い
- **D.**（1）客観的な視点で捉えた事実　（2）感情

問題 3

ストーリーラインの1つの方法である「空・雨・傘」として、最も適切なものを1つ選べ。

- **A.** ある問題に対して、「現状の課題」、「課題の分析・考察」、「結論」で構成する
- **B.** 自分の主張に対して、並列的に理由や具体的なデータを提示し、「なぜ○○なのか」という形式で構成する
- **C.** 自分の主張に対して、「序論」、「本論」、「結論」で構成する
- **D.** ある問題に対して、文章を構成せずに図表を単純に並べる

節末問題

問題 4

KGI と KPI の説明として、最も適切なものを 1 つ選べ。

A. KGI：事業で達成したい目標を明確にしたもの
KPI：目標を達成するためのプロセスを明確にしたもの

B. KGI：プロセスを達成するためのアクション
KPI：事業で達成したい目標を明確にしたもの

C. KGI：事業で達成したい目標を明確にしたもの
KPI：プロセスを達成するためのアクション

D. KGI：目標を達成するためのプロセスを明確にしたもの
KPI：事業で達成したい目標を明確にしたもの

問題 5

KGI に設定される目標として、最も適切なものを 1 つ選べ。

A. 1 人あたりの平均購入金額を 500 円アップさせる

B. 商品在庫切れ率を 3%以下にする

C. リピート率を 5% アップさせる

D. 今期の売上を対前年比 10%アップさせる

解答と解説

問題 1 [答] C

　MECE は、論理的思考の基本的な概念の１つです。これは、Mutually Exclusive（お互いに重複せず）and Collectively Exhaustive（全体で漏れがない）の頭文字を取って名付けられたものであり、考察対象の要素を分類するときに漏れや重複がない状態を指します。よって、C が正解です。

問題 2 [答] C

　データ分析者は、データ分析に用いるための集計データや可視化した結果を見て、自分自身の「客観的な視点で捉えた事実」から仮説を立て、そこから読み取れる「意

第4章　ビジネス力

味合い」を言語化することで、より精度の高い分析につなげることができます。よって、C が正解です。

問題3　　　　　　　　　　　　　　　　　　　　　　　　　　　[答] A

「空・雨・傘」は、ある問題に対して「空（現状の課題）」、「雨（課題の分析・考察）」、「傘（結論）」で構成します。このストーリーラインは現状の課題をもとに解釈し、その解釈をもとに考察し、結論につなげていき、ストーリーを論理的にまとめます。よって、A が正解です。

問題4　　　　　　　　　　　　　　　　　　　　　　　　　　　[答] A

KGI（Key Goal Indicator：重要目標達成指標）は、事業や業務で達成したい目標を明確に表したものです。一方、KPI（Key Performance Indicator：重要業績評価指標）は、KGI を達成するためのプロセスを明確にしたものです。よって、A が正解です。

問題5　　　　　　　　　　　　　　　　　　　　　　　　　　　[答] D

KGI とは、事業や業務で達成したい目標を明確に表したもので、KPI とは、KGI を達成するためのプロセスを表したものです。言い換えると、KGI は最終的に達成したい長期的な目標で、KPI は長期的な目標を達成するために細分化した中間的な目標です。選択肢の中で長期的な目標にあたるのは、D の「今期の売上を対前年比 10％アップさせる」であり、D が正解です。A、B、C は KPI に設定されるものです。

4.3 事業への実装

本節では、データ分析を事業へ適用していくアプローチの方法と、その際に必要な能力や思考について学びます。また、分析活動を行う上での前提知識についても見ていきます。

4.3.1 課題の定義

データを分析する際には、分析対象となるビジネスが必ず存在します。**ビジネス**とは、事業の目的を実現するための活動全般を指し、データ分析者は、分析対象のビジネスをしっかり理解していなければ、分析を行うことができません。

分析対象となるビジネスは多種多様です。たとえば、人材サービス業界に関するデータ分析プロジェクトに参画した場合、人材サービス業界の市場構造やビジネスモデル、主要な競合企業などを把握し、整理する必要があります。

また、分析プロジェクトを開始する際、データ分析を依頼したクライアントに対してヒアリングをして、スコーピングという作業を行う必要があります。**スコーピング**とは、分析対象となる事業領域に存在する課題の中から、プロジェクトで取り扱う課題領域を選定し、プロジェクトで達成すべき要件などを確立する作業です。**事業領域**とは、文字通り、企業が事業を行う領域を指します。また、**取り扱う課題領域**とは、事業領域のうち分析プロジェクトで取り扱う領域を指します。図 4.3-1 は、あるスーパーマーケットの事業領域と、取り扱う課題領域を表しています。

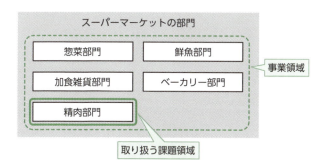

図 4.3-1 「事業領域」と「取り扱う課題領域」の例

第4章　ビジネス力

　分析プロジェクトを行うには、事業領域について理解が必要です。また、事業領域の課題や、その課題に対して、どのような改善が必要とされているかを理解することが重要です。理解することで、クライアントの要求やプロジェクトで達成すべき要件が明確になります。

　たとえば、表4.3-1 は、あるスーパーマーケットでの商品廃棄の減少を目的とした分析プロジェクトを例にして、スコーピングで確立する領域や要件を表しています。この表では、クライアントに事業領域や課題についてヒアリングした結果、商品廃棄量が最も多かった精肉部門を、今回の分析プロジェクトで取り扱う課題領域に設定しています。そして、廃棄率を下げるために適正な在庫数を算出することを、プロジェクトで達成すべき要件としています。

表 4.3-1　スコーピングで確立する領域や要件

領域や要件	例
事業領域	スーパーマーケットの部門全般
取り扱う課題領域	精肉部門
クライアントの要求	精肉の消費期限切れでの廃棄率を 5% 減少させたい
プロジェクトで達成すべき要件	廃棄率が 5% 減少する適正な在庫数を算出する

　スコーピングを行っているときに、「分析にかかるおおよその時間」や「データ分析に必要なデータの取得方法」、「データ分析に使用する分析モデル」などが想定できると、次のアクションにスムーズに取りかかることができます。

　さて、スコーピングを行うには、データ分析者は分析対象となる事業領域の課題を解決する上で有効な**基本的な課題の枠組み**を理解しておく必要があります。

　基本的な課題の枠組みで用いられるフレームワークとして、5 フォース分析について確認していきます。

▶ 5 フォース分析

　5 フォース分析とは、分析対象の業界の競争状況を把握するためのフレームワークです。5 フォース分析を用いて、分析対象の事業の優位性や競合を知ることで、分析対象の事業への理解が深まります。

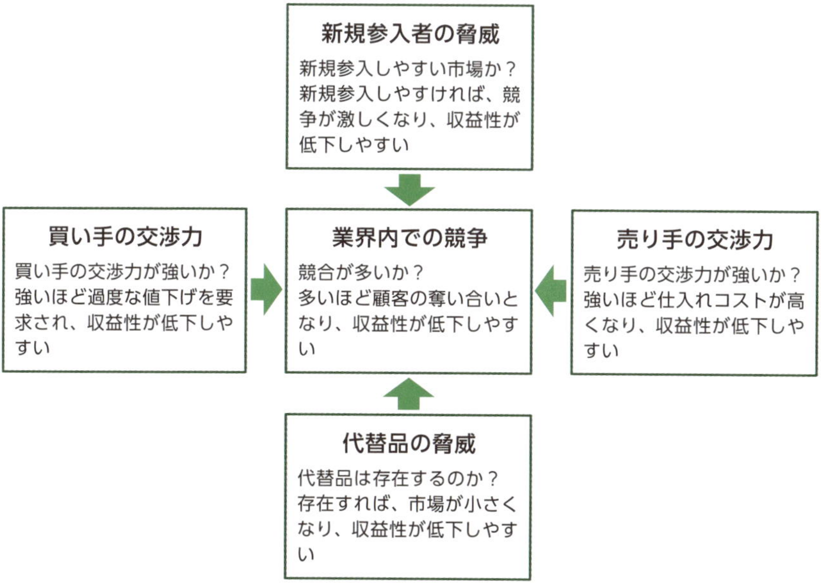

4.3 事業への実装

図 4.3-2　5 フォース分析のイメージ

　分析プロジェクトの初期段階で適切にスコーピングを行うと、クライアントの目的が明確化され、クライアントとデータ分析者との間で「達成すべき目的」の認識の齟齬がなくなり、分析プロジェクトを円滑に進めることができます。

4.3.2　データの入手

　データ分析者は、分析プロジェクトを進めていく中で、既知の課題や立案された仮説を検証するためのデータを用意する必要があります。その際に、どのようなデータが必要かを理解し、そのデータの入手・使用が可能かどうかを判断する能力が求められます。

　たとえば、次ページの図 4.3-3 に示した論理構成における、「あるベーカリーショップのリピート顧客を増やせるか？」という問題に対して、どのようなデータが必要かを洗い出します。

第4章 ビジネス力

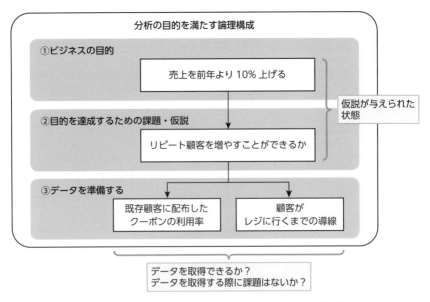

図 4.3-3 あるベーカリーショップの問題と問題を解決する論理構成

今回は、「既存顧客に配布したクーポンの利用率」と「顧客がレジに行くまでの導線」というデータをもとに、問題を解決するための糸口を探っていきます。

まず、既存顧客がリピートしてくれているかを確認するために、「既存顧客に配布したクーポンの利用率」のデータを準備します。このデータは、「配布したクーポンの数」と「会計時に使用されたクーポンの数」から算出できます。また、配布するクーポンを商品ごとに使用できるクーポンにしておけば、使用されたクーポンの数で既存顧客に人気の商品がわかります。

次に、顧客が店内をどのような順路で回った後に商品を購入しているのかを把握するために、「顧客がレジに行くまでの導線」のデータを準備します。しかし、「顧客がレジに行くまでの導線」というデータは、店内に解析ツールなどを導入していなければ簡単には取得できないデータです。したがって、店内の防犯カメラの映像を使用してデータを取得するところから始める必要がありますが、これは、プライバシーの観点から考えると好ましくありません。

このように、分析に必要なデータを取得する際、必ずしもデータを準備できるとは限らず、データ分析者自身がヒアリングやアンケートなどの追加調査を行ってデータを取得しなければならない場合があります。データ分析者は、このことを認識しておく必要があります。

4.3.3 ビジネス観点のデータ理解

近年、ソーシャルメディアが普及したことにより、世の中に数多くの情報が溢れています。それらの中には、誤った情報や虚偽の情報が混在しており、情報の正しさを判断する力がないと、インフォデミックに巻き込まれて不適切な行動を起こしかねません。

インフォデミック（Infodemic）とは、Information（情報）と Epidemic（感染症などの流行病）を組み合わせた造語で、ソーシャルメディアなどを通じて真偽のわからない情報が大量に拡散され、社会的な混乱を招く現象のことを指します。拡散される情報の中には、根拠のない噂話やデマが多く含まれ、真偽を確かめないまま鵜呑みにする人が続出します。実際、過去には「新型コロナウイルス感染症（COVID-19）の影響で中国からの紙の輸入が途絶える」という出所不明の情報が拡散したため、トイレットペーパーを買い占める人が続出し、社会が混乱する事態に発展しています。

インフォデミックに巻き込まれる原因の1つに、エビデンスベーストな行動の欠如が挙げられます。**エビデンスベースト**（Evidence-Based）とは、「根拠にもとづいた」という意味の言葉です。個人的な経験則や勘ではなく、データにもとづいて意思決定するという考え方です。データを吟味し、それを活かした意思決定ができれば、実際の状況に沿った行動を選択できます。

また、ビジネスにおいてデータサイエンスを適用するには、まずはビジネス観点で**仮説**を想像し、課題を見つけ出すことから始めます。次ページの図 4.3-4 は、分析プロジェクトの流れを表しています。

第4章　ビジネス力

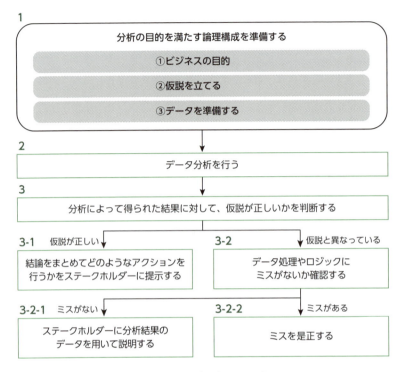

図 4.3-4　分析プロジェクトの流れ

1. **分析の目的を満たす論理構成を準備する**
   ① ビジネスの目的
   　　データ分析プロジェクトを開始するにあたり、対象のビジネスの事業領域を理解し、ステークホルダーへのヒアリングを行い、分析の目的を明確にします。
   ② 仮説を立てる
   　　分析の目的を達成するための仮説を立案します。データ分析作業を行う前に仮説を立案することで、分析後にどのような結果が得られるとよいのかという判断基準や、ステークホルダーへ報告するときのストーリーを明確にできます。
   ③ データを準備する
   　　仮説を検証するためのデータを準備します。

2. **データ分析を行う**
   　　分析ツールを用いて分析を行います。

3. 仮説が正しいかを判断する

データ分析で得られた結果をもとに、起きている事象を見抜き、仮説が正しいかを判断します。

3-1. 仮説が正しい場合

仮説が正しい場合は、分析結果から導き出される結論をまとめて、どのようなアクションを行うかをステークホルダーに提示します。

3-2. 仮説とは異なる場合

仮説とは異なる結果となった場合は、データ分析時のデータの扱い方やロジックにミスがなかったかを確認します。

3-2-1. ミスがない場合

データの扱い方やロジックにミスがない場合は、仮説とは異なる結果を受け止め、新たな知見が得られたと考えるマインドが必要です。ただ、仮説とは異なる結果をステークホルダーが受け入れてくれないことは実際的な問題として存在しており、データ分析プロジェクトが、PoC（Proof of Concept：概念実証）を行っただけで終了または凍結される理由の1つとなっています。そのため、ステークホルダーに対して、なぜこの結果になったのかをデータを用いて丁寧に説明し、理解を得る必要があります。

3-2-2. ミスがある場合

データの扱い方やロジックにミスがある場合は、当該ミスについてステークホルダーに報告し、ミスを是正した後に、再度データ分析を行います。

このように、データ分析者は分析作業を行うだけでなく、仮説を立案する能力やステークホルダーの理解を得るための説明能力が求められます。

4.3.4 評価・改善の仕組み

データ分析で得られた結果をもとに意思決定を行います。この意思決定を実際にアクションとして遂行していく中で、想定以上に問題が改善されて業務効率が上がったり、逆に思い通りに問題が改善されず、効果が得られないこともあるため、継続的にモニタリングを行います。

モニタリングとは、アクションに対しての評価・改善活動のことです。具体的には、ビジネスや事業に施した改善アクションが有効な効果を得られているか確認し、次に実行する有効なアクションを検討するための判断材料となる評価・改善活動です。その際、分析対象となる事業や業務で設定している KGI（重要目標達成指標）や

KPI（重要業績評価指標）がどのように変化しているかを確認することが有効です。

　モニタリングの結果をもとに、分析の目的や、目的を満たす論理構成を実現するにはどうすればよいかなどについて、分析プロジェクトの関係者間で話し合い、見直しを図ります。そうすることで、分析プロジェクトの関係者間でプロジェクトの課題に対する認識の齟齬が起きにくくなります。

4.3.5　プロジェクトマネジメント

　データ分析プロジェクトを遂行するにあたり、論理構成を考えたり、分析を行う以外にも、押さえておくべき知識やテクニックがあります。本項では、「プロジェクト発足時の作業」、「プロジェクト進行時の留意事項」、「マネジメントツール」、「障害発生時の対応」について確認していきます。

▶ プロジェクト発足時の作業

　分析プロジェクトの発足時は、プロジェクトの進め方や、プロジェクトで使用するツール、ステークホルダーとの情報連携方法など、決めるべき事柄がたくさんあります。一般的に、プロジェクトリーダーが中心となって決めるケースが多いですが、分析プロジェクトのメンバーとしてどのような作業があるかを知っておくことで、能動的に作業を進めることができます。

図 4.3-5　プロジェクト発足時のプロジェクトリーダーのイメージ

　表 4.3-2 は、プロジェクト発足時にプロジェクトリーダーがよく行う作業を示したものです。

表 4.3-2　プロジェクト発足時に必要となる作業

作業	詳細
プロジェクトおよびプロジェクト関係者の把握	● プロジェクトのステークホルダーとなる人物の特定 ● プロジェクトの体制やメンバーの把握
プロジェクトメンバーのタスク管理	● プロジェクトメンバーの個々のスキルの把握 　→ スキルに合ったタスクの割り振り ● プロジェクト全体を俯瞰的に見て、作業に漏れや抜けがないかの確認
プロジェクトのスケジュール調整	● 進捗報告や結果報告などの場を設けるために、 ステークホルダーやプロジェクト関係者のスケジュールを調整
ステークホルダーとの情報共有の方法	● 情報を連携する手段を選定 (メールなのか、チャットツールなのか) ● 連携する情報が機密事項などの場合に、セキュリティを考慮した上で情報連携のルールを設定 　→ そのルールをプロジェクト関係者へ周知
プロジェクトで使用するツールの選定	● ツールの使用方法の理解 　→ 例) 　　スケジュール管理：Google カレンダー 　　ソース管理：GitHub、Subversion 　　タスク管理：Redmine、Trello 　　チャットツール：Slack、Chatwork 　　ドキュメント：Google ドキュメント、Microsoft Word など ● ツールを使うために必要であれば環境を構築 ● プロジェクトメンバーに割り振るアカウント権限の選定 ● アカウント作成

このようなプロジェクト管理作業をスムーズに遂行できるように、PMBOK などのプロジェクトマネジメント技法をあらかじめ学んでおくとよいでしょう。また、タスク管理や進捗管理などは、後述するマネジメントツールを使用すれば効率的に行えます。分析プロジェクトの一員として活躍するために、プロジェクト発足時の作業のイメージをつかんでおくことが大切です。

▶ プロジェクト進行時の留意事項

プロジェクトを進めていく中で、利用したことのないツールや分析手法を活用するなど、新たな技術や手法に好奇心を持つことで、分析結果のデータに対して新しい知見やパターンを発見することができます。わくわくした探求心を持ってプロジェクト作業に取り組むことで、リサーチ力向上につながり、新しい知識を習得したり、その知識を本質的に理解できるようになります。

また、プロジェクト開始後は、プロジェクト全体のスケジュールを厳守するために、プロジェクトメンバーの各々が、自分が担当している作業を期限内に完遂させ

第 4 章　ビジネス力

る必要があります。分析作業を進めていく中で、「精度の高い結果を得るために、よりたくさんの一次情報を集めたい」といった、成果物の品質を上げるための模索作業に没頭してしまうことがあるかもしれません。しかし、こうした模索作業に没頭し過ぎると、担当している作業が遅延して作業の期限が超過し、プロジェクト全体のスケジュールに影響が出てしまいます。

　そのため、模索作業を行う場合は、自分が担当している作業を期限内に完遂させることが前提条件になります。

▶ マネジメントツール

　データ分析プロジェクトでは、プロジェクトメンバーが各々に割り振られたタスクを期限内に完遂させなければなりませんが、そのためには、「誰が」、「何を」、「いつまでに」タスクを完遂させるのかを明確にする必要があります。

　こうしたプロジェクトのタスクやスケジュールを管理するツールとして、WBS（Work Breakdown Structure）やガントチャートがあります。

表 4.3-3　タスク管理ツール

ツール	概要
WBS (Work Breakdown Structure)	プロジェクト全体の作業を複数の作業に分解して管理する手法であり、分割された各作業に対して、作成する成果物、工数、担当者を割り振る。プロジェクトメンバー各々の作業予定が明確になり、スケジュールが管理しやすくなる。
ガントチャート	プロジェクトの進行状況を視覚的に表現するグラフのこと。作業の進捗状況を横棒によって表現する。これにより、プロジェクト全体の進捗状況が把握しやすくなる。

　WBS やガントチャートなどのツールを用いるとプロジェクトメンバーのタスクが一覧化され、進捗を把握することができるので、タスク管理を行う際に効果的です。

　また、自分の考えやアイディアをまとめるツールとして、マインドマップがあります。**マインドマップ**とは、頭の中で考えた事柄を図式で表現するためのツールで、アイディア出しや思考の整理をするときに有効です。

　このようなプロジェクト管理ツールや思考を整理するツールがあることを認識し、その使用方法などを調べておき、プロジェクトで適宜利用できるようにしましょう。

▶ 障害発生時の対応

　分析プロジェクトの進捗遅れや、モニタリング時などに発生した障害を放置して

4.3 事業への実装

おくと、予期しない事態に陥るおそれがあります。これらの報告が遅れると、企業の信用が低下し、経営に支障が生じるリスクである**レピュテーションリスク**に発展してしまう場合もあります。そうならないためにも、問題が発生した時点で、自身のレポートラインとなる上司やプロジェクトリーダーへ早急に報告することが重要です。その際、対面での報告とあわせて、メールやチャットツールを用いたテキスト形式での報告も行い、認識の齟齬がないように状況を確実に伝えるようにします。

　その後、**障害報告書**を作成します。障害報告書のフォーマットは企業によって異なりますが、表 4.3-4 の内容を記述するのが一般的です。

表 4.3-4　障害報告書に記述する項目

項目	記述内容
①障害概要	障害が発生した経緯を簡潔に記載
②発生日時や発生期間	障害が発生した詳細な日時や障害発生期間を記載
③影響範囲や規模	障害発生による影響範囲や、障害の規模の大きさを記載
④原因	障害が発生した原因を記載
⑤暫定対応	正常運用に戻すために施した暫定的な対応内容を記載 （根本的解決ではない）
⑥経緯	障害発生を検知した理由や、検知後に誰がどのように暫定対応を行ったかなどを時系列で記載
⑦恒久対応	同じ事象を発生させないために行った対策を記載
⑧その他	謝罪などを記載

　障害報告書を作成するとき、**5W1H**（Who：誰が、When：いつ、Where：どこで、What：何を、Why：なぜ、How：どのように）を意識しておくと、情報伝達において認識の齟齬がない文章を書くことができます。

　また、事業がサービスを提供している場合には、**サービス品質**を保つ必要があり、サービス品質を保証する **SLA**（Service Level Agreement：サービス品質保証）という契約書が作成されます。SLA には、保証するサービスの内容や責任範囲などが詳細に規定されており、その保証を達成できなかった場合はどのように対応するかということまで記載されています。

　分析プロジェクトを進めていく中で、担当するタスクが遅延したり、モニタリング時などに障害を発見した場合は、迅速かつ適切にステークホルダーに報告し、対応することが大事だということを理解しておきましょう。

295

第 4 章　ビジネス力

節末問題

問題 1

次の文章の（1）に当てはまるものとして、最も適切なものを 1 つ選べ。

　分析プロジェクトを開始する際、データ分析を依頼したクライアントに対してヒアリングを行い、（1）という作業を行う必要がある。（1）とは、分析対象となる事業領域に存在する課題の中から、プロジェクトで取り扱う課題領域を選定し、達成すべき要件を確立する作業のことをいう。

- **A.** 5 フォース分析
- **B.** KPI
- **C.** PoC
- **D.** スコーピング

問題 2

分析プロジェクトの進め方として、最も適切なものを 1 つ選べ。

- **A.** 「分析目的の明確化」→「仮説を立てる」→「データ準備」→「データ分析」
- **B.** 「仮説を立てる」→「分析目的の明確化」→「データ準備」→「データ分析」
- **C.** 「データ準備」→「仮説を立てる」→「分析目的の明確化」→「データ分析」
- **D.** 「データ準備」→「分析目的の明確化」→「仮説を立てる」→「データ分析」

問題 3

モニタリングの説明として、最も適切でないものを 1 つ選べ。

- **A.** 事業に施した改善アクションに対しての評価・改善活動
- **B.** KGI や KPI の変化をモニタリングすると有効である
- **C.** モニタリングの結果は個人的な資料として保管しておき、次回の分析活動を行う際に使用する
- **D.** モニタリングは次に実行する有効なアクションを検討するための判断材料となる

節末問題

問題 4

プロジェクトマネジメントに関する次の文章の（1）（2）（3）に当てはまるものとして、最も適切なものを1つ選べ。

- （1）は、プロジェクト全体の作業を複数の作業に分解して管理する手法であり、分割された各作業に対して、工数や担当者を割り当てる。これによりタスクやスケジュールが管理しやすくなる。

- 障害報告書などを作成するとき、（2）を意識しておくと、認識の齟齬がない伝わりやすい文章が書けるようになる。

- サービスの品質を保証する（3）という契約書があり、保証していたサービスの品質を提供できなかったときの対応などが明記されている。

A. （1）KGI　　　　　（2）5フォース分析　（3）WBS
B. （1）WBS　　　　　（2）5W1H　　　　（3）SLA
C. （1）ガントチャート（2）5W1H　　　　（3）WBS
D. （1）WBS　　　　　（2）5フォース分析　（3）SLA

問題 5

分析プロジェクト進行中に障害が発生したときの事象や対応として、最も適切なものを1つ選べ。

A. 障害が判明したので早急にプロジェクトリーダーやステークホルダーに口頭でのみ報告した

B. 障害発生の報告が遅れるとレピュテーションリスクに発展することがある

C. 一部のプロジェクト関係者には障害の報告をしたため、障害報告書の作成は行わなかった

D. 分析対象のデータに不備があることが判明したので、2日後の定例会議まで待ち、丁寧に報告を行った

297

第 4 章　ビジネス力

解答と解説

問題 1　　　　　　　　　　　　　　　　　　　　　　　　　　　[答] D

　分析プロジェクトを開始する際に、まずはスコーピングを行う必要があります。スコーピングとは、分析対象となる事業領域に存在する課題の中から、プロジェクトで取り扱う課題領域を選定し、プロジェクトで達成すべき要件などを確立する作業です。よって、D が正解です。

問題 2　　　　　　　　　　　　　　　　　　　　　　　　　　　[答] A

　基本的なデータ分析プロジェクトの進め方として、まずは分析目的を明確にします。そして、分析目的を達成するための仮説を立案し、その仮説を立証するために必要なデータを準備します。そのデータをもとに、分析ツールなどを用いて分析を行います。よって、A が正解です。

問題 3　　　　　　　　　　　　　　　　　　　　　　　　　　　[答] C

　モニタリングとは、ビジネスや事業に施した改善アクションが有効な効果を得られているか確認し、次に実行する有効なアクションを検討するための判断材料となる評価・改善活動です。その際、分析対象となる事業や業務で設定している KGI や KPI がどのように変化しているかを確認することが有効です。モニタリングの結果は個人的な資料として保管するのではなく、分析プロジェクトの関係者と共有します。モニタリングの結果をもとに、分析の目的や、目的を満たす論理構成を実現するにはどうすればよいかなどについて、分析プロジェクトの関係者間で話し合い、見直しを図ります。よって、C が正解です。

問題 4　　　　　　　　　　　　　　　　　　　　　　　　　　　[答] B

　分析プロジェクトのタスク管理ツールの 1 つに WBS があります。WBS とは、プロジェクト全体の作業を複数の作業に分解して管理する手法であり、分割された各作業に対して、作成する成果物、工数、担当者を割り振ります。WBS を用いることで、プロジェクトメンバー各々の作業予定が明確になり、スケジュールや進捗が管理しやすくなります。

　分析プロジェクト内で報告書などを作成するとき、5W1H（Who：誰が、When：いつ、Where：どこで、What：何を、Why：なぜ、How：どのように）を意識してお

くと、情報伝達において認識の齟齬がない文章を書くことができます。

　サービスの品質を保証する SLA（Service Level Agreement：サービス品質保証）という契約書があります。SLA には、保証するサービスの内容や責任範囲などが細かく規定されており、それを達成することができなかった場合はどのように対応するかということまで記載されています。

　以上より、B が正解です。

問題 5　　　　　　　　　　　　　　　　　　　　　　　　　　　　　　　[答] B

　分析プロジェクト進行中に障害が発生した場合は、早急に、ステークホルダーを含めたプロジェクト関係者に報告する必要があります。対面での報告に加えて、認識の齟齬が生じないように、メールやチャットツールを用いたテキスト形式での報告も行います。その後、障害の概要や要因、対策などを記した障害報告書を作成します。起きた障害を放置すると、企業の信頼が低下し、経営に影響を及ぼすレピュテーションリスクに発展してしまうことがあります。以上より、B が正解です。

第5章

データとAIの利活用

本章では、データ・AIの利活用の方法および留意
点、データリテラシーの重要性について見ていきます。

第5章　データとAIの利活用

5.1　社会におけるデータ・AI 利活用

　近年、取得できるデータ量の増加にともない、AIの活用が進んでいます。取得できるデータ量が増えた背景として、IoT化が挙げられます。

　IoT（Internet of Things）とは、「モノのインターネット」という意味で、さまざまな「モノ」に通信機能を持たせて、インターネットに接続したり、相互にデータをやりとりする仕組みです。IoT機器の具体例として、家電（冷蔵庫やエアコンなど）や自動運転車、ロボットなどがあります。さまざまな「モノ」がインターネットにつながることにより、画像、動画、テキスト、音声といった多様な形式の大量のデータを取得できるようになりました。この大量のデータをビッグデータと呼びます。

　ビッグデータを効率良く分析するためにはAIの技術が必要になります。ビッグデータとAIを組み合わせ、有効活用することで、これまでになかったサービスやビジネスモデルが考案され、新たな価値が生み出されます。

　他にも、ロボットの活用が活発になってきています。ビジネスの現場では、産業ロボットや物流ロボットなどを導入して、省力化や省人化につなげています。また、最近では、ファミリーレストランなどの飲食店で、注文した食事を運んでくれる配膳ロボットが採用されており、日常生活のさまざまなシーンでロボットの活躍が見られるようになりました。このように、めざましい技術革新が進んだことで社会が大きく変化しています。

　政府は、IoT、AI、ビッグデータ、ロボットを有効に活用することで Society 5.0 という社会の実現を目指しています。**Society 5.0** とは、政府が策定した「第5期科学技術基本計画」の中で提唱されている目指すべき社会のあり方です。Society 5.0 に至るまでに、Society 1.0 から Society 4.0 が存在し、「Society 1.0 ＝狩猟社会」、「Society 2.0 ＝農耕社会」、「Society 3.0 ＝工業社会」、「Society 4.0 ＝情報社会」と進化してきました。

　今回の Society 5.0 は「超スマート社会」と呼ばれており、内閣府の Web サイトにて、「サイバー空間（仮想空間）とフィジカル空間（現実空間）を高度に融合させたシステムにより、経済発展と社会的課題の解決を両立する、人間中心の社会（Society）」と定義されています[1]。

※1　出典：内閣府「Society 5.0」（https://www8.cao.go.jp/cstp/society5_0/）

302

ここでのサイバー空間とは、ネットワークを使用してアクセスするコンピュータによる情報空間のことを指し、フィジカル空間とは、現実世界のことを指します。2つの空間の活用例として、図 5.1-1 のように、現実世界（フィジカル空間）のさまざまな情報をセンサー等により収集して、サイバー空間に送信し、そのデータを AI が解析して、解析結果を現実世界（フィジカル空間）にフィードバックします。2つの空間を 1 つの「システム」と捉える考え方を、サイバーフィジカルシステム（CPS：Cyber-Physical System）と呼びます。IoT、ビッグデータ、および AI を駆使したサイバーフィジカルシステムを利用することで、経済発展と社会的問題の解消を両立し、より良い社会を目指しています。

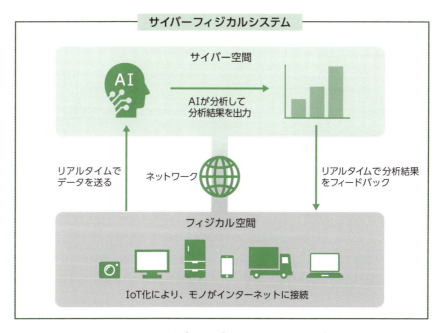

図 5.1-1　サイバーフィジカルシステムのイメージ

Society 5.0 で実現する社会では、経済発展とあわせて、社会的問題の解消が掲げられています。ここでの社会的問題には次のようなものがあります。

- 知識・情報の共有や連携が不十分
- 大量の情報から必要な情報を見つけ出す負担
- 年齢や障害などによる労働・行動範囲の制約
- 地域の課題や高齢者のニーズに十分対応できていない

第 5 章　データと AI の利活用

政府はこれらの社会的問題を解消するために、IoT、ビッグデータ、AI、ロボットといった技術の活用を推進しています。

▶ 知識・情報の共有や連携が不十分

今まで人が情報を取得するには、自分でインターネットに接続して必要な情報を検索し、見つけ出す必要がありました。しかし、IoT や AI といった技術を組み合わせたサイバーフィジカルシステムを用いれば、サイバー空間とフィジカル空間を自動連携させることで、リアルタイムにさまざまな知識や情報を得ることも可能になります。

▶ 大量の情報から必要な情報を見つけ出す負担

世の中に溢れている大量の情報の中から必要な情報を見つけ出すには、情報リテラシーが必要になります。現在の社会では、情報リテラシーがない人は必要な情報を取得できなかったり、誤った情報を取得して損害を被ることもあります。このような問題への対策として、個々人が情報リテラシーを高めることは不可欠ですが、同時に AI 等を活用することで、人々の判断はサポートされ、情報の取得の円滑化が図られるようになります。

▶ 年齢や障害などによる労働・行動範囲の制約

人は年齢や障害などにより運動能力が低下し、今まで行ってきた仕事ができなくなることがあります。こうした問題を解決するために、ロボットが活用されています。

たとえば、障害により移動が困難な人が職場から離れた自宅でロボットを操作して、接客などの業務を行うことができます。また、介護を援助する介護ロボットや、種まきや収穫の作業を行う農業ロボットなど、さまざまな業種でロボットの活用が進んでいます。

▶ 地域の課題や高齢者のニーズに十分対応できていない

高齢者が住む地域の過疎化が問題となっており、このような地域は遠方にしか病院がないこともあります。通院が基本となる現在の医療のあり方では、地域によって適切な医療が受けられないという問題があります。

このような問題を解決するために、スマートフォンや PC などを用いて、電話やビデオ通話で医師に診察してもらったり、IoT センサーなどを用いて、血圧や体温を測定した結果をネットワーク経由で連携して情報を蓄積し、AI によって体調の深刻度を診断して主治医に連絡するなどの遠隔医療システムの活用が進められています。

304

5.1 社会におけるデータ・AI 利活用

POINT!

Society 5.0 でも重要な技術として取り上げられている、AI、ビッグデータ、IoT、ロボットといった技術がビジネスやサービスでどのように活用されているかを調べてみましょう。

前述したとおり、近年、社会でビッグデータや IoT が盛んに活用されており、ほぼすべての業種で**データ・AI の活用領域**が広がっています。次の表 5.1-1 は業種別のデータ・AI の活用事例です。

表 5.1-1　業種別のデータ・AI の活用事例

業種	活用事例
製造	過去の売上実績や社会情勢などのデータから、AI が製品に対する顧客の需要予測を行い、これにより製品を過不足なく製造できた。
物流	ドライバーの運転実績データを学習させた AI により、法令を遵守した上で最短の配送ルートを自動設定する。その結果、労働時間が減少した。
医療	AI の画像認識技術と機械学習を用いて、医師による判断が非常に難しい小さな異常まで検知することができた。
農業	天気、気温、湿度などの環境データをもとに AI が農産物の収量予測を算出する。
食品	AI を用いて食品の需要予測を算出し、適正在庫を実現することで、食品の廃棄率が低減した。
交通	AI に公共交通機関の利用状況を把握させて、人の流れや移動時間をシミュレーションして混雑を避ける試みが行われている。

このようにさまざまな業種でデータ・AI が活用されており、業務効率化や収益増加につなげることに成功しています。

2022 年 11 月に OpenAI が ChatGPT という人工知能チャットボットのサービスを公開して以降、生成 AI が世間で大きく注目されるようになりました。生成 AI とは、学習したデータをもとに画像や音声や文章など、さまざまなデータを自動で生成する技術です。最近では、さまざまな業種で**生成 AI の活用**が進んでいます。特にホワイトカラーの業種を中心に生成 AI が活用され、たとえば、会議の内容を録音した音声を生成 AI に読み込ませて文字に起こし、会議の議事録を作成することで業務効率化が図られています。次ページの表 5.1-2 は業種別の生成 AI の活用事例です。

305

第 5 章　データと AI の利活用

表 5.1-2　業種別の生成 AI の活用事例

業種	活用事例
サービス	某企業でチャット形式のカスタマーサポートを生成 AI に切り替えた結果、365 日 24 時間の対応が可能となった。
広告	販売する商品画像の制作を生成 AI に支援させたことで、広告プランナーの負担が軽減し、画像を作成するスピードと画像のクオリティが向上した。
情報通信	プログラミングで生成 AI を利用することで、ソースコードの自動生成やデバッグ作業の効率化が図られた。バグが減少して、ソフトウェアの品質が向上した。
アパレル	アパレル業界に特化した生成 AI 活用支援ツールを利用することで、アパレルに適したテキストや画像が自動生成でき、作業の大幅な時間短縮につながった。
教育	受講者が使用する学習システムに生成 AI を取り入れた。AI が受講者ごとの得意・不得意や進捗状況を分析し、最適な学習カリキュラムを提案することで、受講者は効率的に学習に取り組めた。
自治体	ある市では、生成 AI を利用して行政業務の効率化を図り、労働時間の削減を実現できた。
出版	作成した文章の添削と校正を生成 AI に支援させたことで、これまで社員同士でダブルチェックしていた作業を削減することができた。

　生成 AI をうまく活用するには、生成 AI に対して精度の高い指示を出す必要があります。精度が低い指示を出すと、思い通りの結果が得られないことがあるので注意が必要です。精度の高い指示を出すには、生成 AI に対して、「何を」「どうしてほしいのか」を明確に伝えることを意識し、条件を細かく指定するといった工夫が必要です。

　生成 AI に指示や命令をするスキルのことをプロンプトエンジニアリングといいます。このプロンプトエンジニアリングに加えて、指示や命令を言語化する能力や、生成 AI が出力した結果を見極める能力も必要となります。

　これらのスキルを身に付けることで、生成 AI を効率的に利用して、さまざまなデータを出力し、活用することができます。

節末問題

問題 1

IoT の説明として、最も適切なものを 1 つ選べ。

A. さまざまなモノがインターネットにつながる仕組み

B. 企業の事業目標

C. 形式が異なる膨大な量のデータ

D. 物事に対して、「漏れなく重複がない状態」に整理する思考法

問題 2

政府が提唱する社会のあり方を示した Society 5.0 の説明として、最も適切なものを 1 つ選べ。

A. ロボットを活用することでさまざまな社会的な課題を解決するロボット中心の社会

B. AI を積極的に活用することで人々がより快適に暮らせる AI 中心の社会

C. 人々が自らインターネット通信を活用することで必要な情報を得られる情報社会

D. サイバー空間とフィジカル空間を高度に融合させたシステムを活用することで、経済発展と社会的課題の解決を両立する人間中心の社会

問題 3

サイバーフィジカルシステムの説明として、最も適切なものを 1 つ選べ。

A. ロボットを用いて、省人化を図る仕組み

B. 仮想空間と現実空間の 2 つの空間を 1 つのシステムと捉えて活用する仕組み

C. ロボットと IoT の技術を組み合わせて作られたシステム

D. 自らインターネットでサイバー空間に接続して情報を取得する仕組み

第 5 章　データと AI の利活用

問題 4

Society 5.0 を実現するための重要技術として、最も適切でないものを 1 つ選べ。

A. 仮想化技術

B. ロボット

C. ビッグデータ

D. IoT

問題 5

Society 5.0 で実現する社会では、社会的問題の解消が掲げられている。ここで挙げられている社会的問題について最も適切でないものを 1 つ選べ。

A. 地域の課題や高齢者のニーズに十分対応できていない

B. 大量の情報から必要な情報を見つけ出す負担

C. 少子高齢化による消費者の減少にともなう経済の縮小

D. 年齢や障害などによる労働・行動範囲の制約

問題 6

生成 AI の活用について最も適切でないものを 1 つ選べ。

A. 生成 AI は画像や音声や文章など、さまざまな用途で活用できる

B. 生成 AI に対して指示（プロンプト）をうまく行えなくても、生成 AI が指示内容を的確に解釈することで、精度の高い回答を得ることができる

C. 生成 AI を活用するユーザーは、生成 AI への指示を言語化する能力や生成 AI との対話力が必要である

D. 特にホワイトカラーの業種を中心に生成 AI が活用され、業務効率化や省人化が図られている

節末問題

解答と解説

問題 1 [答] A

IoT（Internet of Things）とは、今まで通信機能を持っていなかったテレビや自動車やロボットといった「モノ」に通信機能を持たせることにより、インターネットに接続して相互にデータをやりとりしたり、遠隔操作を行ったりする仕組みです。IoT 化が進むことにより、さまざまな形式の膨大なデータを入手できるようになり、AI の活用が活発となっています。よって、A が正解です。

問題 2 [答] D

Society 5.0 とは、政府が策定した「第 5 期科学技術基本計画」の中で提唱されている目指すべき社会のあり方で、「サイバー空間（仮想空間）とフィジカル空間（現実空間）を高度に融合させたシステムにより、経済発展と社会的課題の解決を両立する、人間中心の社会」と定義されています。よって、D が正解です。

問題 3 [答] B

サイバーフィジカルシステム（CPS：Cyber-Physical System）とは、現実世界（フィジカル空間）のさまざまな情報をセンサー等により収集して、サイバー空間に送信し、そのデータを AI が解析して、解析結果を現実世界（フィジカル空間）にフィードバックする仕組みです。よって、B が正解です。

問題 4 [答] A

政府は、IoT、AI、ビッグデータ、ロボットを有効に活用することで Society 5.0 という社会の実現を目指しています。A の「仮想化技術」とは、ハードウェア（サーバー、メモリ、ストレージなど）やネットワークを分割または統合することで、実体とは異なる構成に見せかけて動作させる技術であり、Society 5.0 の重要技術とは関係ありません。よって、A が正解です。

問題 5 [答] C

Society 5.0 で実現する社会では、社会的問題の解消が掲げられています。ここでいう社会的問題とは、「知識・情報の共有や連携が不十分」、「大量の情報から必要な情報を見つけ出す負担」、「年齢や障害などによる労働・行動範囲の制約」、「地域

309

第 5 章　データと AI の利活用

の課題や高齢者のニーズに十分対応できていない」といったことを指します。よっ
て、C が正解です。

問題 6 [答] B

　生成 AI は、学習したデータをもとに画像や音声や文章など、さまざまなデータを
自動で生成する技術です。最近では、さまざまな業種で生成 AI が活用されています
が、特にホワイトカラーの業種を中心に生成 AI が活用され、業務効率化や省人化
が図られています。生成 AI を活用する際に、精度が低い指示（プロンプト）を出す
と、思い通りの結果が得られないことがあります。そのため、生成 AI に指示を出す
場合は、「何を」「どうしてほしいか」を明確に伝えることを意識する必要がありま
す。また、生成 AI を活用するユーザーは、生成 AI への指示を言語化する能力や生
成 AI との対話力が必要になります。よって、B が正解です。

5.2 データリテラシー

　日常生活や業務でデータ・AIを活用するには、データリテラシーを身に付ける必要があります。データリテラシーとは、必要なデータを見つけ出し、読み取って、そのデータを活用できる能力のことを指します。データサイエンティストは、データ分析に用いるデータについて、そのデータを適切に読み解く能力や説明する能力が必要とされています。

　データを適切に説明するために、**データの比較**を行う場合があります。たとえば、対象データと過去のデータを比較してデータの有用性を証明するときに行います。その際、説明する対象データによって、同一条件で比較するか、起点となる処理前後で比較するかなど、比較に用いる過去のデータを適切に選択できることが重要になります。

　ここでは、ある商店についての例を見ていきます。

- 毎年8月2週目の土曜日に近隣で花火大会が実施される
- 花火大会がある前日は、普段の日と比べて4倍ほど売上が上がる傾向にあった
- 昨年と一昨年は雨天のため花火大会は中止となっている
- 今年は花火大会が実施されたが、花火大会の前日の売上は普段の日と比べて2倍ほどしか上がらなかった

　今年の花火大会前日の売上が伸びなかったことについて、上司に報告するために報告書を作成する際、今年の売上データと比較する対象データを正しく選択しなければなりません。今回の報告内容の場合、データの差異を正しく判断するために、同じ性質のデータ、つまり花火大会が実施された年のデータと比較する必要があります。昨年と一昨年の花火大会は中止だったので、比較対象のデータは一昨昨年の花火大会が実施された前日の売上データとなります。このような同一性のデータの比較を「apple to apple」と呼びます。

第 5 章 データと AI の利活用

図 5.2-1 ある商店の売上データの比較 1

次に、花火大会の翌週の水曜日から 2 日間、売り尽くしセールを実施したとします。このとき、セールを実施したことによる売上の変化を見定めるためには、セール期間の日のデータとセール期間ではない日のデータを比較します。

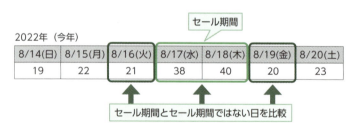

図 5.2-2 ある商店の売上データの比較 2

> POINT!
>
> データ比較を行う際は、証明したい事柄によって比較対象にするデータが変わることに留意し、適切な比較対象を選定できるようにしましょう。

節末問題

節末問題

問題 1

　ある塾では、講師の残業時間低減の施策を考案するために、講師 A の過去 4 年間の年間残業時間を集計した。

2022 年（今年）

1月	2月	3月	4月	5月	6月	7月	8月	9月	10月	11月	12月	合計
20	18	32	22	39	25	25	72	35	15	22	28	353

2021 年（昨年）

1月	2月	3月	4月	5月	6月	7月	8月	9月	10月	11月	12月	合計
29	32	23	11	22	29	23	20	42	10	11	18	270

2020 年（一昨年）

1月	2月	3月	4月	5月	6月	7月	8月	9月	10月	11月	12月	合計
18	26	29	24	31	34	22	82	38	22	21	9	356

2019 年（一昨昨年）

1月	2月	3月	4月	5月	6月	7月	8月	9月	10月	11月	12月	合計
12	19	27	22	23	35	31	69	23	11	14	15	301

　なお、例年 8 月は夏期講習のため残業が増加しているが、2021 年（昨年）は校舎の改装工事のため夏期講習を実施していない。

　講師 A の 2022 年（今年）の年間残業時間と比較するデータとして、最も適切なものを 1 つ選べ。

A. 2021 年（昨年）の年間の残業時間

B. 2020 年（一昨年）の 8 月の残業時間

C. 2020 年（一昨年）の年間の残業時間

D. 2019 年（一昨昨年）の上半期（1 月〜6 月）の残業時間

第 5 章　データと AI の利活用

解答と解説

問題 1 [答] C

　今年の年間残業時間と比較するには、同じ性質のデータを選ぶ必要があります。今年は例年通り夏期講習が実施されているため、夏期講習が実施された年の年間残業時間を選択すべきです。選択肢 A は、夏期講習が実施されていない年の残業時間です。選択肢 B、D は年間の残業時間ではありません。よって、C が正解です。

5.3　データ・AI利活用における留意事項

5.3　データ・AI利活用における留意事項

　近年、さまざまなシーンで、機械学習やディープラーニングといったAIが用いられるようになりました。AIは社会や生活を豊かにする技術ですが、誤った使い方をすれば社会的な問題に発展する可能性があります。

　データやAIを正しく利活用するには、原則や留意事項を押さえておく必要があります。そこで本節では、「人間中心のAI社会原則」と「生成AIの留意事項」について詳しく見ていきます。

▶ 人間中心のAI社会原則

　「人間中心のAI社会原則」とは2019年に内閣府から発表された、AIをより良い形で社会実装するための原則です。AIを積極的に活用する社会において尊重すべき基本理念と、この理念を実現するために必要となる原則により構成されています。

　まず、AI社会で尊重すべき基本理念は、次の3つです[※2]。

- 人間の尊厳が尊重される社会（Dignity）
- 多様な背景を持つ人々が多様な幸せを追求できる社会（Diversity & Inclusion）
- 持続性ある社会（Sustainability）

　「人間の尊厳が尊重される社会（Dignity）」とは、人間がAIに過度に依存するのではなく、あくまでも人間がAIを道具として使いこなすことによって、物質的・精神的に豊かな生活を享受できるような、人間の尊厳が尊重される社会のことをいいます。

　「多様な背景を持つ人々が多様な幸せを追求できる社会（Diversity & Inclusion）」は、さまざまな価値観や考え方を持つ人々が幸せに過ごせる社会を実現するためのツールとしてAIを活用します。

　「持続性ある社会（Sustainability）」とは、AIを活用した新しい形態のビジネスやソリューションを生み出すことで、社会格差の解消、環境問題などにも対応が可能な持続性のある社会です。

※2　出典：内閣府（統合イノベーション戦略推進会議決定）「人間中心のAI社会原則」（https://www8.cao.go.jp/cstp/aigensoku.pdf）

第 5 章　データと AI の利活用

　前述の 3 つの基本理念をもとに、次の 7 つの原則が規定されています。表 5.3-1 は、内閣府が公表した「人間中心の AI 社会原則」から一部抜粋したものです。

表 5.3-1　人間中心の AI 社会原則

原則	原則の内容の一部抜粋
人間中心の原則	AI の利用は、憲法及び国際的な規範の保障する基本的人権を侵すものであってはならない。
教育・リテラシーの原則	AI を活用するための教育・リテラシーを育む教育環境が全ての人に平等に提供されなければならない。
プライバシー確保の原則	パーソナルデータを利用した AI 及びその AI を活用したサービス・ソリューションにおいては、政府における利用を含め、個人の自由、尊厳、平等が侵害されないようにすべきである。
セキュリティ確保の原則	社会は、常にベネフィットとリスクのバランスに留意し、全体として社会の安全性及び持続可能性が向上するように務めなければならない。
公正競争確保の原則	新たなビジネス、サービスを創出し、持続的な経済成長の維持と社会課題の解決策が提示されるよう、公正な競争環境が維持されなければならない。
公平性、説明責任及び透明性の原則	AI の設計思想の下において、人々がその人種、性別、国籍、年齢、政治的信念、宗教等の多様なバックグラウンドを理由に不当な差別をされることなく、全ての人々が公平に扱われなければならない。
イノベーションの原則	Society 5.0 を実現し、AI の発展によって、人も併せて進化していくような継続的なイノベーションを目指すため、国境や産学官民、人種、性別、国籍、年齢、政治的信念、宗教等の垣根を越えて、幅広い知識、視点、発想等に基づき、人材・研究の両面から、徹底的な国際化・多様化と産学官民連携を推進するべきである。

POINT!

本節で紹介した理念や原則は、日本だけでなく世界中で実現されるべきものであるということを理解しておきましょう。

▶ 生成 AI の留意事項

　生成 AI を活用することで、さまざまな業種で生産性の向上やイノベーションの促進が期待できます。ただし、生成 AI の活用によって起こりうるリスクや脅威も忘れてはいけません。ここでは、生成 AI を活用する際の注意点やリスクについて確認します。

5.3 データ・AI 利活用における留意事項

● ELSI の問題

ELSI（Ethical, Legal and Social Issues：倫理的・法的・社会的課題）とは、新たに開発された技術が社会で活用されるまでに解決すべき倫理的（Ethical）・法的（Legal）・社会的（Social）な課題（Issues）の頭文字を取って名付けられた、技術的な課題以外の課題の総称です。近年、AI やデータサイエンスなどに関わる研究でも ELSI が注目されています。

生成 AI のような新しい技術が倫理的・法的・社会的に受け入れられるために、解決しなければならない課題が存在します。たとえば、AI が関係する倫理的な問題として、AI が搭載された完全自動運転車が事故を起こした場合の責任の所在が挙げられます。この場合、罪に問われるのは、完全自動運転車を運転していた人なのか、あるいは完全自動運転車を販売したメーカーなのか、完全自動運転に使用される AI を開発したエンジニアなのかが明確化されておらず、責任の所在について法改正を含めた議論が続いています。

また、法的な問題として、たとえば、自社サービスの提供過程で取得した個人情報を AI の学習データとして活用することは、プライバシーの侵害や個人情報保護法の観点から問題ではないか、という点が挙げられます。

生成 AI を活用するために、倫理的・法的・社会的な課題を意識し、起こりうるさまざまなパターンを想定して議論を続けていく必要があります。

● ハルシネーションの問題

生成 AI を活用する際に気を付けなければならないのが、ハルシネーションの問題です。ハルシネーションとは、生成 AI が誤った情報や存在しない情報を生成してしまう事象のことです。生成 AI が出力する情報に誤りがあっても、そのクオリティが高すぎて誤りに気付かないことがあります。

事業で生成 AI を活用するリスクとして、ハルシネーションが起きていることに気付かず、その情報を発信したり、その情報をもとに事業の意思決定を行った結果、企業の信用が低下し、レピュテーションリスクに発展してしまうことが挙げられます。

ハルシネーションは、「内在的ハルシネーション」と「外在的ハルシネーション」に大別されます。内在的ハルシネーション（Intrinsic Hallucinations）は、AI が学習したデータをもとに、事実ではない情報を生成する事象です。一方、外在的ハルシネーション（Extrinsic Hallucinations）は、AI が学習したデータに存在しない情報を独自に生成する事象です。

ハルシネーションが起こる要因として、次ページの表 5.3-2 のようなものが挙げられます。

第5章　データとAIの利活用

表 5.3-2　ハルシネーションが起こる要因

要因	説明	例
学習データの鮮度	AIの学習データが古い状態だと、AIはその古い情報をもとに予測や判断を行うため、ハルシネーションが起きる。	学習データが古い状態のAIに対して、「現在の日本の総理大臣は誰か？」と質問すると、前任の総理大臣の名前を回答した。
学習データの質	AIの学習データに誤りが含まれていたりバイアスがかかっていると、ハルシネーションが起きる。	学習データとして、「東京都のサラリーマンの年収」を大量に学習させたAIに対して、「関東のサラリーマンの平均年収はいくらか？」と質問すると、実際の関東のサラリーマンの平均年収より高い年収を回答した。
学習データの量	AIの学習データが不足していると、学習データにない物事に対して、存在しないパターンや関連性を捏造してしまい、ハルシネーションが起きる。	AIは、学習データとしてあまり蓄積されていない事柄に対して質問された際に、その質問の単語や文章から、新たな情報を創造し、実際に存在しない誤った情報を回答した。
指示の出し方	AIにあいまいな指示を出すと誤った解釈をしてしまい、ハルシネーションが起きる。	東京駅から茨城県下妻市の別府への行き方を調べるために、AIに「東京駅から別府への行き方」と質問したところ、AIは「東京駅から大分県別府市への行き方」を回答した。
自然言語の解釈	AIが自然言語の解釈を誤り、ハルシネーションが起きる。	AIに対して「男性のカッコいい素振り（そぶり）」と質問すると、AIは「剣道や野球の素振り（すぶり）」と回答した。

　ハルシネーションの対策として、生成AIに対する指示の出し方を工夫し、成果物の精度を高めることや、生成AIが出力した情報の整合性をチェックすることなどが挙げられます。しかし、現状、ハルシネーションを必ず防ぐことができる対策は存在しないため、生成AIが出力する成果物の正当性には限界があることを理解しておく必要があります。したがって、ハルシネーションが起きる確率を下げる行動や、ハルシネーションが起きていることに気付くための行動が重要になります。

表 5.3-3　ハルシネーションを減らし、適切に対処するための行動

種別	予防・対処のための行動
ハルシネーションが起きる確率を下げる	● プロンプトエンジニアリングのスキルを向上させる。 ● ハルシネーションが起こる要因を理解し、対策を講じながら生成AIに指示を出す。
ハルシネーションが起きていることに気付く	● 生成AIが出力した情報と、他の信頼できる正確な情報や他の生成AIが出力した結果を比較して、正当性を検証する。 ● 生成AIに他の信頼できる正確な情報を追加して指示を出し、出力結果の変化を見ることで、生成AIの解釈や判断の正当性を検証する。

5.3　データ・AI 利活用における留意事項

● 悪用されるリスク

　生成 AI の悪用によって、さまざまな事件が引き起こされています。たとえば、悪意のあるユーザーが生成 AI で出力したコンピュータウイルスの設計書をもとに、ウイルスを作成して悪用する事件が起きました。また、フィッシングメールの文章の作成や、著名人の印象が操作されるような画像の生成など、悪意を持ったユーザーによって、生成 AI が誤った活用方法で利用されるケースがあります。

● 権利侵害のリスク

　生成 AI の成果物が特許権や商標権などの知的財産権を侵害している可能性や、個人情報を含んでいることによりプライバシー権を侵害している可能性があります。

　生成 AI を活用するときのマインドとして、生成 AI で出力した情報や成果物に対して、「本当に正しい情報なのか」と懐疑的な目を向けるようにします。そして、出力した成果物が正しいという根拠を持つために、他の情報と比較して評価する姿勢が必要です。また、これまでに発生したハルシネーションの事例を調べ、理解しておくことで対策を講じることができます。

　AI を事業で活用する場合は、誤った活用が行われないようにガイドラインを作成することが有効です。ガイドラインを作成する際には、法律または政府や IT 関連の団体が公表しているガイドラインの内容を理解した上で参考にします。そして、事業内で AI を活用する際に厳守すべき事柄をガイドラインに記載します。

　ガイドライン作成時に参考にした情報が更新された際は、ガイドラインの内容が古くならないよう、適宜ガイドラインの修正を行っていきます。ガイドラインに沿って生成 AI を活用することで、誤った活用を防ぐことができます。また、情報漏洩や権利侵害などのリスクを低減できます。

　生成 AI を事業で活用する場合は、これらの注意点やリスクを念頭に置いておきましょう。

POINT!

生成 AI を活用する際は、メリットとリスクを理解した上で、正しく利用することが求められます。

第 5 章　データと AI の利活用

節末問題

問題 1

「人間中心の AI 社会原則」の基本理念として、最も適切でないものを 1 つ選べ。

A. 人間の尊厳が尊重される社会

B. 多様な背景を持つ人々が多様な幸せを追求できる社会

C. 積極的に AI を活用した超効率化社会

D. 持続性ある社会

問題 2

「人間中心の AI 社会原則」の基本理念を実現するための原則として、「7 つの原則」が規定されている。次の文は、そのうち 1 つの原則について、一部を抜粋したものである。該当する原則として、最も適切なものを 1 つ選べ。

パーソナルデータを利用した AI 及びその AI を活用したサービス・ソリューションにおいては、政府における利用を含め、個人の自由、尊厳、平等が侵害されないようにすべきである。

A. プライバシー確保の原則

B. セキュリティ確保の原則

C. 教育・リテラシーの原則

D. 公平性、説明責任及び透明性の原則

問題 3

生成 AI の留意事項として、最も適切なものを 1 つ選べ。

A. 生成 AI を活用する際、ELSI の課題は、すでにすべて解決されているので意識しなくてよい

B. 生成 AI が出力する成果物に対して、ハルシネーションが起きる可能性があるが、完全に防ぐことはできないので、対策を施す必要はない

C. これまでに生成 AI が悪用されたケースは皆無に等しい

D. 生成 AI の成果物は知的財産権やプライバシー権を侵害している可能性がある

320

節末問題

解答と解説

問題 1 [答] C

人間中心の AI 社会原則とは、2019 年に内閣府から発表された、AI をより良い形で社会実装するための原則です。AI が活用される社会において、尊重すべき 3 つの基本理念があります。それは、「人間の尊厳が尊重される社会（Dignity）」、「多様な背景を持つ人々が多様な幸せを追求できる社会（Diversity & Inclusion）」、「持続性ある社会（Sustainability）」の 3 つです。よって、C が正解です。

問題 2 [答] A

AI が積極的に導入される社会において、AI を用いるためのさまざまなデータが集約されますが、その中に個人情報を含むパーソナルデータが存在します。プライバシー確保の原則では、パーソナルデータの活用により、個人の自由や尊厳などの権利が侵害されないようにしなければならないとしています。よって、A が正解です。

問題 3 [答] D

生成 AI のような新しい技術が社会で活用されるまでに解決しなければならない倫理的・法的・社会的な課題があります。これを ELSI と呼びます。

生成 AI を活用する際には、ELSI を意識し、生成 AI の活用によって起こる事象について、さまざまなパターンを想定し議論する必要があります。最近では、コンピュータウイルスやフィッシングメールの作成などに生成 AI が悪用されるケースが増えてきました。生成 AI で出力した情報にはハルシネーションが起きている可能性がありますが、完全に防ぐ対策は存在しないため、ハルシネーションが起きる確率を下げたり、ハルシネーションが起きていることに気付くための行動が重要になります。また、生成 AI の出力した情報は知的財産権やプライバシー権を侵害している可能性があります。対策としてガイドラインを作成し、それに沿って活用することで、リスクを防ぐことができます。

以上より、D が正解です。

321

第6章

用語チェックリスト

模擬試験や本試験を受ける前に、重要用語の理解度をチェックしましょう。ここでは、本書で取り上げた重要用語から100語を厳選し掲載しています。

第6章　用語チェックリスト

　各用語の意味を選択肢から選び、解答（P.334〜P.342）と照らし合わせてください。チェック欄は、用語を十分理解できているかどうかなどをチェックするためにご活用ください。

　チェック後は、解答にある参照ページをもとに、重要用語およびそれに関連する用語の振り返りをしましょう。

No.	用語	選択肢	チェック
1	組み合わせ	a. 異なるものの中から任意の数を取り並べた場合の数 b. 異なるものの中から任意の要素を組み合わせた場合の数 c. あるデータ群の特性を1つの数値で表すような値	☑
2	対称差集合	a. 2つの集合の両方に属する要素の集合 b. ある集合の中から別の集合に属する要素を取り除いた集合 c. 2つの集合のどちらか一方にのみ属する要素の集合	☑
3	条件付き確率	a. ある事象Aが起こったという条件下で、ある事象Bが起こる確率 b. 全事象の中で、事象Aと事象Bのうちどちらかのみが起こる確率 c. 全事象の中で、事象Aと事象Bが同時に起こる確率	☑
4	代表値	a. データを大きい順に並べたときに中央に位置する値 b. データの中で最も出現頻度が高い値 c. あるデータ群の特性を1つの数値で表すような値	☑
5	分散	a. データの中で最も出現頻度が高い値 b. それぞれのデータに対して、全データの平均との差の2乗値を計算し、その総和をデータ数で割った数値 c. データを小さい順に並べたとき、初めから数えて25%の位置にある数	☑
6	標準偏差	a. 分散の正の平方根をとった値 b. 最頻値の正の平方根をとった値 c. ある関数のある点での接線の傾きを求めること	☑
7	母集団	a. 調査対象となるデータ全体を指す b. 調査対象となるデータのうち一部の集団を指す c. 調査対象となるデータ全体の分散をとったものを指す	☑
8	正規分布	a. 結果が2通りの試行を1回だけ行うときに得られる分布 b. 平均を中心として、平均に近いほど出現頻度が高く、平均から離れるほど出現頻度が低くなっていく確率分布 c. 単位時間あたりに起こる事象がある期間内に何回起こるかを表す確率分布	☑
9	名義尺度	a. 区別のために数字を付けた質的データの尺度 b. 区別のために数字を付け、数字の順序にも意味がある質的データの尺度 c. 原点を持たない量的データの尺度	☑

324

No.	用語	選択肢	チェック
10	比例尺度	a. 区別のために数字を付けた質的データの尺度 b. 原点を持たない量的データの尺度 c. 原点を持つ量的データの尺度	☑
11	相関係数	a. 関係性の強さを0~1の数値で表す b. 単位の影響を受けずにデータの関係性を比較することができる c. 共分散をそれぞれのデータの平均値で割ったもの	☑
12	ピアソンの積率相関	a. 2種類のデータの偏差の積の平均を計算したもの b. 2種類のデータについて順位しかわかっていない場合に有効な相関係数 c. 2種類のデータが連続性と正規分布をとる際に用いられる相関係数	☑
13	単調関係	a. 一方の変数が増加すると、もう一方の変数が増加と減少を繰り返す関係 b. 一方の変数が増加すると、もう一方の変数が増加または減少する関係 c. 一方の変数が増加しても、もう一方の変数に変化が現れない関係	☑
14	常用対数	a. 10を底とする対数 b. 2を底とする対数 c. e（ネイピア数）を底とする対数	☑
15	離散型確率分布	a. 確率変数が不連続な値となる確率分布 b. 確率変数が連続な値となる確率分布 c. 平均を中心として、平均に近いほど出現頻度が高く、平均から離れるほど出現頻度が低くなっていく確率分布	☑
16	ベルヌーイ分布	a. 単位時間あたりに起こる事象がある期間内に何回起こるかを表す確率分布 b. 2通りの結果を得る試行を何度も行った場合に得られる事象の分布 c. 結果が2通りの試行を1回だけ行うときに得られる分布	☑
17	二項分布	a. 単位時間あたりに起こる事象がある期間内に何回起こるかを表す確率分布 b. 2通りの結果を得る試行を何度も行った場合に得られる事象の分布 c. 結果が2通りの試行を1回だけ行うときに得られる分布	☑
18	事後確率	a. $P(A)$ b. $P(B)$ c. $P(B|A)$	☑
19	ベクトル	a. 1つの数値を指す b. 複数の数値を一列に並べたもの c. 複数の数値を縦と横に並べたもの	☑

第6章　用語チェックリスト

No.	用語	選択肢	チェック
20	固有ベクトル	a. 線形変換を行っても向きが変わらないベクトル b. 線形変換を行っても大きさが変わらないベクトル c. 線形変換を行っても向きも大きさも変わらないベクトル	☑
21	導関数	a. 予測値と実測値の誤差を求める関数 b. ある関数に対して微分をした結果を求める関数 c. 2つの関数を組み合わせて得られる関数	☑
22	不定積分	a. 連続して変化する値に対する確率がどのような分布になるかを表現する b. ある関数に対して特定の区間における変化量の積み重ねを求める c. 微分をすると対象の関数になるような関数を求める	☑
23	確率密度関数	a. 連続して変化する値に対する確率がどのような分布になるかを表現する b. 不連続な値に対する確率がどのような分布になるかを表現する c. 結果が2通りの試行を1回だけ行うときに得られる分布を表現する	☑
24	偏微分	a. 複数の変数を持つ関数に対する微分 b. 1つの変数を持つ関数に対する微分 c. 2つの関数を組み合わせて得られる関数	☑
25	層化	a. 離散化などによりグループ分けし分類すること b. データの最小値を0、最大値を1に変換すること c. ハードウェアを分割または統合することで、実体とは異なる構成に見せかけて動作させること	☑
26	アンサンブル平均	a. 系列データにおいて、ある一定区間ごとの平均値を、区間をずらしながら計算する方法 b. あるデータに対して時間で平均を算出したもの c. 同じ条件下でのデータの値の集合的な平均	☑
27	ヒストグラム	a. 行列データの傾向や強弱を色や濃淡で表したもの b. ある基準に沿ってグループ分けし、各グループに含まれるデータの数を表したもの c. 逐次的にデータがグルーピングされる様子を樹木のような形で表したもの	☑
28	標本誤差	a. 一部の標本を抽出して調査した結果にともなう誤差 b. 誤った手順ややり方による調査の中で発生する誤差 c. あるデータ群の中で他のデータに比べて極端に大きい値や極端に小さい値	☑
29	アウトカム	a. ある結果を生じさせる要素 b. 出力結果がもたらした効果や影響 c. 特定の情報を取り込むこと	☑
30	欠測データバイアス	a. 必要なデータの一部が欠けている場合に起こるバイアス b. 継続的に行っている調査の途中で対象が調査から外れてしまった場合に起こるバイアス c. 対象に積極的な意思が存在する場合に起こるバイアス	☑

No.	用語	選択肢	チェック
31	ダミー変数	a. 当てはまる要素に 1、それ以外の要素に 0 を持つベクトル b. 平均を 0、分散を 1 の分布に変換した変数 c. 0 と 1 に変換した変数	☑
32	欠損値	a. あるデータ群の中で他のデータに比べて極端に大きい値や極端に小さい値 b. 極端に大きい値や小さい値のうち、原因が特定できているもの c. 何らかの原因で存在しない値	☑
33	(アソシエーション分析の) 信頼度	a. 事象 X が起こった状況下で、事象 Y も起こる割合 b. 事象 X と事象 Y の両方がともに起こる割合 c. 事象 X が事象 Y の発生率をどの程度引き上げているかを表す指標	☑
34	教師あり学習	a. エージェントが繰り返し試行錯誤を重ねることによって、最適な意思決定を実現する方法 b. データと正解をセットにしたデータセットを用いて機械学習をする方法 c. 正解のないデータセットを用いて機械学習をする方法	☑
35	最小二乗法	a. 損失関数の値をもとに、重みなどのパラメータを最適化する手法 b. 予測値と実測値の誤差の 2 乗の和を最小にする手法 c. データを高次元に変換して計算をする手法	☑
36	重回帰分析	a. 1 つの説明変数で目的変数を予測すること b. 複数の説明変数で目的変数を予測すること c. 離散値である質的変数を予測すること	☑
37	シグモイド関数	a. 入力値を 0〜1 の範囲の数値に変換して出力する関数 b. データから高次元の特徴ベクトルを取得する関数 c. n 個の出力値の合計が 1 (100%) になるように調整する関数	☑
38	アンサンブル学習	a. エージェントが試行錯誤を重ね、最適な意思決定を実現する方法 b. データを高次元に変換して計算をする手法 c. 弱学習器を多数用いて学習する手法	☑
39	ニューラルネットワーク	a. マージン最大化という考え方にもとづいて分析をするアルゴリズム b. 複数の決定木を用いて、並列的に学習するアルゴリズム c. 3 種類の層により人間の脳の神経回路網を表現したアルゴリズム	☑
40	勾配消失問題	a. ニューラルネットワークのパラメータ更新時に使用する勾配が本来の値より小さくなる事象 b. ニューラルネットワークのパラメータ更新時に使用する勾配が大きくなりすぎて学習が継続できなくなる事象 c. ニューラルネットワークのパラメータの数が多すぎて勾配の計算ができなくなる事象	☑

第 6 章　用語チェックリスト

No.	用語	選択肢	チェック
41	深層学習（ディープラーニング）	a. ニューラルネットワークの中間層を多層にして学習する手法 b. ニューラルネットワークのパラメータ（重みなど）を増やして学習する手法 c. ニューラルネットワークによる学習回数を増やして学習する手法	☑
42	GPT-3	a. 人間が発話したような自然な音声を生成することができるモデル b. 実在しない画像などのデータを生成する技術 c. 人間が作成したような自然な文章を生成することができるモデル	☑
43	デンドログラム	a. 逐次的にデータがグルーピングされる様子を樹木のような形で表した図 b. 横軸に偽陽性率、縦軸に真陽性率を置いてプロットしたグラフ c. データのばらつき具合を示す図	☑
44	k-means 法 （k 平均法）	a. 類似度の高いもの同士を集め、階層的な構造を持たずにクラスターを作る手法 b. 類似度の高いもの同士を集め、階層的な構造を持ってクラスターを作る手法 c. 弱学習器を多数用いて学習し、モデルの精度を向上させる手法	☑
45	過学習	a. モデルが訓練データにもテストデータにも適合しない事象 b. モデルに与えるデータの次元数を増やし過ぎることで、汎化性能が低下する事象 c. モデルが訓練データに対してのみ最適化される事象	☑
46	次元の呪い	a. モデルが特定の特徴量を強調して学習してしまう事象 b. モデルに与えるデータの次元数を増やし過ぎることで、汎化性能が低下する事象 c. モデルが訓練データに対してのみ最適化される事象	☑
47	データドリフト	a. 目的変数の性質が変化したことにより、説明変数と目的変数の関係性が変わる事象 b. モデルの学習時に使用したデータとビジネスで発生するデータの傾向に差異が生じる事象 c. 特定の特徴量を強調して学習してしまう事象	☑
48	連合学習	a. モデルの持つ最適化済みの重みを一部抽出して別の領域に再利用する手法 b. 分散管理されているデータセットを 1 か所に集約することなく機械学習を行う手法 c. 機械学習を複数回繰り返し、性能の平均をとって評価する手法	☑

No.	用語	選択肢	チェック
49	MLOps	a. モデルの設計や構築のプロセスを自動化する技術またはサービスのこと b. AIや機械学習の技術を活用して、煩雑化するITシステムの運用を自動化、簡素化すること c. 機械学習、開発、運用のそれぞれのチームが協調し合うことで、モデルの開発から運用までのライフサイクルを円滑に進めるための管理体制を築くこと	☑
50	汎化性能	a. 未知のデータに対する予測精度 b. 訓練データに対する予測精度 c. どれだけ高速に学習できるかを表す指標	☑
51	RMSE	a. 平均二乗誤差に対して平方根を求めた指標値 b. 「予測値と実測値の差」の絶対値を平均した指標値 c. 「予測値と実測値の差」の確率値（パーセント誤差）を平均した指標値	☑
52	特異度	a. 陽性と予測したデータの中で、実際に陽性だった割合 b. すべてのデータの中で、正しく予測ができた割合 c. 実際に陰性のデータの中で、正しく陰性と予測ができた割合	☑
53	AUC	a. 2値分類における評価指標の1つで、すべてのデータのうち、正しく予測ができた割合を表す b. ROC曲線の内側の面積のこと c. 回帰における評価指標の1つで、推定された回帰式の当てはまりの良さ（度合い）を表す	☑
54	帰無仮説	a. 抽出した標本をもとに母集団の特性を推測する方法 b. 母集団に関して主張したい仮説 c. 母集団に関して否定したい仮説	☑
55	対応のないデータ	a. 測定対象が異なるデータ b. 測定対象は同じで、時間などの条件を変えて測定したデータ c. 母集団全体の性質とは異なる特定の性質のデータ	☑
56	スチューデントのt検定	a. 2標本の平均値に差があるかどうかを検定する手法 b. 母分散が等しくないときの対応のないデータにおける2標本のt検定手法 c. 母分散が等しいときの対応のないデータにおける2標本のt検定手法	☑
57	トレンド	a. 時系列データにおいて、長期にわたって持続的に変化する傾向のこと b. 時系列データにおける、同じ周期でのデータの変動傾向のこと c. 時系列データにおいて、解析対象とならない情報のこと	☑
58	GLUE	a. トレンド性のある非定常な時系列データの解析に有効なモデル b. 自然言語処理モデルの精度を評価するための評価基準 c. 欧州経済領域における個人情報の取り扱いについて定めた規則	☑

第 6 章 用語チェックリスト

No.	用語	選択肢	チェック
59	(画像の) スケーリング処理	a. データの尺度を調整する b. 被写体の色が際立つように彩度などを補正する c. 画素が不足する部分を適当な色の画素で埋め合わせる	☑
60	量子化ビット数	a. 1秒間に音声信号を抽出する回数 b. 音声信号を何段階に調整するかを表す数値 c. アナログ信号をデジタル信号に変換する際に生じる誤差	☑
61	ホットスタンバイ	a. 予備機を停止させておくことでコストを下げる構成 b. 予備機は最小限のOSのみを起動しておくことで、費用の低減と復旧時間の短縮ができる構成 c. 本番機と同期する予備機を用意し、障害が発生した場合に即座に予備機に切り替えられるようにする構成	☑
62	コンテナ型仮想化	a. 仮想化ソフトウェアをインストールし、ソフトウェア上で仮想環境を稼働させる方式 b. ホストOSを介さず、ハイパーバイザーと呼ばれる仮想化ソフトウェア上で仮想環境を稼働させる方式 c. 他のプロセスから隔離されている独立した領域をサーバーのように運用する仮想化方式	☑
63	API	a. 外部ソフトウェアが持っている機能をアプリケーション内で利用できる仕組み b. アプリケーションを開発するために必要なものをまとめたソフトウェア開発キット c. ファイルを送受信する際に必要な通信プロトコル	☑
64	Webクローラー・ スクレイピング ツール	a. リクエストに応じてWebページを提供するソフトウェア b. Webページの情報から特定の情報を取得するプログラム c. Webページを自動生成するソフトウェア	☑
65	FTP	a. WebブラウザとWebサーバーの通信に用いられる通信プロトコル b. ネットワークにおいて信頼性の高い通信を行うための通信プロトコル c. ファイルの送受信をするための通信プロトコル	☑
66	構造化データ	a. 「列」と「行」の形式で表すことができないデータ b. 「列」と「行」の形式で表すことができるデータ c. 正規化により冗長性が排除されたデータ	☑
67	ER図	a. リレーショナルデータベースの設計図 b. データの数を表す図 c. 項目の構成割合を見る際に用いられる図	☑
68	(データベースの) 正規化	a. データベースの構造をもとにER図を自動生成する手法 b. データの各項目に対して適切な制約を設定する手法 c. データの重複を防ぎ、整合的にデータを取り扱えるようにデータベースを設計する手法	☑

330

No.	用語	選択肢	チェック
69	(SQL の) ORDER BY	a. データ抽出時にソート処理を行う b. データ抽出時にテーブル同士を内部結合する c. データ抽出時にデータを集計する	
70	(SQL の) INNER JOIN	a. データ抽出時にテーブル同士を外部結合する b. データ抽出時にテーブル同士を内部結合する c. データ抽出時にデータを集計する	
71	マッピング処理	a. データ処理において、ある値を別の値と対応付けする処理のこと b. 外れ値や欠損値など、データ分析の邪魔になる値を取り除く処理のこと c. 母集団の中から標本を抽出する処理のこと	
72	外部参照制約	a. 対象のカラムに対して、NULL を挿入することを禁止する制約 b. 他のテーブルのカラムを参照し、そのカラムに登録されていないデータの挿入を禁止する制約 c. 対象のカラムに対して、重複したデータの挿入を禁止する制約	
73	フローチャート	a. 作業工程や進捗を管理するために用いられる図 b. 複数の項目がある変量を正多角形上に表現した図 c. 目的を実現するための手順（アルゴリズム）を図示したもの	
74	システム CPU 時間	a. CPU がある処理を開始してから終了するまでの時間 b. プログラムが使用している CPU 時間 c. OS が使用している CPU 時間	
75	JSON	a. 拡張可能なマークアップ言語 b. JavaScript の記法で記述するデータフォーマット c. カンマで区切られたデータ形式	
76	Jupyter Notebook	a. Python などのプログラムの実行や実行結果の保存ができるツール b. 設定なしで、R で記述したプログラムの実行や実行結果の確認が行えるツール c. 最小値、最大値、データ数、平均、標準偏差などを求めることができる Python 標準ライブラリ	
77	境界値分析	a. プログラム内での変数の値の変化に着目してテストを実施する方法 b. 入力値を有効値と無効値に分割し、それぞれの代表値を使用して入力チェックを行う方法 c. 入力値を有効値と無効値に分割し、それぞれの境界値を使用して入力チェックを行う方法	
78	セキュリティの 3 要素	a. 機密性、完全性、可用性 b. 機密性、可読性、使用性 c. 検出性、機密性、可用性	

第 6 章　用語チェックリスト

No.	用語	選択肢	チェック
79	トロイの木馬	a. 単独のプログラムとして存在し、ネットワーク経由で感染するマルウェア b. 感染したコンピュータのデータを勝手に暗号化し、データの復元のために身代金を要求するマルウェア c. 無害なソフトウェアに偽装してコンピュータに侵入するマルウェア	☑
80	OAuth	a. Java を使用してシステム開発を行う際に必要となる開発キット b. 異なる Web サービス間でアクセスの認可を行うための標準仕様 c. デジタルデータに偽造不可な鑑定書や所有証明書を付与し、資産価値を保証する仕組み	☑
81	公開鍵暗号方式	a. 暗号鍵と復号鍵が同一である暗号化方式 b. 暗号鍵と復号鍵が別々である暗号化方式 c. 文字列を特定のルールで別の数値文字列に変換する方式	☑
82	ハッシュ関数	a. 文字列を特定のルールで別の数値文字列に変換する関数 b. 合計や平均、分散、標準偏差などを算出する関数 c. 認証されたユーザーが特定のリソースへのアクセスを許可されているかどうかをチェックする関数	☑
83	電子署名	a. 送信者の公開鍵が送信者によって作成されたものであり、送信者が信頼できる人物や組織であることを保証するための仕組み b. デジタルデータに偽造不可な鑑定書や所有証明書を付与し、資産価値を保証する仕組み c. データが送信者本人によって作成されたものであり、改ざんされていないことを証明できる仕組み	☑
84	KGI	a. 事業で達成したい目標を明確にしたもの b. 目標を達成するためのプロセスを明確にしたもの c. 仕事やプロジェクトの改善に向けた振り返りをするためのフレームワーク	☑
85	メタ認知思考	a. 新しい製品やサービスを作る際に、ユーザーの行動原理を理解し、仮説を立て、検証を繰り返し、ユーザーに共感しながら問題解決を図る手法 b. 問題に対する解決策とその根拠を論理的に考え、整理しながら説明できる能力 c. 自分自身の考えや行動を客観的に見ることで、本質的な課題に気付き、解決できる能力	☑
86	一次情報	a. 自身で直接取得した情報 b. 他者の書籍や論文から得た情報 c. 情報源が不明な情報	☑
87	FFP	a. 技術的な課題以外の課題の総称 b. 代表的な 3 つのマルウェアの頭文字を取ったもの c. 代表的な 3 つの不正行為の頭文字を取ったもの	☑

No.	用語	選択肢	チェック
88	ディープフェイク	a. 本人が実際には行っていない動作や発言をしているように見せかけた偽動画 b. 2つの画像や動画の一部を結合させることで、実際には存在しない画像や動画を作る技術 c. 人間が作成したような自然な文章を生成する技術	☑
89	ELSI	a. EU域内における個人情報の取り扱いについて定めた規則 b. 倫理的・法的・社会的課題の総称 c. カリフォルニアの居住者を対象とした個人データの保護に関する法令	☑
90	GDPR	a. EU域内における個人情報の取り扱いについて定めた規則 b. 不当な差別、偏見、その他の不利益が生じないように取り扱いに配慮が必要な情報 c. カリフォルニアの居住者を対象とした個人データの保護に関する法令	☑
91	準委任契約	a. 委託された業務の成果物を完成させることで報酬の支払いを約束する契約 b. 当事者の一方が法律行為を含む業務を相手方に委託し、相手方がこれを承諾することによって成立する契約 c. 当事者の一方が法律行為ではない事務を相手方に委託し、相手方がこれを承諾することによって成立する契約	☑
92	機密保持契約	a. 業務内で得た機密情報の利用を承諾する契約 b. 業務内で得た個人情報の扱い方に関する契約 c. 業務内で得た機密情報の漏洩や無断利用を禁止する契約	☑
93	MECE	a. 漏れや重複がない状態を指す言葉 b. お互いに情報を共有できている状態を指す言葉 c. 業界の競争状況を把握するための分析手法	☑
94	ストーリーライン	a. 作業規模の大きさを表す単位 b. 結論に至るまでの説明の流れを指す言葉 c. 市場に潜むリスクや可能性を把握するための分析手法	☑
95	スコーピング	a. 対象のビジネスや事業を監視し、有効なアクションを検討するための評価・改善活動 b. 事業領域に存在する課題の中から、プロジェクトで取り扱う課題領域を選定し、達成すべき要件などを確立する作業 c. 価値や優先度をもとにタスクを整理する作業	☑
96	5フォース分析	a. 業界の競争状況を把握するためのフレームワーク b. 自社事業の強みや弱みの他、市場に潜むリスクや可能性を把握するためのフレームワーク c. 顧客、競合他社、自社のそれぞれの観点から経営環境について分析するフレームワーク	☑

第 6 章　用語チェックリスト

No.	用語	選択肢	チェック
97	エビデンスベースト	a. データにもとづいて意思決定するという考え方 b. 仮説の正しさを証明するために必要な根拠となるデータを集める作業 c. 真偽のわからない情報が大量に拡散され社会的な混乱を招く現象	☑
98	ガントチャート	a. プロジェクト全体の作業を複数の作業に分解して管理する手法 b. プロジェクトの進行状況を視覚的に表現するグラフ c. 頭の中で考えた事柄を図式で表現するためのツール	☑
99	SLA	a. サービスの品質を保証する契約書 b. サービスの品質を測るための指標 c. 単位時間あたりに処理できるデータ量	☑
100	Society 5.0	a. AI が人間の仕事を代替する社会 b. 世界がネットワークでつながる社会 c. 仮想空間と現実空間が融合する社会	☑

▶ 解答

No.	用語	解説	解答	参照ページ
1	組み合わせ	異なるものの中から任意の要素を組み合わせた場合の数。n 個の異なるものから、r 個ずつ取り出した組み合わせの数を、組み合わせ（combination）の頭文字 C を使い、nCr と表す。	b	P.14
2	対称差集合	2 つの集合（集合 A、集合 B）のどちらか一方にのみ属する要素の集合。△記号を用い、$A \triangle B$ と表す。	c	P.16
3	条件付き確率	ある事象 A が起こったという条件下で、ある事象 B が起こる確率。$P(B|A)$ と表す。	a	P.19
4	代表値	あるデータの全体の特徴を表す値。代表値の主な種類として、相加平均、中央値、最頻値などが挙げられる。	c	P.20
5	分散	それぞれのデータに対して、全データの平均との差の 2 乗値を計算し、その総和をデータ数で割った数値。数値が大きいほど平均から大きく散らばっていることを示す。	b	P.23
6	標準偏差	分散の正の平方根をとった値。平方根をとることにより単位が元のデータの単位に戻り、人の目にも直感的にわかりやすい値になる。	a	P.23
7	母集団	調査対象となるデータ全体を指す。	a	P.24
8	正規分布	平均を中心として、平均に近いほど出現頻度が高く、平均から離れるほど出現頻度が低くなっていく確率分布。さまざまな社会現象や自然現象が正規分布をとることが知られており、統計分析を行う上で最も重要な分布といえる。	b	P.25

334

No.	用語	解説	解答	参照ページ
9	名義尺度	区別のために数字を付けた質的データの尺度。たとえば、性別を区別するために 1 を男性、2 を女性にした場合、数字に区別の意味はあるが、数字の大小や間隔に意味を持たない。	a	P.26
10	比例尺度	等間隔の性質に加えて原点を持つ量的データの尺度。体重であれば、0kg という原点からの重さになる。	c	P.27
11	相関係数	共分散をそれぞれのデータの標準偏差の積で割ることで算出される指標。単位の影響を受けずにデータの関係性を比較することができ、関係性の強さを -1 から +1 までの数値によって表すことができる。	b	P.27
12	ピアソンの積率相関	最もよく使われる相関係数の算出手法。2 つのデータの間に連続性と正規分布をとることを前提としており、質的データでは計算できない。	c	P.27
13	単調関係	2 つのデータの間に、相対的に同じ方向に増加または減少する関係はあるものの一定の増減の割合でない関係。相関係数が +1 であれば右肩上がりとなる単調増加、-1 であれば右肩下がりとなる単調減少である。	b	P.28
14	常用対数	10 を底とする対数。常用対数はデータを十進法で表す場合の桁数の目安にもなるため、人間生活に密接に関わる部分で利用されている。ある数値が 10 の何乗したものかを表す。	a	P.29
15	離散型確率分布	確率変数が不連続な値となる確率分布。サイコロの目や物の個数などが相当する。	a	P.31
16	ベルヌーイ分布	結果が 2 通りの試行を 1 回だけ行うときに得られる分布。結果が 2 通りのみの試行をベルヌーイ試行という。ベルヌーイ試行を 1 回のみ行った場合の分布がベルヌーイ分布になる。	c	P.32
17	二項分布	ベルヌーイ試行（結果が 2 通りのみの試行）を何度も行った場合に得られる事象の分布。たとえば、コインを 10 回投げたときに 5 回表になる確率が二項分布となる。	b	P.32
18	事後確率	$P(B|A)$ で、事象 A が起きた後で事象 B が起こる確率を指す。なお、事象 A が起こる前に事象 B が起こる確率（$P(B)$）を事前確率という。	c	P.33
19	ベクトル	複数の要素（数値）を横または縦に一列に並べたもの。座標において向きと大きさを持つ量と考えることができる。	b	P.39
20	固有ベクトル	ある行列に対して線形変換を行ってもベクトルの向きが変わらないベクトル。	a	P.45
21	導関数	ある関数に対して微分をした結果を求める関数。	b	P.50
22	不定積分	ある関数に対して微分の逆の操作、すなわち微分をするとその関数になるような関数を求める積分法。	c	P.51

第 6 章　用語チェックリスト

No.	用語	解説	解答	参照ページ
23	確率密度関数	連続して変化する値に対する確率がどのような分布になるか、すなわち確率の密度がいくらになるかを表現した関数。	a	P.55
24	偏微分	複数の変数を持つ関数に対する微分法。複数の変数の微分を扱うと複雑になるため、扱いを容易にするために1つの変数にだけ注目し、それ以外の変数は定数として扱う。	a	P.56
25	層化	離散化などによりグループ分けし分類することをいう。層化することにより目的のデータの抽出が容易になり、抽出したデータ同士の性質などを比較した際に特徴がより明確になる。	a	P.60
26	アンサンブル平均	アンサンブル平均は、同じ条件下でのデータの値の集合的な平均である。それに対して、時間平均は、あるデータに対して時間で平均を算出した値をいう。	c	P.60
27	ヒストグラム	量的データをある基準に沿って離散化することによりグループ分けをし、そのグループに含まれるデータの数をグラフにしたもの。ヒストグラムを作成することにより、グループ別の度数の分布を図として得ることができる。	b	P.60
28	標本誤差	標本調査（母集団から無作為に抽出した一部の対象だけに対して行う調査）を行ったときに、全数調査（母集団に対する調査）とは異なり、調査されない対象が存在することで生じる誤差。	a	P.63
29	アウトカム	アウトプットがもたらした効果や影響。アウトカムを評価することにより、アウトプットのみならず、そのアウトプットがもたらした影響なども総合的に検証することができる。	b	P.66
30	欠測データバイアス	必要なデータの一部が欠けている場合に起こるバイアス。	a	P.67
31	ダミー変数	0と1に変換した変数のことで、質的変数を0と1に変換して扱うことがある。たとえば、「合格」「不合格」のような質的変数があった場合に「合格=0」「不合格=1」をとるダミー変数に変換する場合などが挙げられる。	c	P.68
32	欠損値	何らかの原因で存在しない値。計算機を用いた分析において欠損値が存在すると異常な状態になりうるため、欠損値を補完する必要がある。	c	P.68
33	（アソシエーション分析の）信頼度	事象Xが起こった状況下で、事象Yも起こる割合を表す。たとえば、おむつを購入した120人のうち、90人が缶ビールも購入した場合、信頼度（Confidence）は0.75（75%）となる。	a	P.87

No.	用語	解説	解答	参照ページ
34	教師あり学習	機械学習のために入力するデータと正解をセットにしたデータセット（教師データ）を用いて学習する方法。コンピュータは、与えられたデータから正解を予測するための規則性を学習する。	b	P.93
35	最小二乗法	予測値と実測値の誤差の2乗の和を最小にする手法。	b	P.98
36	重回帰分析	複数の説明変数で目的変数を予測する手法。重回帰式の各説明変数に偏回帰係数などを掛け合わせることで予測値が求まる。	b	P.99
37	シグモイド関数	0〜1の確率をとるS字曲線の関数。ロジスティック回帰分析やニューラルネットワークの出力に用いられ、主に2値分類の際に適用される。	a	P.100
38	アンサンブル学習	単独では精度の高くない弱学習器（決定木など）を多数用いて学習することで、モデルの精度を向上させる手法。	c	P.104
39	ニューラルネットワーク	人間の脳の神経回路網の仕組みを模倣したアルゴリズム。入力層、中間層、出力層の3種類の層で構成され、それぞれの層はいくつかのニューロンで構成されている。	c	P.104
40	勾配消失問題	ニューラルネットワークを逆伝播していく中で、誤差逆伝播法で求める勾配が本来の値より小さくなってしまう事象。	a	P.106
41	深層学習（ディープラーニング）	ニューラルネットワークの中間層を多層にすることで、モデルの表現力を高める手法。	a	P.106
42	GPT-3	人工知能を研究・開発するOpenAIが2020年に発表した文章生成モデル。まるで人が書いたような自然な文章を生成できる。	c	P.106
43	デンドログラム	階層クラスター分析により逐次的にデータがグルーピングされる様子を樹木のような形で表した図（樹形図）。	a	P.107
44	k-means法（k平均法）	非階層クラスター分析で最も有名な分析手法。階層的な構造は持たず、あらかじめ指定したクラスターの数にデータを分割する。	a	P.111
45	過学習	モデルが訓練データに対してのみ最適化され、汎用性のない状態に陥ってしまう事象。オーバーフィッティングや過剰適合とも呼ばれる。	c	P.112
46	次元の呪い	モデルに与えるデータの次元数を増やし過ぎることで、データ分析に必要な計算量が指数関数的に増え、汎化性能が低下してしまう事象。	b	P.113
47	データドリフト	モデルの学習時に使用したデータとビジネスで発生するデータの傾向に差異が生じる事象。新しいデータの分布に対して適切な分析ができず、モデルの予測精度が低下してしまう。	b	P.116

第 6 章　用語チェックリスト

No.	用語	解説	解答	参照ページ
48	連合学習	プライバシー強化技術の1つで、複数のデータセットを集約することなく機械学習を行う手法である。個人情報が含まれていたとしてもプライバシーを守りながらデータを活用できるという特徴がある。	b	P.117
49	MLOps	機械学習チーム、開発チーム、運用チームの3者がお互いに協調し合うことで、モデルの開発から運用までのライフサイクルを円滑に進めるための管理体制を築くこと、またはその概念を指す。	c	P.122
50	汎化性能	未知のデータに対する予測精度。汎化性能を高めるための手法として、データセットを訓練データ、検証データ、テストデータの3種類に分割して機械学習に用いる方法がある。	a	P.127
51	RMSE	平均平方二乗誤差。回帰問題における評価指標の1つで、MSE（平均二乗誤差）に対して平方根を求めた指標値である。	a	P.128
52	特異度	2値分類の問題における評価指標の1つで、実際に陰性のデータの中で、正しく陰性と予測ができた割合を示す指標値である。	c	P.131
53	AUC	ROC曲線（横軸に偽陽性率、縦軸に真陽性率を置いてプロットした図）の内側の面積を表す。AUC（Area Under the Curve）は、0.5〜1の値をとり、予測精度が高いほど1に近づき、ランダムな分類をするほど0.5に近づく。	b	P.132
54	帰無仮説	検定における仮説の1つで、母集団に関して否定したい仮説である。帰無仮説が棄却されることで、対立仮説（主張したい仮説）が正しいことの証明になる。	c	P.136
55	対応のないデータ	測定対象が異なるデータ。1組と2組のテスト結果や、男女の測定情報といったデータが、対応のないデータに該当する。	a	P.138
56	スチューデントのt検定	対応のないデータにおける2標本のt検定で、それぞれの母分散が等しいときは、スチューデントのt検定が用いられる。なお、母分散が異なるときは、ウェルチのt検定が用いられる。	c	P.140
57	トレンド	傾向変動。時系列データにおいて、長期にわたって持続的に変化する傾向のことをいう。これは、時間の経過とともに増加または減少する傾向である。	a	P.145
58	GLUE	自然言語処理モデルの精度を評価するための評価基準であり、測定用のデータセットを用いて各タスクのスコアを算出することで、モデルの精度を測る。	b	P.152
59	（画像の）スケーリング処理	画像に対する前処理の一種で、データの尺度を調整することでデータ分析の効率化を図る。各画素の値を0〜1に変換し、とりうる値の範囲を狭める正規化といった方法がある。	a	P.156

338

No.	用語	解説	解答	参照ページ
60	量子化ビット数	音声の量子化（区切られた信号をあらかじめ定めた段階に調整してデジタル値に変換するプロセス）において信号を何段階で調整するかを表す数値。量子化ビット数が大きいほど振幅を忠実に表現できる。	b	P.162
61	ホットスタンバイ	冗長構成の一種で、本番機と同期する予備機を用意し、障害が発生した場合に即座に予備機に切り替えられるようにする構成のことをいう。	c	P.174
62	コンテナ型仮想化	仮想化技術の１つである。１台の土台コンピュータの中にある複数のコンテナ（他のプロセスから隔離されている独立した領域）をサーバーのように運用することで、複数のサーバーが稼働しているように見せかける。	c	P.175
63	API	アプリケーションを開発するためのインターフェース（仕様）。つまり、外部ソフトウェアが持っている機能を、アプリケーション内で利用できる仕組みのことをいう。	a	P.181
64	Webクローラー・スクレイピングツール	Webページの情報から特定の情報を取得するプログラム。	b	P.183
65	FTP	ファイルの送受信をするための通信プロトコル。FTP（File Transfer Protocol）サーバーとファイルのやりとりを行う際にも使用される。	c	P.183
66	構造化データ	データを「列」と「行」の形式（2次元の表形式）で表すことができるデータ。	b	P.184
67	ER図	リレーショナルデータベースの設計図で、エンティティ（データのまとまり）同士の関連性を表現することができる図。	a	P.185
68	（データベースの）正規化	主キーや非キー属性の関係性を整理することで、データの重複を防ぎ、整合的にデータを取り扱えるようにデータベースを設計する手法。	c	P.187
69	（SQLの）ORDER BY	データ抽出時にソート処理を行う際に使用される。昇順でソートしたい場合は、列名の後にASCキーワード、降順でソートしたい場合は、列名の後にDESCキーワードを付ける。なお、列名の後に何も指定しない場合は、昇順でソートが行われる。	a	P.196
70	（SQLの）INNER JOIN	データ抽出時にテーブル同士を内部結合する際に使用される。	b	P.197
71	マッピング処理	ある値を別の値と対応付けする処理。データベースにおいて、同じ意味の用語が表記ゆれすることによるデータの不整合を防ぐことができる。	a	P.203
72	外部参照制約	テーブルのカラムに対する制約の１つで、他のテーブルのカラムを参照し、そのカラムに登録されていないデータの挿入を禁止する制約である。	b	P.210

339

第6章　用語チェックリスト

No.	用語	解説	解答	参照ページ
73	フローチャート	目的を実現するための手順（アルゴリズム）を図示したもの。書き方は、JIS（日本産業規格）によって規格化されており、定められた記号を用いて作成する。	c	P.219
74	システム CPU 時間	OS が使用している CPU 時間。Linux では、time コマンドを使用することで、システム CPU 時間を含むプログラムの処理速度を計測することができる。	c	P.221
75	JSON	JavaScript の記法で記述するデータフォーマット。XML よりもシンプルに記述でき、処理速度が速いといった利点がある。	b	P.222
76	Jupyter Notebook	ブラウザ上で、Python などのプログラムの実行や実行結果の保存ができるツール。	a	P.225
77	境界値分析	ブラックボックステストの技法の1つで、入力値を有効値（正常系）と無効値（異常系）に分割し、それぞれの境界値を使用して入力チェックを行う方法である。	c	P.229
78	セキュリティの3要素	機密性（Confidentiality）、完全性（Integrity）、および可用性（Availability）を指す。それぞれの単語の頭文字を取って、情報セキュリティの CIA とも呼ばれる。	a	P.236
79	トロイの木馬	マルウェアの一種で、無害なソフトウェアに偽装してコンピュータに侵入し、不正侵入の裏口を作成したり、個人情報を外部に送信するなどの不正な操作を行う。	c	P.237
80	OAuth	異なる Web サービス間でアクセスの認可を行うための標準仕様。ここでの認可とは、特定の Web ページや API に対してアクセス権限を付与する仕組みのことをいう。	b	P.238
81	公開鍵暗号方式	暗号鍵と復号鍵が別々である暗号化方式。送信者と受信者の間で、公開鍵と秘密鍵の2つの鍵を使用する。	b	P.241
82	ハッシュ関数	文字列を特定のルールで別の数値文字列に変換する関数。データの改ざんを検出する手法として使われる。	a	P.242
83	電子署名	ハッシュ値と公開鍵暗号方式を組み合わせてデータの改ざんを検出する仕組み。データが送信者本人によって作成されたものであり、改ざんされていないことを証明できる。	c	P.243
84	KGI	Key Goal Indicator（重要目標達成指標）。事業で達成したい目標を明確にしたもの。	a	P.258
85	メタ認知思考	課題や仮説を言語化する際の思考法の1つである。自分自身の考えや行動を客観的に見ることで、本質的な課題に気付き、解決できる能力のことをいう。	c	P.259

340

No.	用語	解説	解答	参照ページ
86	一次情報	データの採取方法のうち、一次情報は、自分が体験して得た情報や、自分が行った調査や実験などから得た情報を指す。	a	P.260
87	FFP	データに対する不正行為の中で代表的なものとして挙げられる捏造（Fabrication）、改ざん（Falsification）、盗用（Plagiarism）のそれぞれの頭文字を取ったものをいう。	c	P.261
88	ディープフェイク	2つの画像や動画の一部を結合させることで、実際には存在しない画像や動画を作る技術。	b	P.262
89	ELSI	新たに開発された技術が社会で活用されるようになるまでに生じる、倫理的（Ethical）・法的（Legal）・社会的（Social）な課題（Issues）の頭文字を取って名付けられた、技術的な課題以外の課題の総称。	b	P.264
90	GDPR	General Data Protection Regulation（EU一般データ保護規則）。これは、2018年5月に施行されたEU域内の各国に適用される法令である。EU域内の居住者が法令適用対象となるため、日本からEUに商品やサービスを提供している場合は対応が必要となる。	a	P.264
91	準委任契約	当事者の一方が法律行為ではない事務を相手方に委託し、相手方がこれを承諾することによって成立する契約。仕事の完成は必須ではない。	c	P.267
92	機密保持契約	業務を遂行する上で知り得た機密情報の漏洩や無断利用を禁止する契約。契約で定めた事項に違反した場合、損害賠償請求を受ける可能性がある。	c	P.268
93	MECE	Mutually Exclusive（お互いに重複せず）and Collectively Exhaustive（全体で漏れがない）の頭文字を取ったもので、考察対象の要素を分類するときに、漏れや重複がない状態を指す。	a	P.272
94	ストーリーライン	結論に至るまでの説明の流れを指す言葉。聞き手に説明が正しく伝わるように、聞き手の認識や思考を誘導する役割を持つ。構成方法として「WHYの並び立て」や「空・雨・傘」がある。	b	P.275
95	スコーピング	分析対象となる事業領域に存在する課題の中から、プロジェクトで取り扱う課題領域を選定し、プロジェクトで達成すべき要件などを確立する作業のことをいう。事業領域とは、文字通り、企業が事業を行う領域を指す。	b	P.285
96	5フォース分析	5つの要因をもとに分析対象の事業の優位性や競合を把握するフレームワーク。	a	P.286
97	エビデンスベース	エビデンスベースト（Evidence-Based）とは、「根拠にもとづいた」という意味の言葉であり、個人的な経験則や勘ではなく、データにもとづいて意思決定するという考え方を指す。	a	P.289

341

第6章　用語チェックリスト

No.	用語	解説	解答	参照ページ
98	ガントチャート	タスク管理ツールの一種で、プロジェクトの進行状況を視覚的に表現するグラフのことをいう。作業の進捗状況を横棒によって表現することで、プロジェクト全体の進捗状況が把握しやすくなる。	b	P.294
99	SLA	サービスの品質を保証する契約書。保証するサービスの内容や責任範囲などについて細かく規定されており、それを達成することができなかった場合、どのように対応するかということまで記載されている。	a	P.295
100	Society 5.0	政府が提唱する目指すべき社会であり、「サイバー空間（仮想空間）とフィジカル空間（現実空間）を高度に融合させたシステムにより、経済発展と社会的課題の解決を両立する、人間中心の社会（Society）」と定義されている。	c	P.302

第7章

模擬試験

　本章では、模擬試験問題を掲載しています。実際の試験を想定し、全100問を100分で解いてみましょう。

7.1 模擬試験問題

問題 1 単回帰分析の例として、最も適切なものを 1 つ選べ。

A. 購買データをもとに属性や購買行動が似た顧客ごとにグループ分けする
B. 購買データから対象の顧客が新商品を購入するかしないかを予測する
C. 購買データに含まれる多くの変量から 2 つの変量に絞って関係性を分析する
D. 顧客単価、顧客数、購入数、コンバージョン率から売上高を予測する

問題 2 次の図において、左側の円を集合 A、右側の円を集合 B とした場合、塗りつぶした緑色の部分の解説として、最も適切なものを 1 つ選べ。

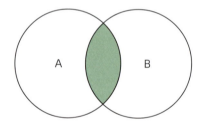

A. 集合 A と集合 B の和集合である
B. 集合 A と集合 B の積集合である
C. 集合 A と集合 B の差集合である
D. 集合 A と集合 B の対称差集合である

7.1 模擬試験問題

問題 3 原始関数の説明として、最も適切なものを 1 つ選べ。

    A. ある関数に対して微分を行うことで求められる

    B. ある関数に対して偏微分を行うことで求められる

    C. ある関数に対して不定積分を行うことで求められる

    D. ある関数に対して定積分を行うことで求められる

問題 4 ROC 曲線と AUC に関する次の文の（1）（2）（3）に当てはまるものとして、最も適切なものを 1 つ選べ。

    AUC は、ROC 曲線の（1）の面積であり、モデルがランダムな分類をするほど（2）に近い値、明確に分類するほど（3）に近い値をとる。

    A.（1）内側　（2）0.5　（3）1.0

    B.（1）内側　（2）0.0　（3）1.0

    C.（1）外側　（2）0.5　（3）1.0

    D.（1）外側　（2）0.5　（3）∞

問題 5 ある FC チェーン店舗の 3 日間の売上が次の表のような場合、時間平均の金額の組み合わせとして、最も適切なものを 1 つ選べ。

	3/24 金曜日	3/25 土曜日	3/26 日曜日
東京店	20 万円	60 万円	100 万円
名古屋店	15 万円	50 万円	80 万円
大阪店	19 万円	55 万円	90 万円

    A. 3/24 18 万円、3/25 48 万円、3/26 55 万円

    B. 3/24 18 万円、3/25 55 万円、3/26 90 万円

    C. 東京店 60 万円、名古屋店 48 万円、大阪店 55 万円

    D. 東京店 60 万円、名古屋店 48 万円、大阪店 90 万円

第 7 章　模擬試験

問題 6　分散技術に関する説明として、最も適切でないものを 1 つ選べ。

    A. 1 つのデータに対して複数のコンピュータを用いて並列で処理する

    B. データを高速に処理できる

    C. Hadoop では、HDFS を使用してデータを複数のストレージに分散して蓄積する

    D. Spark では、RDD を使用してデータをストレージ上で保管する

問題 7　あなたは、データサイエンティストとしてデータ分析作業を進めている。あなたが立案した仮説を検証するために、さまざまな論文や情報やデータから引用して報告資料を作成している。その際の行動として、最も適切でないものを 1 つ選べ。

    A. 可能な限り一次情報を用いて証明を行った

    B. Web サイトで公開されているある学会の記事を参考にしたため、情報源を明記した

    C. 書籍に記載されている図を使用したので出典を明記した

    D. 政府が公開している公的な資料の一文を使用したが、引用の記載を省略した

問題 8　無害なソフトウェアに偽装してコンピュータに侵入し、コンピュータ内で不正侵入の裏口の作成や、個人情報の漏洩などを行うマルウェアとして、最も適切なものを 1 つ選べ。

    A. ワーム

    B. トロイの木馬

    C. コンピュータウイルス

    D. ランサムウェア

問題 9 アナログ音声をデジタル化する際、データサイズに影響する項目として、最も適切でないものを 1 つ選べ。

A. 音声信号の最大振幅
B. サンプリングレート
C. 量子化ビット数
D. 録音時間

問題 10 次の文を読み、最も関連のあるものを 1 つ選べ。

「サイバー空間（仮想空間）とフィジカル空間（現実空間）を高度に融合させたシステムにより、経済発展と社会的課題の解決を両立する、人間中心の社会。」

A. Society 4.0
B. 人間中心の AI 社会原則
C. Society 5.0
D. ELSI

問題 11 ロジスティック回帰分析に関する説明として、最も適切でないものを 1 つ選べ。

A. 分類に用いられる分析手法である
B. 回帰分析によって算出されるオッズをもとに予測値を求める
C. オッズは、事象の発生確率が高いほど大きな値をとり、低いほど小さな値をとる
D. 恒等関数を用いて 0～1 の確率を求める

問題 12 次の条件を満たす SQL 文として、最も適切なものを 1 つ選べ。

【条件】
年齢が 20 代の社員を社員番号の昇順でソートして抽出する

A. SELECT 氏名 FROM 社員 WHERE 20 < 年齢 AND 年齢 < 30 ORDER BY 社員番号 ASC;
B. SELECT 氏名 FROM 社員 WHERE 20 <= 年齢 AND 年齢 < 30 ORDER BY 社員番号 ASC;
C. SELECT 氏名 FROM 社員 WHERE 20 <= 年齢 AND 年齢 <= 30 ORDER BY 社員番号 DESC;
D. SELECT 氏名 FROM 社員 WHERE 20 <= 年齢 AND 年齢 < 30 ORDER BY 社員番号 DESC;

問題 13 次の図に示す x と y の値を持つ原点からの 2 次元ベクトルの表記として、最も適切なものを 1 つ選べ。

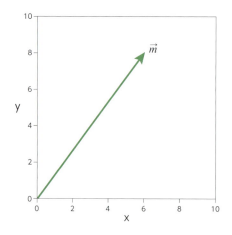

A. $\vec{m} = (0,0,6,8)$
B. $\vec{m} = (0,6,0,8)$
C. $\vec{m} = (6,8)$
D. $\vec{m} = (8,6)$

問題 14 時系列データの取り扱いに関する説明として、最も適切なものを 1 つ選べ。

- A. 機械学習で時系列データを用いる際、評価用のデータは学習用のデータよりも未来のデータにすることが望ましい
- B. 階差をとることでトレンドが除去され、欠損値を見つけやすくなる
- C. 製品の売れ行きを把握したいとき、季節要因を含めて可視化することで純粋な動向を捉えることができる
- D. 外れ値を捉えたいとき、短期的変動はノイズに該当する

問題 15 次の表とグラフは、売上、原価、および降水量の推移をまとめたものである。表とグラフから読み取れることとして、最も適切なものを 1 つ選べ。

- A. 降水量が増えると比例して売上も増えている
- B. 前月比で売上の上昇率が最も高いのは、9 月である
- C. 原価率が最も低いのは、8 月である
- D. 原価率が最も高いのは、6 月である

第 7 章　模擬試験

問題 16 ニューラルネットワークで多値分類をする際に、出力層に用いる活性化
関数として、最も適切なものを 1 つ選べ。

    A. シグモイド関数

    B. ソフトマックス関数

    C. 恒等関数

    D. ReLU 関数

問題 17 公開鍵暗号方式の説明として、最も適切なものを 1 つ選べ。

    A. 暗号化には送信者が保持している秘密鍵を使用する

    B. 公開鍵で暗号化し、秘密鍵で復号する

    C. 公開鍵は送信者のみが保持している

    D. 復号には受信者の公開鍵を使用する

問題 18 あるモデルの 2 値分類問題に対する予測結果から次のような混同行列が
得られた。Recall の値として、最も適切なものを 1 つ選べ。

実測値

		陽性 (要検査)	陰性 (正常)
予測値	陽性 (要検査)	90	30
	陰性 (正常)	20	320

    A. 0.75（75%）

    B. 0.78（78%）

    C. 0.82（82%）

    D. 0.86（86%）

7.1 模擬試験問題

問題 19 5 人の生徒がいるクラスで 3 人組を作る場合のとりうる組み合わせの数として、最も適切なものを 1 つ選べ。

A. 10
B. 20
C. 60
D. 120

問題 20 あなたは、ある飲食店向けのデータ分析プロジェクトの一員として論理構成を考えている。まず、ステークホルダーの意見を聞き、「運営コストの削減」をビジネスの目的に定めた。このビジネスの目的を達成するための仮説として、最も適切でないものを 1 つ選べ。

A. 料理の販売価格と原材料費が適切ではない
B. 新規顧客のリピート率が低い
C. ガスや電気などの光熱費が店舗の稼働に適したプランになっていない
D. スタッフの配備が営業時間帯ごとに適した状態になっていない

問題 21 以下のようなデータがあるとき、この次に行う正規化の度合いとして、最も適切なものを 1 つ選べ。

・繰り返し項目はない
・推移的関数従属はある
・部分関数従属はない

A. 非正規化
B. 第一正規化
C. 第二正規化
D. 第三正規化

第 7 章　模擬試験

問題 22 次の 2 つの 2 次元ベクトルの内積 $\vec{m} \cdot \vec{n}$ として、最も適切なものを 1 つ選べ。

$$\vec{m} = \begin{pmatrix} 2 \\ 3 \end{pmatrix}, \vec{n} = \begin{pmatrix} 4 \\ 5 \end{pmatrix}$$

A. $\begin{pmatrix} 8 \\ 15 \end{pmatrix}$

B. 22

C. 23

D. 計算できない

問題 23 次元の呪いへの対策として、最も適切なものを 1 つ選べ。

A. データの件数を減らす

B. 必要な説明変数に絞る

C. 各変数の値を正規化する

D. データの分布を正規分布に近づける

問題 24 次の文章の（1）（2）に当てはまるものとして、最も適切なものを 1 つ選べ。

　　近年、AI に関連する事件が多発している。一例を挙げると、（1）を用いて作成したフェイク動画での著名人の印象操作が問題になっている。（1）を用いた事件が増えている要因として、2 種類のネットワークをお互いに競わせて、高品質な画像を生成する（2）という種類の AI が大きな進歩を遂げたことにより、質の高いフェイク動画の作成が容易になったことが挙げられる。

A. （1）ディープフェイク　　（2）オートエンコーダー

B. （1）データバイアス　　　（2）敵対的生成ネットワーク

C. （1）ディープフェイク　　（2）敵対的生成ネットワーク

D. （1）ディープラーニング　（2）Bot

問題 25 マルウェアのうち次の特徴を持つものとして、最も適切なものを 1 つ選べ。

「単独のプログラムとして存在し、ネットワーク経由で感染する」

A. ワーム
B. コンピュータウイルス
C. トロイの木馬
D. アドウェア

問題 26 関数 $f(x)=2x^3-6x+2$ のグラフを下記に示す。極大点と極小点を示す x の値として、最も適切なものを 1 つ選べ。

A. 極大点：-1、極小点：1
B. 極大点：-2、極小点：1
C. 極大点：-1、極小点：2
D. 極大点： 1、極小点：3

第 7 章　模擬試験

問題 27 ある健康飲料を一定期間飲むことで血圧が下がるかどうかを検定したい。このとき、帰無仮説と対立仮説の設定として、最も適切なものを 1 つ選べ。

    A. 帰無仮説「飲料を飲むことで血圧が下がる」
      対立仮説「飲料を飲むことで血圧が上がる」

    B. 帰無仮説「飲料を飲むことで血圧が下がる」
      対立仮説「飲料を飲む前と後で血圧は変わらない」

    C. 帰無仮説「飲料を飲むことで血圧が上がる」
      対立仮説「飲料を飲むことで血圧が下がる」

    D. 帰無仮説「飲料を飲む前と後で血圧は変わらない」
      対立仮説「飲料を飲むことで血圧が下がる」

問題 28 業務上で交わす契約についての説明として、最も適切でないものを 1 つ選べ。

    A. 個人情報の授受に関する契約は、個人情報の受け渡し方のみを取り決める契約である

    B. 販売許諾契約は、二者間の一方が保有するサービスや製品をもう一方で販売することを許可する契約である

    C. 機密保持契約は、業務を遂行する上で知り得た機密情報の漏洩や無断利用を禁止する契約である

    D. 業務委託契約は業務を委託する際に交わされる契約であり、民法で規定されているのは「請負契約」、「委任契約」、「準委任契約」の 3 種類である

問題 29 データの追加を行う SQL 文として、最も適切なものを 1 つ選べ。

    A. SELECT 文

    B. UPDATE 文

    C. INSERT 文

    D. CREATE 文

7.1 模擬試験問題

問題 30 x と y の 2 つの変数を持つ次の関数 $f(x,y)$ を y で偏微分した結果として、最も適切なものを 1 つ選べ。

$$f(x,y) = x^2 + 2xy + y - 1$$

A. $f_y(x,y) = 2x + 2y + 1$
B. $f_y(x,y) = 2x - 1$
C. $f_y(x,y) = 2x + 1$
D. $f_y(x,y) = 2y - 1$

問題 31 次の表とグラフは、ある学校における定期テストの最高点と最低点の推移をまとめたものである。表とグラフから読み取れることとして、最も適切なものを 1 つ選べ。

定期テストの最高点と最低点の推移

	1学期中間	1学期期末	2学期中間	2学期期末	3学期期末
最高点	462	478	445	451	439
最低点	179	200	188	152	214

A. 最高点はほぼ一定であり、最低点は下降傾向にある

B. 最高点と最低点を合わせた点数が最も高いのは、1 学期期末である

C. 最高点と最低点の差が最も大きいのは、3 学期期末である

D. 最高点が最も高いのは、3 学期期末である

第 7 章　模擬試験

問題 32 ハルシネーションの説明として、最も適切でないものを 1 つ選べ。

- **A.** 生成 AI が誤った情報や存在しない情報を生成してしまう事象である
- **B.** 生成 AI の学習データが古いとハルシネーションが起きる可能性がある
- **C.** 生成 AI を活用するユーザーが対策を講じれば、ハルシネーションを必ず防ぐことができる
- **D.** 生成 AI を活用する際は、ハルシネーションが起きる可能性があるため、出力した情報を鵜呑みにせずに疑いの目を持って扱う

問題 33 JSON に関する説明として、最も適切なものを 1 つ選べ。

- **A.** キーと値のペアでデータを表現する
- **B.** タブでデータを区切る
- **C.** カンマでデータを区切る
- **D.** 非構造化データである

問題 34 スカラーとベクトルの説明として、最も適切なものを 1 つ選べ。

- **A.** スカラーは大きさを表す値を持ち、例として速度や力などが挙げられる。ベクトルは大きさと向きを表す値を持ち、例として長さや質量などが挙げられる
- **B.** スカラーは大きさと向きを表す値を持ち、例として速度や力などが挙げられる。ベクトルは大きさを表す値を持ち、例として長さや質量などが挙げられる
- **C.** スカラーは大きさと向きを表す値を持ち、例として長さや質量などが挙げられる。ベクトルは大きさを表す値を持ち、例として速度や力などが挙げられる
- **D.** スカラーは大きさを表す値を持ち、例として長さや質量などが挙げられる。ベクトルは大きさと向きを表す値を持ち、例として速度や力などが挙げられる

問題 35 セキュリティの 3 要素のうち、次の説明文に該当するものとして、最も適切なものを 1 つ選べ。

「自然災害によって 1 台のサーバーが故障したとき、予備のサーバーを使用することでシステムを稼働し続けられる。」

A. 機密性
B. 拡張性
C. 可用性
D. 完全性

問題 36 次の発話と音声認識結果から算出される文字誤り率（CER）として、最も適切なものを 1 つ選べ。

実際の発話：　　昨日はたくさんの子供が公園で走っていました 音声認識結果：　機能はたくさんの子供が公園で走っていた

A. 0.19（19%）
B. 0.21（21%）
C. 0.24（24%）
D. 0.27（27%）

問題 37 画像分析の効率を高めるために、画像に対して施す正規化の説明として、最も適切なものを 1 つ選べ。

A. データの分布について平均が 0、分散が 1 になるように変換する
B. 強い相関関係を有するデータの相関を弱める
C. 画像に含まれるノイズを除去する
D. データが持つ値を 0〜1 の範囲に収まる値に変換する

第 7 章　模擬試験

問題 38 あなたは、あるファッション雑貨のデータ分析プロジェクトの一員として、「前日の平均気温と 3℃以上の変化があったときに季節物の衣類の売上が上がる」という仮説を立案し、データ分析を行った。しかし、データ分析の結果は仮説と異なる結果となった。そのときの行動・思考として、最も適切でないものを 1 つ選べ。

A. データ分析時のデータの扱い方などにミスがないかを確認する

B. 仮説が誤っているものとして、プロジェクトを即時に中断する

C. 仮説と異なる結果を受け止めて新たな知見が得られたと考える

D. ステークホルダーに対して、なぜ仮説と異なる結果になったのかをデータを用いて説明する

問題 39 カラム指向型 DB の特徴として、最も適切でないものを 1 つ選べ。

A. 列単位でデータを蓄積している

B. 大量のデータの集計が得意である

C. 行単位でのデータ取得が得意である

D. データ分析や統計処理に適している

問題 40 次の説明文に該当するものとして、最も適切なものを 1 つ選べ。

「新たに開発された技術が社会で活用されるまでに解決すべき倫理的、法的、社会的な課題の総称。」

A. MECE

B. ELSI

C. SLA

D. WBS

問題 41 次の 2 つの 2 次元ベクトルの内積 $\vec{m} \cdot \vec{n}$ として、最も適切なものを 1 つ選べ。

$$\vec{m} = \begin{pmatrix} 2 \\ 3 \\ 4 \end{pmatrix}, \vec{n} = \begin{pmatrix} 5 \\ 6 \end{pmatrix}$$

A. $\begin{pmatrix} 10 \\ 33 \\ 24 \end{pmatrix}$

B. 67

C. 68

D. 計算できない

問題 42 過学習の状態を表すグラフとして、最も適切なものを 1 つ選べ。

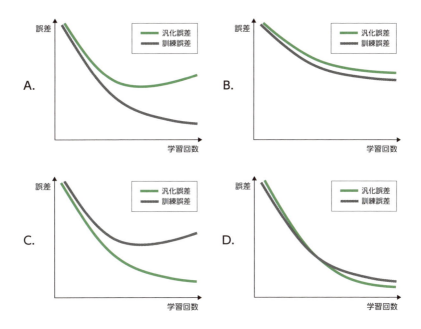

第 7 章　模擬試験

問題 43 1 万件の調査票データから、ランダムサンプリングを行い 1,000 件を抽出するときの作業として、最も適切なものを 1 つ選べ。

　A. 年齢の昇順にソートし、先頭から 1,000 件のデータを取得する

　B. 乱数を使用してデータを並べ替えてから、先頭の 1,000 件を取得する

　C. 回答日時の降順でソートし、先頭から 500 件、後尾から 500 件を取得する

　D. 調査票 ID の末尾が 5 になっているものを 1,000 件取得する

問題 44 画像のデジタル化に関する次の文章の（1）（2）（3）に当てはまるものとして、最も適切なものを 1 つ選べ。

　　アナログ画像を正方形の格子状に区切る作業を（1）といい、区切ることで画素を得ることができる。粗く区切るほど画素数が減り、（2）と呼ばれる階段状のギザギザが現れる。各画素が持つアナログ値をデジタル値に変換する作業を（3）という。

　A.（1）標本化　　（2）エイリアシング　　（3）正規化

　B.（1）標本化　　（2）ジャギー　　　　　（3）量子化

　C.（1）量子化　　（2）エイリアシング　　（3）正規化

　D.（1）正規化　　（2）ジャギー　　　　　（3）量子化

問題 45 データサイエンスにおける統計調査について、最も適切なものを 1 つ選べ。

　A. 全数調査では、すべての標本について調査するが、種々の要因により誤差が発生する

　B. 全数調査では、必ず正しい結果が得られるため標本調査よりコストが抑えられる

　C. 国民全員について調査する際、標本調査では真の結果を得ることは難しいため、標本調査は行わないようにする

　D. 標本調査では、標本数が多いほど誤差が大きくなる傾向にあるため標本数は 2,000 程度に設定するのが望ましい

7.1 模擬試験問題

問題 46 IoTの活用例として、最も適切でないものを1つ選べ。

A. 冷蔵庫内の重量センサーから卵の残量を把握して携帯電話に情報を知らせる

B. 車両の位置情報からバスの到着時刻がリアルタイムでわかる

C. インターネット上のショッピングサイトで商品を検索すると、その商品に関連するお勧め商品が表示される

D. 血圧計で測定した結果を遠隔地にいる医者に送信することで診断や健康状態の把握につなげる

問題 47 次の行列 A の逆行列 A^{-1} の解として、最も適切なものを1つ選べ。

$$A = \begin{pmatrix} 10 & 4 \\ 5 & 2 \end{pmatrix}$$

A. 逆行列は存在しない

B. $A^{-1} = \begin{pmatrix} -2 & 0 \\ 0 & -10 \end{pmatrix}$

C. $A^{-1} = \begin{pmatrix} -2 & 4 \\ 5 & -10 \end{pmatrix}$

D. $A^{-1} = \begin{pmatrix} 2 & -4 \\ -5 & 10 \end{pmatrix}$

問題 48 ニューラルネットワークおよび深層学習に関する説明として、最も適切なものを1つ選べ。

A. 中間層を多層にすることによって、勾配消失問題を抑制することができる

B. 入力層に活性化関数を適用することによって、モデルの表現力を高められる

C. 深層学習によって解釈性の高いモデルを構築しやすくなる

D. 予測値と実測値の誤差をもとに重みなどのパラメータを最適化する

361

第 7 章　模擬試験

問題 49 コンテナ型仮想化の特徴として、最も適切でないものを 1 つ選べ。

    A. コンテナの中にアプリケーションを格納する

    B. コンテナエンジンを使用して、コンテナをサーバーのように操作する

    C. ゲスト OS が必要である

    D. プラットフォームとして Docker がある

問題 50 検定に関する説明として、最も適切なものを 1 つ選べ。

    A. p 値が有意水準を下回ったとき、帰無仮説は正しいと見なすことができる

    B. スチューデントの t 検定やウェルチの t 検定は、標本の母分散が既知である場合に用いられる

    C. 標本の母分散が等しいか否かを調べるために z 検定を行う

    D. 検定力は「1 − 第 2 種の過誤を犯す確率」で算出でき、確率が高いほど正確に帰無仮説を棄却できることを表す

問題 51 データに対する代表的な不正行為を表した FFP に含まれない行為として、最も適切なものを 1 つ選べ。

    A. 他の分析者が発表した分析結果を了解を得ずに利用した

    B. 想定通りではなかった分析結果や分析過程に変更を加えて、想定通りの分析結果であると報告した

    C. 分析するために得た個人情報を了解を得ずに利用した

    D. 分析結果として出力されていないデータを追加して、分析結果として報告した

問題 52 あなたは、ある商店の前に設置されている清涼飲料水の自動販売機についてデータ分析を行うことになった。この自動販売機の通常の売上は 1 日 100 本前後である。商店の近くでは、最近、大型スーパーを建設するための工事が行われている。それを踏まえた上で、自動販売機の売上を表した

362

次のグラフを見て、「客観的な視点で捉えた事実」、「仮説」、「意味合い」として、最も適切なものを1つ選べ。

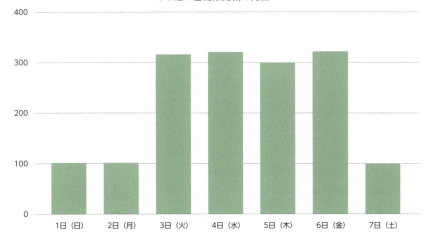

A. 「客観的な視点で捉えた事実」：3日から普段の売上の3倍程度に上がっている
   「仮説」：3日から工事が始まっている
   「意味合い」：工事と売上に因果関係はない

B. 「客観的な視点で捉えた事実」：3日から普段の売上の3倍程度に上がっている
   「仮説」：3日から工事が始まっている
   「意味合い」：周辺環境の変化により自動販売機の売上が変化する

C. 「客観的な視点で捉えた事実」：3日から普段の売上の1.5倍程度に上がっている
   「仮説」：3日から工事が始まっている
   「意味合い」：周辺環境の変化により自動販売機の売上が変化する

D. 「客観的な視点で捉えた事実」：2日から売上が上がっている
   「仮説」：2日から工事が始まっている
   「意味合い」：周辺環境の変化により自動販売機の売上が変化する

第 7 章　模擬試験

問題 53 以下の 4 個のデータがある。このデータの標準偏差として、最も適切なものを 1 つ選べ。

2, 3, −3, 1

A. 5.18

B. 2.28

C. 0.75

D. −4.50

問題 54 商品 A と商品 B の購入状況に関してアソシエーション分析をし、条件と事象の関係性を見つけ出したい。支持度の例として、最も適切なものを 1 つ選べ。

A. すべての購入実績の中で、商品 A と商品 B が両方とも購入された割合

B. すべての購入実績の中で、商品 A も商品 B も購入されなかった割合

C. 商品 A が購入された後に、商品 B も購入された割合

D. 商品 A が商品 B の購入率をどの程度引き上げているかを示す指標

問題 55 リレーショナルデータベースの構造を ER 図で表記したとき、ER 図を見ただけでは読み取れないものとして、最も適切なものを 1 つ選べ。

A. エンティティの数

B. エンティティ同士のつながり

C. エンティティに含まれるレコードの数

D. エンティティを構成する属性情報

7.1 模擬試験問題

問題 56 2 階の導関数の説明として、最も適切なものを 1 つ選べ。

A. 2 階の導関数は原始関数をさらに微分したものである

B. 2 階の導関数は導関数を微分したものであり、これにより原始関数の接線の長さがわかる

C. 2 階の導関数により原始関数の接線の傾きがわかり、0 のとき極大点もしくは極小点になる

D. 2 階の導関数により原始関数の接線の傾きの変化の割合がわかる

問題 57 決定木に関する説明として、最も適切でないものを 1 つ選べ。

A. 外れ値の影響を受けやすい

B. 標準化などの前処理が必要ない

C. 閾値による条件分岐でデータの境界を求める

D. 分類問題だけでなく、回帰問題にも対応できる

問題 58 ホワイトボックステストに関する説明として、最も適切でないものを 1 つ選べ。

A. ソースコードに着目してテストを行う

B. 制御フローテストやデータフローテストなどの手法を用いる

C. 高いコードカバレッジであることを目指す

D. プログラムの要件や仕様に着目したテストである

365

問題 59 回帰における評価指標のうち、RMSE の特徴として、最も適切なものを 1 つ選べ。

    A. 回帰式の当てはまりの度合いを表した指標値
    B. 平均二乗誤差の単位を元に戻した評価値
    C. 予測値と実測値の差を確率で表した評価値
    D. 予測値と実測値の対数差をもとに算出した指標値

問題 60 レピュテーションリスクの説明として、最も適切なものを 1 つ選べ。

    A. 企業に対するネガティブな評価が広まり、経営に支障が生じるリスク
    B. 二次情報または三次情報を用いた際に、その情報が誤っているリスク
    C. クラウド上でデータを保持するセキュリティ上のリスク
    D. AI の発展により、あらゆる職種で仕事が奪われてしまうリスク

問題 61 次の図において、左側の円を集合 A、右側の円を集合 B とした場合、塗りつぶした緑色の部分の解説として、最も適切なものを 1 つ選べ。

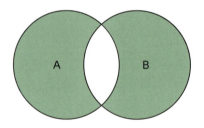

    A. 集合 A と集合 B の和集合である
    B. 集合 A と集合 B の積集合である
    C. 集合 A と集合 B の差集合である
    D. 集合 A と集合 B の対称差集合である

問題 62 対応のあるデータによる t 検定の例として、最も適切なものを 1 つ選べ。

    A. 1 組と 2 組のテスト結果の平均点に差があるかどうかを検定する

    B. 自社のアイスクリームの乳脂肪分が競合メーカーの平均である 8.5% よりも多いかどうかを検定する

    C. 新薬の服用前と後で血圧に差があるかどうかを検定する

    D. 男女で中性脂肪の値に差があるかどうかを検定する

問題 63 Jupyter Notebook に関する説明として、最も適切でないものを 1 つ選べ。

    A. Python などのプログラムの実行ができる

    B. 対話型の開発環境である

    C. 無償で利用できない

    D. ボタンなどの GUI で操作できる

問題 64 データ分析プロジェクト結果を報告するための報告資料を作成する際に、報告する順番として、最も適切なものを 1 つ選べ。

    （ア）次のアクションの提案など
    （イ）分析結果
    （ウ）分析方法や分析の進め方などのアプローチ方法
    （エ）結果から導き出される意味合い
    （オ）現状の課題について

    A. （オ）→（ウ）→（ア）→（イ）→（エ）

    B. （オ）→（イ）→（ウ）→（エ）→（ア）

    C. （ウ）→（イ）→（ア）→（オ）→（エ）

    D. （オ）→（ウ）→（イ）→（エ）→（ア）

第 7 章　模擬試験

問題 65 5 人の選手が出場するレースで 1 位から 3 位までの順位を予想する場合のとりうる順列の数として、最も適切なものを 1 つ選べ。

　　A. 10

　　B. 20

　　C. 60

　　D. 120

問題 66 $f(x) = x^2 - 2$ を微分した導関数として、最も適切なものを 1 つ選べ。

　　A. $f'(x) = 2x - 2$

　　B. $f'(x) = 2x$

　　C. $f'(x) = \frac{1}{2}x$

　　D. $f'(x) = x$

問題 67 自然言語処理の代表的なタスクの 1 つである固有表現抽出の活用例として、最も適切なものを 1 つ選べ。

　　A. 日本語の文章をポルトガル語の文章に変換する

　　B. 顧客の購買行動や検索履歴をもとに適切な広告を表示する

　　C. 文章中に含まれる個人に関する情報を特定する

　　D. 論文の内容に沿ったタイトルを自動生成する

問題 68 確率密度関数の説明として、最も適切なものを 1 つ選べ。

　　A. 確率密度関数を微分することにより、確率が変化する割合が求められる

　　B. 確率密度関数を定積分することにより、定積分の範囲に値がある場合の確率が求められる

　　C. 確率密度関数は正規分布の確率のばらつきを表している

　　D. 確率密度関数により標準正規分布表を校正できる

368

問題 69 階層クラスター分析により作成された次のデンドログラム（樹形図）から読み取れることとして、最も適切でないものを1つ選べ。

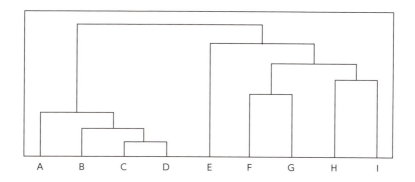

A. クラスター数＝3の場合、「A, B, C, D」「E」「F, G, H, I」に分割される
B. クラスター数＝4の場合、「A, B, C, D」「E」「F, G」「H, I」に分割される
C. クラスター数＝5の場合、「A」「B, C, D」「E」「F, G」「H, I」に分割される
D. AとEに比べて、AとBの方が類似度が高い

問題 70 セキュリティの3要素の1つである「機密性」に関する説明として、最も適切なものを1つ選べ。

A. データが不正に改ざんされておらず、いつアクセスしても正確であることを保証する
B. 送信者が信頼できる人物であることを保証する
C. ユーザーが要求したときに、常にアクセスが可能である
D. 許可されたユーザーのみが情報にアクセスできる

第 7 章　模擬試験

問題 71 ファイルを送受信するときに使用するプロトコルとして、最も適切なものを 1 つ選べ。

    A. FTP

    B. HTTP

    C. HTTPS

    D. SOAP

問題 72 課題や仮説の言語化を行う際に用いる思考術やフレームワークの説明として、最も適切でないものを 1 つ選べ。

    A. 問題解決力とは、業務で問題が発生した場合にその問題に対して暫定対応を施し、迅速にその問題を解決する能力のことである

    B. 論理的思考とは、問題に対する解決策とその根拠を論理的に考え、整理しながら説明できる能力のことである

    C. メタ認知思考とは、自分自身の考えや行動を客観的に見ることで、本質的な課題に気付き、解決できる能力のことである

    D. デザイン思考とは、新しい製品やサービスを作る際に、ユーザーの行動原理を理解し、仮説を立て、検証を繰り返し、ユーザーに共感しながら問題解決を図る手法である

問題 73 10,000 人に 1 人が感染するウイルス性の病気について、99% の確率で陽性・陰性とも正しい結果が出る検査を受けた人に陽性反応が出た場合、その人が実際に罹患している確率として、最も適切なものを 1 つ選べ。

    A. 99%

    B. 10%

    C. 1%

    D. 0.1%

7.1 模擬試験問題

問題 74 次の 2 次元ベクトルの定数 k＝3 のスカラー倍として、最も適切なもの
を 1 つ選べ。

$$\vec{m} = (2,3,4)$$

A. $\vec{m} = (5,6,7)$
B. $\vec{m} = (6,9,12)$
C. $\vec{m} = 72$
D. $\vec{m} = \begin{pmatrix} 3 & 2 \\ 3 & 3 \\ 3 & 4 \end{pmatrix}$

問題 75 代表値についての説明として、最も適切なものを 1 つ選べ。

A. 代表値を確認すればデータの実態をすべてつかむことができる
B. 代表値には、最頻値、中央値、最高値、相加平均がある
C. 代表値を使用するときは、どのような場合でも相加平均を使用すれば
よい
D. データの実態をつかむためにはデータの分布や母集団を意識する必要
がある

問題 76 立案した仮説を証明するためのデータ取得について、最も適切なものを
1 つ選べ。

A. 自力で必要なデータを入手できない場合でもオープンデータは用いな
い方がよい
B. データを取得する際には、プライバシーや個人情報保護の観点を持っ
ておかなければならない
C. 顧客に依頼すれば、必要なデータを必ず準備できる
D. 分析者自身がヒアリングやアンケートなどの追加調査を行う必要はない

第 7 章　模擬試験

問題 77 次の説明に該当するものとして、最も適切なものを 1 つ選べ。

「アプリケーションを開発するためのインターフェース」

A. SDK

B. API

C. 組み込み関数

D. 標準ライブラリ

問題 78 ある店舗で最高気温の上昇にともなってビールの売上数が上がる傾向が得られた場合の説明として、最も適切なものを 1 つ選べ。

A. 最高気温とビール売上数には因果関係はないが、相関関係は不明である

B. 最高気温とビール売上数には相関関係があり、因果関係もある

C. 最高気温とビール売上数には因果関係があるが、相関関係はない

D. 最高気温とビール売上数には相関関係も因果関係もない

問題 79 Society 5.0 を実現するための重要な技術として、IoT、ビッグデータ、AI、ロボットが挙げられている。IoT、ビッグデータ、AI、ロボットの説明として、最も適切でないものを 1 つ選べ。

A. AI は、製造業界と医療業界の限定的な業種で活用が進んでいる

B. 飲食業界では食事を運ぶ配膳ロボット、介護業界では介護ロボットといったように幅広い業種でロボットの活用が進んでいる

C. IoT によるリアルタイムでの情報の共有は、Society 5.0 で掲げているフィジカルシステムにとって必要な技術である

D. IoT 化が進むことで画像、動画、テキスト、音声といったさまざまな形式の大量のデータが取得できるようになり、この大量のデータのことをビッグデータと呼ぶ

372

7.1 模擬試験問題

問題 80 アウトカムの偏りについての説明として、最も適切なものを 1 つ選べ。

A. 継続的に行っている調査の途中で対象が調査から外れてしまった場合に欠測データバイアスが発生する

B. 脱落バイアスは必要なデータの一部が欠けている場合に発生する

C. 交絡バイアスは中間因子には依存しないため分析段階で調整できる

D. 映画鑑賞についてのアンケートに映画好きな人が積極的に回答するため情報バイアスが発生する

問題 81 重回帰分析の説明として、最も適切なものを 1 つ選べ。

A. 重相関係数は、–1〜1の値をとり、1に近いほど精度が高いと判断できる

B. 重相関係数を見ることで、目的変数に対する各説明変数の影響度を測ることができる

C. 各変数の単位に依存せず、予測値を求める場合は偏回帰係数ではなく、標準偏回帰係数を用いる

D. 偏回帰係数を見ることで、重回帰式の当てはまりの良さを判定することができる

問題 82 GDPR の説明として、最も適切でないものを 1 つ選べ。

A. EU 域内の各国に適用される法令である

B. 個人情報やプライバシーの保護の強化を目的としている

C. 日本から EU にサービスを提供している場合、個人情報やプライバシーに関しては日本の法令が適用される

D. EU 域外への個人情報の持ち出しを禁止しているが、EU が認定を出した国であれば例外的に持ち出しが可能である

373

問題 83 次の図は、ある調査によって人数を年収 500 万円ごとにグループ分けしたヒストグラムである。このヒストグラムからおおよそ読み取れることとして、最も適切なものを 1 つ選べ。

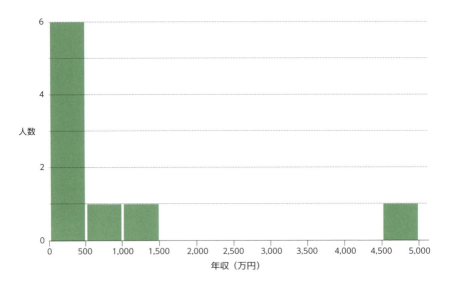

- A. この調査結果は大きく 2 つの分布に分かれる
- B. この調査結果は 2 つめのグループが最も人数が多い
- C. この調査結果は正規分布に沿っている
- D. この調査結果は 800 万円あたりに中央値がある

問題 84 機械学習モデルの汎化性能を高める手法に関する説明として、最も適切なものを 1 つ選べ。

- A. k-fold 交差検証法では、すべてのデータが検証データとして用いられる
- B. ホールドアウト法では、データをモデルの学習用、パラメータのチューニング用、追加学習用の 3 種類に分割する
- C. 1,000 件のデータを用いた k-fold 交差検証法で、800 件を訓練データ、200 件を検証データとした場合、機械学習は 4 回行われる
- D. k-fold 交差検証法では、それぞれの機械学習の結果の総和をとって評価する

7.1 模擬試験問題

問題 85 公開鍵暗号方式の説明として、最も適切でないものを 1 つ選べ。

A. 送信者は公開鍵で暗号化を行い、受信者は秘密鍵で復号する

B. 秘密鍵で暗号化されたデータは、公開鍵で復号できる

C. 秘密鍵は受信者のみが保持している

D. 共通鍵暗号方式と組み合わせることはできない

問題 86 AI 関連の事件や出来事のうち、倫理観の欠如に起因するものとして、最も適切でないものを 1 つ選べ。

A. ディープフェイクで著名人のフェイク動画を作成し、拡散して印象操作を行う

B. 文章を自動で作成する文章生成 AI を用いて偽情報の文章を作成して拡散する

C. 偏りのある学習データを AI に学習させることにより、AI が誤った判断を行ってしまう

D. AI が人間の知能を上回ることで起きる社会の変化

問題 87 準委任契約の説明として、最も不適切なものを 1 つ選べ。

A. 準委任契約での責任は善管注意義務である

B. 成果物を納品後に不備が見つかったが、契約不適合責任はない

C. 成果物が完成していないため報酬を受け取れなかった

D. 法律行為ではない事務作業を目的とする

375

第 7 章　模擬試験

問題 88 次の SQL 文の説明として、最も適切なものを 1 つ選べ。

SELECT 氏名 FROM 社員 INNER JOIN 部署 ON 社員 . 部署 ID ＝ 部署 . 部署 ID ORDER BY 社員番号 ASC

- **A.** 社員テーブルと部署テーブルを部署 ID で紐づけて内部結合し、社員番号の昇順でソートする
- **B.** 社員テーブルと部署テーブルを部署 ID で紐づけて内部結合し、社員番号の降順でソートする
- **C.** 社員テーブルと部署テーブルを部署 ID で紐づけて外部結合し、社員番号の昇順でソートする
- **D.** 社員テーブルと部署テーブルを社員番号で紐づけて外部結合し、部署 ID の昇順でソートする

問題 89 定積分の説明として、最も適切なものを 1 つ選べ。

- **A.** 原始関数を用いて、ある区間の接線の傾きと方向を求める
- **B.** 原始関数を用いて、ある区間の極大点と極小点を求める
- **C.** 原始関数を用いて、ある区間の距離を求める
- **D.** 原始関数を用いて、ある区間の面積を求める

問題 90 データ群に含まれる値の説明として、最も適切なものを 1 つ選べ。

- **A.** データ群の中で、他のデータに比べて極端に大きい値や極端に小さい値を異常値という
- **B.** データ群の平均値から標準偏差の 3 倍以上離れていたら異常値と判断できる
- **C.** 平均から極端に離れている値のうち異常の原因が特定できている値を外れ値という
- **D.** 欠損の原因が特定されていない状態でも欠損値といえる

7.1 模擬試験問題

問題 91 5 フォース分析の要素として、最も不適切なものを 1 つ選べ。

    A. 新規参入者の脅威

    B. 買い手の交渉力

    C. 業界内での競争

    D. 市場の成長率

問題 92 生成 AI の出力結果でハルシネーションが起きていることに気付くための行動として、最も不適切なものを 1 つ選べ。

    A. 生成 AI への指示が適切であるかを確認する

    B. 他の生成 AI が出力した結果と比較する

    C. 生成 AI に他の信頼できる正確な情報を追加して指示を出し、出力結果の変化を見る

    D. 他の信頼できる正確な情報と比較する

問題 93 機械学習におけるドリフトに関する説明として、最も適切なものを 1 つ選べ。

    A. ドリフトは突発的な事象であり、時間の経過とともにモデルの予測性能が徐々に劣化することはない

    B. データドリフトは、新たなデータでモデルを再学習したことで、もともと学習していたデータに対する予測性能が低下する事象である

    C. コンセプトドリフトは、モデルの訓練データとビジネス環境で発生するデータの分布に差異が生じる事象である

    D. ドリフトの影響を低減するため、データ分布の変化を監視することは有効である

377

第 7 章　模擬試験

問題 94 ネットワーク分析における有向グラフと無向グラフに関する次の文章の
（1）（2）に当てはまるものとして、最も適切なものを 1 つ選べ。

　　（1）に向きがあるグラフを有向グラフ、向きがないグラフを無向グラフ
という。（1）に対して時間や距離、金額などのコストを表す（2）を付与
することで、より細かい条件を可視化できる。

A. （1）エッジ　（2）重み
B. （1）エッジ　（2）次数
C. （1）ノード　（2）重み
D. （1）ノード　（2）次数

問題 95 セマンティックセグメンテーションに関する説明として、最も適切なも
のを 1 つ選べ。

A. 2 次元の画像データのまま、その画像から特徴を抽出し、確率をもとに
画像に写っている主題を特定する
B. 背景などを含むすべての画素に対して領域を分類するが、厳密に物体
を個別に識別しない
C. 物体を個別に識別できるように画素単位で領域を分類するが、背景な
ど物体以外は分類の対象外である
D. 画像に写っている物体の位置を特定するために用いられる矩形領域の
こと

378

問題 96 販売価格 500 円の宝くじにおいて、当選額は 1 等 100 万円、2 等 10 万円、3 等 5 万円、4 等 1 万円、5 等 1,000 円である。当選の確率は 1 等が 0.001%、2 等が 0.01%、3 等が 0.1%、4 等が 1%、5 等が 10% である。また、この宝くじの還元率は 54% と発表されている。この宝くじの期待値として、最も適切なものを 1 つ選べ。

A. 150 円
B. 210 円
C. 250 円
D. 270 円

問題 97 x と y の 2 つの変数を持つ次の関数 $f(x, y)$ の勾配ベクトルとして、最も適切なものを 1 つ選べ。

$$f(x, y) = x + 2y + 1$$

A. $\nabla f = (x, 2y)$
B. $\nabla f = (x, y^2)$
C. $\nabla f = (1, 2)$
D. $\nabla f = (1, 2, 0)$

問題 98 因果推論について、最も適切でないものを 1 つ選べ。

A. 因果推論はあくまで推計であり、完全な分析には至らない場合がある
B. 性別の違いによりテレビ CM に接触する機会が異なるため、視聴者アンケート調査に性別を含めてはいけない
C. 調査をする中で何らかの処理を加えたグループを処置群、処理を加えなかったグループを対照群という
D. テレビ CM の商品の購入に影響がない要素は視聴者アンケート調査の対象外とした

第 7 章　模擬試験

問題 99 プログラムを通じて生成 AI を活用する際に、API パラメータとして Temperatureを使用した場合の効果として、最も適切なものを 1 つ選べ。

    A. Temperature を高く設定すると、生成されるテキストは予測可能で一貫性のあるものになる

    B. Temperature を低く設定すると、生成されるテキストはランダム性が高くなる

    C. Temperature を高く設定すると、生成されるテキストのランダム性が高くなり、多様性が増す

    D. Temperature を低く設定すると、生成されるテキストの長さが短くなる

問題 100 クラウド上で提供される分析機能や学習済み予測モデルを Web API（REST）を通じて呼び出す方法として、最も適切なものを 1 つ選べ。

    A. API キーや認証情報は不要で、誰でも Web API（REST）にアクセスできる

    B. 分析結果をローカルに保存する必要がある

    C. HTTP リクエストを使用して JSON 形式のデータを送信し、結果を取得することができる

    D. Web API（REST）を通じて学習済み予測モデルを呼び出すことはできない

7.2 模擬試験問題の解答と解説

問題 1 [答] C

　単回帰分析は、1つの説明変数で目的変数を予測する分析手法です。例として、購買データに含まれる多くの変量から1つの説明変数と1つの目的変数の2つの変量に絞って分析することが挙げられます。よって、Cが正解です。なお、Aはクラスタリング、Bは2値分類、Dは重回帰分析の例です。

問題 2 [答] B

　集合 A と集合 B の共通部分を表す積集合です。よって、B が正解です。集合の図はわかりやすいのですが、呼称を混同しやすいのでしっかり覚える必要があります。

問題 3 [答] C

　ある関数に対して不定積分を行うことで求められるのが原始関数です。よって、Cが正解です。この原始関数を用いてある区間の変化量の積み重ねを求めるのが定積分です。

問題 4 [答] A

　ROC 曲線は、横軸に偽陽性率、縦軸に真陽性率を置いてプロットしたものです。その内側の面積を AUC といい、0.5〜1 の値をとります。モデルがランダムな分類をするほど 0.5 に近い値、明確な分類をする（予測精度が高い）ほど 1 に近い値をとります。よって、A が正解です。

問題 5 [答] C

　時間平均は、あるデータに対して時間で平均を算出した値であり、設問の表の場合は行方向の平均が時間平均です。各行の数値の平均を求めると、上から順に 60 万円、48 万円、55 万円になることがわかります。よって、C が正解です。

第 7 章　模擬試験

問題 6　　　　　　　　　　　　　　　　　　　　　　　　[答] D

　分散技術とは、1 つのデータに対して複数のコンピュータを用いて並列で処理する技術のことです。複数のコンピュータを使用することで、データを高速に処理できます。分散技術の Hadoop では、HDFS を使用してデータを複数のストレージに分散して蓄積します。また、Spark では、RDD を使用してデータをメモリ上で保管します。よって、D が正解です。

問題 7　　　　　　　　　　　　　　　　　　　　　　　　[答] D

　業務で報告資料を作成する際には、可能な限り一次情報を用いることを意識し、二次情報を用いる場合は、リスク軽減のために情報源を明記します。たとえば、書籍や Web ページを引用する場合は出典を明記します。これは、政府が公開している公的な資料から文章や図を引用する場合も同じです。よって、D が正解です。

問題 8　　　　　　　　　　　　　　　　　　　　　　　　[答] B

　無害なソフトウェアに偽装してコンピュータに侵入し、コンピュータ内で不正な操作を行うマルウェアは、トロイの木馬です。よって、B が正解です。A の「ワーム」は、単独のプログラムとして存在し、ネットワーク経由で感染します。C の「コンピュータウイルス」は、既存のプログラムに寄生して伝染します。D の「ランサムウェア」は、感染したコンピュータのデータを勝手に暗号化し、データの復元のために身代金を要求するマルウェアです。

問題 9　　　　　　　　　　　　　　　　　　　　　　　　[答] A

　音声をデジタル化する際、音声信号の最大振幅とデータサイズに関連性はありません。よって、A が正解です。サンプリングレートを高く、量子化ビット数を大きくするほど量子化誤差を抑制し、音声を忠実に表現できますが、その分データサイズは大きくなります。加えて、録音時間が長いほどデータサイズはさらに大きくなります。

問題 10　　　　　　　　　　　　　　　　　　　　　　　[答] C

　設問の文は、政府が提唱している Society 5.0 という社会のあり方を示したものです。現実世界（フィジカル空間）のさまざまな情報をセンサー等により収集し、サイバー空間（仮想空間）に送信して、データを AI が解析し、解析結果を現実世界（フィジカル空間）にフィードバックする仕組みをサイバーフィジカルシステム（CPS：Cyber-Physical System）といいます。サイバーフィジカルシステムを利用すること

で、経済発展と社会的問題の解消を両立し、より良い社会を目指します。よって、C が正解です。

問題 11 [答] D

ロジスティック回帰分析は、シグモイド関数を用いて 0〜1 の確率を算出し、確率が閾値を上回っているかどうかで、0 か 1 の分類結果を出力します。よって、D が正解です。なお、恒等関数は、回帰問題の際にニューラルネットワークの出力層で用いられる関数で、入力値をそのままの値で出力します。

問題 12 [答] B

年齢が 20 代（20 歳以上かつ 30 歳未満）のデータを抽出するには、「20 <= 年齢 AND 年齢 < 30」と表記します。また、ORDER BY 句のカラム名の後に ASC を付与することで、カラム名の昇順でソートします。よって、B が正解です。なお、ORDER BY 句で DESC キーワードを使用した場合には、降順でソートします。

問題 13 [答] C

図から読み取れる値は $x=6$、$y=8$ であり、2 次元ベクトルの表記は $\vec{m} = (6,8)$ になります。よって、C が正解です。

問題 14 [答] A

機械学習に時系列データを用いる際、モデルの精度が不当に高くなってしまうことを回避するため、評価用のデータ（テストデータまたは検証データ）は、訓練データよりも未来のデータにすることが望ましいです。よって、A が正解です。階差をとることで外れ値を見つけやすくなるため、B は不適切です。社会的習慣などの季節要因を除去することで純粋な販売動向を捉えることができるため、C も不適切です。外れ値を捉えたいとき、短期的変動はノイズではなく解析に必要な要素となるため、D も不適切です。

問題 15 [答] D

原価率（売上に対する原価の割合）が最も高いのは、6 月の約 37% です。よって、D が正解です。降水量の増加に比例して売上が増加している傾向は見られないため、A は不適切です。前月比で売上の上昇率が最も高いのは 5 月の約 45% であるため、B も不適切です。原価率が最も低いのは 9 月の約 21% であるため、C も不適切です。

383

第 7 章　模擬試験

問題 16　　　　　　　　　　　　　　　　　　　　　　　　　　[答] B

　ニューラルネットワークで多値分類をする際、出力層では活性化関数として、n 個の出力値の合計が 1（100%）になるように調整するソフトマックス関数が用いられます。よって、B が正解です。なお、2 値分類のときはシグモイド関数、回帰のときは恒等関数が用いられます。ReLU 関数は中間層で用いられ、勾配消失問題の解消に寄与します。

問題 17　　　　　　　　　　　　　　　　　　　　　　　　　　[答] B

　公開鍵暗号方式では、送信者と受信者で共有している公開鍵を使用して暗号化を行います。復号には、受信者が保持している秘密鍵を使用します。よって、B が正解です。

問題 18　　　　　　　　　　　　　　　　　　　　　　　　　　[答] C

　Recall（再現率）は、「TP ÷（TP + FN）」で算出することができます。TP（真陽性）は「実測値が陽性のものに対して、正しく陽性と予測した数」であり、FN（偽陰性）は「実測値が陽性のものに対して、誤って陰性と予測した数」です。設問の混同行列の数値を当てはめると、「90 ÷（90 + 20）」となり、Recall は約 0.82（82%）となります。よって、C が正解です。

問題 19　　　　　　　　　　　　　　　　　　　　　　　　　　[答] A

　組み合わせの式 $\dfrac{n!}{r!(n-r)!}$ により、$\dfrac{5!}{3!(5-3)!} = 10$ となります。よって、A が正解です。

問題 20　　　　　　　　　　　　　　　　　　　　　　　　　　[答] B

　設問の分析プロジェクトの目的は「運営コストの削減」であり、A、C、D は店舗を運営する上で必要なコスト（原材料費、光熱費、人件費）についての仮説となっています。一方、B は運営コストではなく、売上に対する仮説となっているため、B が正解です。

問題 21　　　　　　　　　　　　　　　　　　　　　　　　　　[答] D

　第一正規化では、繰り返し項目がない状態にします。第二正規化では、第一正規形を満たし部分関数従属がない状態にします。第三正規化では、第二正規形を満たし推移的関数従属がない状態にします。よって、D が正解です。なお、非正規化とは、

384

データ取得の性能を上げるために正規化度合いを下げることです。

問題22　　　　　　　　　　　　　　　　　　　　　　　　[答] C

内積の式により、2×4+3×5＝23となります。よって、Cが正解です。

問題23　　　　　　　　　　　　　　　　　　　　　　　　[答] B

次元の呪いとは、モデルに与えるデータの次元（特徴量）、つまり説明変数の数を増やし過ぎることで、データ分析に必要な計算量が指数関数的に増加し、過学習などの要因となる事象です。数多くある説明変数から必要なものに絞る特徴量選択が有効な対策として挙げられます。よって、Bが正解です。

問題24　　　　　　　　　　　　　　　　　　　　　　　　[答] C

近年、ディープフェイクを用いて作成したフェイク動画での著名人の印象操作が問題になっています。ディープフェイクの問題が多発している背景に、偽物の画像を生成する「生成ネットワーク」と画像を判断する「識別ネットワーク」という2つのネットワークをお互いに競わせて、質の高い画像を生成する敵対的生成ネットワーク（Generative Adversarial Network）という種類のAIが大きな進歩を遂げたことにより、高品質なフェイク動画の作成が容易になったことが挙げられます。よって、Cが正解です。

問題25　　　　　　　　　　　　　　　　　　　　　　　　[答] A

マルウェアのうち、単独のプログラムとして存在しネットワーク経由で感染するのはワームです。よって、Aが正解です。Bの「コンピュータウイルス」は、既存のプログラムに寄生して伝染し、感染すると意図しない動作を引き起こします。Cの「トロイの木馬」は、無害なソフトウェアに偽装してコンピュータに侵入し、不正な操作を行います。Dの「アドウェア」は、ユーザーの望まない広告を表示します。

問題26　　　　　　　　　　　　　　　　　　　　　　　　[答] A

極大点および極小点は、導関数によって表される接線の傾きが0になる点です。$f(x)=2x^3-6x+2$ の導関数は $f'(x)=6x^2-6$ であり、$x=-1$ および $x=1$ のときに $f'(x)=0$ になることがわかります。よって、Aが正解です。

第 7 章　模擬試験

問題 27　　　　　　　　　　　　　　　　　　　　　　　　　　**[答]　D**

　確認したい内容は、健康飲料を飲むことで血圧が下がるかどうかであるため、主張したい仮説である対立仮説は「飲料を飲むことで血圧が下がる」となり、その逆、つまり否定したい仮説である帰無仮説は「飲料を飲む前と後で血圧は変わらない」となります。よって、D が正解です。

問題 28　　　　　　　　　　　　　　　　　　　　　　　　　　**[答]　A**

　個人情報の授受に関する契約は、個人情報の受け渡し方のみならず、管理方法や破棄などについても取り決める契約です。よって、A が正解です。その他の選択肢は、各契約についての正しい説明です。

問題 29　　　　　　　　　　　　　　　　　　　　　　　　　　**[答]　C**

　データの追加を行う SQL 文は INSERT 文です。よって、C が正解です。A の「SELECT 文」はデータの抽出、B の「UPDATE 文」はデータの更新、D の「CREATE 文」はテーブル等の作成に使用する SQL 文です。

問題 30　　　　　　　　　　　　　　　　　　　　　　　　　　**[答]　C**

　y で偏微分するため x は定数とみなします。これにより x^2 の項と -1 の項は 0 になります。また、微分により y は 1 になるので、$f_y(x,y)=2x+1$ となります。よって、C が正解です。

問題 31　　　　　　　　　　　　　　　　　　　　　　　　　　**[答]　B**

　最高点と最低点を合わせた点数が最も高いのは、1 学期期末の 678 点です。よって、B が正解です。最高点はほぼ一定ですが、最低点は 2 学期期末から 3 学期期末にかけて上昇しており下降傾向とはいえないため、A は不適切です。最高点と最低点の差が最も大きいのは 2 学期期末の 299 点差であるため、C も不適切です。最高点が最も高いのは 1 学期期末の 478 点であるため、D も不適切です。

問題 32　　　　　　　　　　　　　　　　　　　　　　　　　　**[答]　C**

　ハルシネーションとは、生成 AI が誤った情報や存在しない情報を生成してしまう事象のことです。ハルシネーションが起きる要因として、生成 AI の学習データの古さや、量の少なさ、質の悪さが挙げられます。

7.2 模擬試験問題の解答と解説

また、生成 AI を活用するユーザーが、生成 AI にあいまいな指示を出したり、生成 AI が自然言語の解釈を誤ってしまうことにより、ハルシネーションが起きることがあります。ハルシネーションの対策として、生成 AI に明確な指示を出すことや、生成 AI が出力した情報の整合性をチェックするなどが挙げられますが、ハルシネーションを必ず防げる対策は存在しないため、生成 AI ではハルシネーションが起きる可能性があります。そのため、出力された情報を鵜呑みにせずに、疑いの目を持って扱うことが大切です。よって、C が正解です。

問題 33 [答] A

JSON（JavaScript Object Notation）は JavaScript の記法で記述するデータフォーマットであり、キーと値のペアでデータを表現します。よって、A が正解です。JSON は列と行でデータを扱えるため、構造化データです。なお、タブでデータを区切るフォーマットは TSV（Tab-Separated Values）、カンマでデータを区切るフォーマットは CSV（Comma-Separated Values）です。

問題 34 [答] D

スカラーは大きさを表す値を持ち、例として長さや質量などが挙げられます。一方、ベクトルは大きさと向きを表す値を持ち、例として速度や力などが挙げられます。よって、D が正解です。

問題 35 [答] C

セキュリティの 3 要素のうち、1 台のサーバーが故障しても予備のサーバーを使用することでシステムを稼働し続けられることを表すものは、可用性です。よって、C が正解です。可用性とは、ユーザーが要求したときに常にアクセスが可能であることをいいます。

問題 36 [答] A

文字誤り率は、$\dfrac{\text{挿入誤り語数} + \text{置換誤り語数} + \text{削除誤り語数}}{\text{実際の音声の全文字数}}$ で算出される誤認識率です。設問の場合、実際の音声の文字数は 21 文字、挿入誤り語数は 0 文字、置換誤り語数は 2 文字、削除誤り語数は 2 文字なので、次のように計算できます。

$$\text{文字誤り率} = \frac{0+2+2}{21} \fallingdotseq 0.19 \,(19\%)$$

よって、A が正解です。

387

第 7 章　模擬試験

問題 37　　　　　　　　　　　　　　　　　　　　　　　　　[答] D

　画像に対する正規化は、画像の各画素が持つ 0～255 の値を 0～1 の範囲に狭めて変換する処理です。よって、D が正解です。A は標準化、C はフィルタ処理の説明です。

問題 38　　　　　　　　　　　　　　　　　　　　　　　　　[答] B

　仮説と分析結果が異なる場合は、まず、データ分析時のデータの扱い方やロジックにミスがないかを確認します。ミスがない場合、プロジェクトメンバーと考察し、仮説と異なる結果を受け止め、新たな知見が得られたと考えます。その後、ステークホルダーに対して、なぜこの結果になったのかをデータを用いて丁寧に説明し、今後の進め方について話し合います。よって、B が正解です。

問題 39　　　　　　　　　　　　　　　　　　　　　　　　　[答] C

　カラム指向型 DB（列指向型 DB）とは、列単位でデータを保持するデータベースのことです。列単位でデータを蓄積しており、行数の多い大量のデータでも特定の列を集計できます。そのため、データ分析や統計処理を行うのに適しています。よって、C が正解です。行単位でのデータ取得が得意なデータベースは、行指向型 DB です。

問題 40　　　　　　　　　　　　　　　　　　　　　　　　　[答] B

　ELSI とは、新たに開発された技術が社会で活用されるまでに解決すべき倫理的（Ethical）・法的（Legal）・社会的（Social）な課題（Issues）の頭文字を取って名付けられた、技術的な課題以外の課題の総称です。よって、B が正解です。

問題 41　　　　　　　　　　　　　　　　　　　　　　　　　[答] D

　要素数が異なるベクトル同士の内積は求められません。よって、D が正解です。

問題 42　　　　　　　　　　　　　　　　　　　　　　　　　[答] A

　過学習とは、機械学習の過程で減少する訓練誤差（訓練データに対する誤差）と汎化誤差（テストデータに対する誤差）のうち、汎化誤差があるタイミングで増加してしまう事象です。よって、A が正解です。減少し続ける訓練誤差に対して、汎化誤差は途中から増加します。

7.2 模擬試験問題の解答と解説

問題 43 [答] B

　ランダムサンプリングとは、母集団のすべての要素からランダムにサンプルを抽出することです。ランダムサンプリングを行うには、乱数というランダムな値を使用します。よって、Bが正解です。

問題 44 [答] B

　アナログ画像を正方形の格子状に区切る作業を標本化といい、区切ることで画素を得ることができます。粗く区切るほど画素数が減り、ジャギーと呼ばれる階段状のギザギザが現れます。各画素が持つアナログ値をデジタル値に変換する作業を量子化といいます。よって、Bが正解です。なお、エイリアシングとは、本来存在しない縞模様が所々に現れる現象です。

問題 45 [答] A

　全数調査では、より真の結果に近い結果を得られますが、未回答項目の存在や調査時のミスなどにより誤差が発生します。よって、Aが正解です。全数調査は前述の理由により、必ず正しい結果を得られるとは限りません。国民全員について調査する際は、十分な標本数があれば標本調査で問題ありません。また、標本誤差は標本数の平方根に反比例するため、標本数が多いほど標本誤差は小さくなります。

問題 46 [答] C

　IoT（Internet of Things）とは、「モノのインターネット」という意味であり、さまざまな「モノ」に通信機能を持たせてインターネットに接続することで、リアルタイムでデータを取得できます。A、B、Dは、IoTが実際に社会で活用されている例です。Cはレコメンド機能についての内容です。よって、Cが正解です。

問題 47 [答] A

　逆行列 $A^{-1} = \dfrac{1}{ad-bc}\begin{pmatrix} d & -b \\ -c & a \end{pmatrix}$ において $ad-bc$ が0の場合、分母が0になってしまうため、逆行列は存在できません。設問の行列Aでは、$ad-bc$ は $10 \times 2 - 4 \times 5 = 0$ となります。したがって、逆行列は存在しないので、Aが正解です。

389

第 7 章　模擬試験

問題 48　　　　　　　　　　　　　　　　　　　　　　　[答] D

　ニューラルネットワークでは、誤差逆伝播法や勾配法を用いて、予測値と実測値の誤差をもとに重みなどのパラメータを最適化します。よって、D が正解です。中間層を多層にすると、表現力が増す代わりに勾配消失問題が発生しやすくなります。活性化関数は入力層ではなく、中間層や出力層に適用されます。深層学習は、表現力が増す反面、解釈性が損なわれやすいです。

問題 49　　　　　　　　　　　　　　　　　　　　　　　[答] C

　コンテナ型仮想化には、ゲスト OS が不要で、ホスト OS 上のカーネルを使用するという特徴があります。よって、C が正解です。コンテナ型仮想化では、コンテナの中にアプリケーションを格納し、コンテナエンジンを通じてコンテナをサーバーのように操作します。Docker は、コンテナ型仮想化でアプリケーションを実装するためのプラットフォームです。

問題 50　　　　　　　　　　　　　　　　　　　　　　　[答] D

　検定力は、帰無仮説を正しく棄却する確率を表し、「1 − 第 2 種の過誤を犯す確率」で算出できます。よって、D が正解です。p 値が有意水準を下回ったとき、帰無仮説は正しくないと見なすことができるため、A は不適切です。標本の母分散が既知である場合は z 検定が用いられるため、B も不適切です。標本の母分散が等しいか否かを調べるために行うのは F 検定であるため、C も不適切です。

問題 51　　　　　　　　　　　　　　　　　　　　　　　[答] C

　FFP とは、データに対する代表的な不正行為である、捏造（Fabrication）、改ざん（Falsification）、盗用（Plagiarism）の頭文字を取って名付けられた用語です。A は「盗用」、B は「改ざん」、D は「捏造」となります。よって、C が正解です。

問題 52　　　　　　　　　　　　　　　　　　　　　　　[答] B

　グラフを確認すると、「客観的な視点で捉えた事実」として、3 日から普段の 3 倍程度の売上となっていることがわかります。商店の近くで行われている工事関係者が自動販売機で購入しており、「工事は 3 日から開始している」という仮説が立てられます。そこから見いだされた「意味合い」としては、「周囲の環境の変化により自動販売機の売上が変化する」ということになります。よって、B が正解です。

390

7.2 模擬試験問題の解答と解説

問題 53 [答] B

　それぞれのデータに対して全データの平均との差の2乗値を計算し、その総和をデータ数で割った数値が分散で、その平方根が標準偏差になります。分散を計算すると約5.19であり、その平方根は約2.28となるため、Bが正解です。分散の算出過程で2乗するためマイナスの値になることはありません。

問題 54 [答] A

　アソシエーション分析の支持度は、事象Xと事象Yの両方がともに起こる割合です。購買の例では、すべての購入実績の中で、商品Aと商品Bが両方とも購入された割合となります。よって、Aが正解です。Cは信頼度、Dはリフト値の例です。

問題 55 [答] C

　ER図はリレーショナルデータベースの設計図です。エンティティや、エンティティ同士のつながり（リレーションシップ）、エンティティを構成する属性情報（アトリビュート）を表現できます。しかし、エンティティに含まれるレコード（データ）の数は表すことができません。よって、Cが正解です。

問題 56 [答] D

　1階の導関数により接線の傾きがわかり、1階の導関数をさらに微分した2階の導関数により、接線の傾きの変化の割合がわかります。よって、Dが正解です。

問題 57 [答] A

　決定木は、閾値によってデータの境界を求めることで、データ全体の特徴を捉えます。データの中に外れ値を含んでいたとしても、外れ値を含むデータ群として、または外れ値だけが除外されるように分割されるため、外れ値の影響を受けにくいです。よって、Aが正解です。

問題 58 [答] D

　ホワイトボックステストとは、ソースコードに着目して行うテストです。制御フローテストやデータフローテストなどの手法を用いて、高いコードカバレッジ（コード網羅率）であることを目指します。よって、Dが正解です。なお、プログラムの要件や仕様に着目したテストはブラックボックステストです。

391

第7章　模擬試験

問題 59 [答] B

RMSE（平均平方二乗誤差）は、平均二乗誤差（予測値と実測値の差の2乗の総和の平均値）に対して平方根を求めた指標値です。これは、平方根により単位を元に戻した値となります。よって、Bが正解です。AはR²（決定係数）、CはMAPE（平均絶対パーセント誤差）、DはRMSLE（対数平方平均二乗誤差）の特徴です。

問題 60 [答] A

レピュテーションリスクは、何かしらの問題が発生した場合にネガティブな評価が世間に広まり、企業の信用が低下し、経営に支障が生じるリスクのことです。よって、Aが正解です。

問題 61 [答] D

集合Aと集合Bのどちらか一方のみに要素が属する集合を表す対称差集合です。よって、Dが正解です。

問題 62 [答] C

対応のあるデータとは、測定対象は同じで、時間などの条件を変えて測定したデータのことです。Cの「新薬の服用前と後」というのは、測定対象が同じで、時間の条件が異なるため、対応のあるデータによるt検定といえます。よって、Cが正解です。AとDは測定対象が異なるため、対応のないデータのt検定の例です。Bは1標本のt検定の例です。

問題 63 [答] C

Jupyter Notebookは無償で利用できる対話型の開発環境の1つです。Jupyter Notebookでは、Pythonなどのプログラムの実行や、実行結果の保存ができます。プログラムの実行はボタンなどのGUIで操作できます。よって、Cが正解です。

問題 64 [答] D

データ分析プロジェクトで結果報告の資料を作成する場合、まずは課題について報告して認識を合わせます。次に、分析を行うにあたっての分析アプローチ方法を説明してから、分析結果を報告します。分析から得た結果を確認し、導き出された意味合いを説明し、次のアクションの提案を行います。よって、Dが正解です。

問題 65 [答] C

順列の式 $\frac{n!}{(n-r)!}$ により、$\frac{5!}{(5-3)!} = 60$ となります。よって、C が正解です。

問題 66 [答] B

微分の公式により、$f'(x) = 2x$ と求められます。よって、B が正解です。簡単な関数ならば、$f(x) = x^n +$ 定数 は $f'(x) = nx^{n-1}$（定数は 0）の式で求められます。

問題 67 [答] C

固有表現抽出は、文章中に含まれる固有名詞（人名や企業名など）や日付、時間といった情報を抽出する自然言語処理のタスクです。EC サイトなどに投稿されたコメントや記事から有益な情報を抽出したり、文章中に含まれる個人に関する情報を特定したりするといった用途が挙げられます。よって、C が正解です。

問題 68 [答] B

確率密度関数は、連続して変化する値に対する確率の分布がどのようになるかを表現した関数です。確率密度関数を定積分することにより、定積分の範囲に値がある場合の確率が求められます。よって、B が正解です。正規分布をとらない関数および正規分布をとる関数双方で確率密度関数は求められます。事象が正規分布または正規分布に近似する分布をとる場合は、標準正規分布表により、複雑な計算をせずに確率を求めることができます。

問題 69 [答] C

クラスター数 = 5 でグループ分けをした場合、次の図のようになり、「A, B, C, D」「E」「F, G」「H」「I」に分割されます。よって、C が正解です。

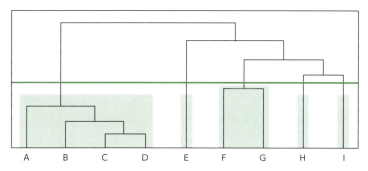

第 7 章　模擬試験

問題 70 [答] D

　機密性とは、許可されたユーザーのみが情報にアクセスできることです。よって、D が正解です。A は完全性、B は公開鍵認証基盤、C は可用性の説明です。

問題 71 [答] A

　ファイルの送受信に使用するプロトコルは FTP（File Transfer Protocol）です。よって、A が正解です。HTTP（Hyper Text Transfer Protocol）と HTTPS（HTTP Secure）は Web ブラウザと Web サーバー間の通信に使用します。SOAP（Simple Object Access Protocol）は異なる言語やプラットフォームで開発されたアプリケーションとのやりとりに使用します。

問題 72 [答] A

　問題解決力とは、解決すべき「問題」の本質を見極め、その問題についての対応策を考えて、解決に導く能力のことです。よって、A が正解です。その他の選択肢は正しい説明です。

問題 73 [答] C

　条件付き確率の問題です。条件付き確率の式 $\dfrac{P(A \cap B)}{P(A)}$ により $\dfrac{0.0001 \times 0.99}{(0.0001 \times 0.99 + 0.9999 \times 0.01)}$ ≒ 0.01 となり、C が正解です。縮尺をある程度正しく図示し整理すると、どのくらいの桁数の確率になるかが把握しやすくなります。

問題 74 [答] B

　スカラー倍はベクトルの定数倍であり、それぞれの要素に定数を掛けたものです。よって、B が正解です。

問題 75 [答] D

　代表値とは、あるデータの全体の特徴を表す値のことです。代表値には、相加平均、中央値、最頻値があります。

　代表値としてよく利用されるのは相加平均ですが、相加平均だけで対象のデータを安易に判断すると、データの分布から外れている値（外れ値）があれば、データの実態をつかむことができません。データの分布や母集団などを意識してデータを確認する必要があります。よって、D が正解です。

394

7.2 模擬試験問題の解答と解説

問題 76 [答] B

仮説を証明するためのデータを取得する際、すぐにデータを準備できないことも
あります。そのような場合は、分析者自身がヒアリングやアンケートなどの追加調
査を行ってデータを収集したり、オープンデータを用いたりすることも考えなけ
ればなりません。また、取得したデータに個人を特定できるデータが含まれる場
合、プライバシーや個人情報保護の観点を意識した取り扱いを行う必要があります。
よって、B が正解です。

問題 77 [答] B

アプリケーションを開発するためのインターフェースは、API です。よって、B が
正解です。A の「SDK」は、アプリケーションを開発するために必要なものをまとめ
たソフトウェア開発キットです。C の「組み込み関数」は、プログラミング言語が最
初から用意してくれている便利な関数です。D の「標準ライブラリ」は、プログラミ
ング言語に標準で付属しているライブラリです。

問題 78 [答] B

最高気温の上昇という直接的な原因によってビールの売上数が上がるという結果
が得られており、時系列的にも「原因→結果」となり因果関係が認められます。よっ
て、B が正解です。因果関係は相関関係の一部であるため、因果関係はあるが相関関
係はないということはありません。

問題 79 [答] A

近年、社会でビッグデータや IoT が盛んに活用されており、AI の活用領域は業種
を問わず広がっています。よって、A が正解です。ロボットも幅広い業種で活用が
進んでおり、社会で欠かせない技術となっています。

問題 80 [答] C

交絡バイアスは、中間因子とは直接関係しない交絡因子によって引き起こされる
偏りであり、分析段階でも調整ができます。よって、C が正解です。なお、継続的に
行っている調査の途中で対象が調査から外れてしまった場合に発生するのは脱落バ
イアスです。必要なデータの一部が欠けている場合に発生するのは欠測データバイ
アスです。データの収集時に対象の積極的な意思が存在する場合に発生するのは自
己選択バイアスです。

395

第 7 章　模擬試験

問題 81　　　　　　　　　　　　　　　　　　　　　　　[答] C

標準偏回帰係数は、目的変数と各説明変数を平均 0、分散 1 に標準化した後、重回帰分析によって算出される係数であり、各変数の単位に依存せずに、予測値を求めることができます。よって、C が正解です。なお、重回帰式の当てはまりの良さを判定する際の指標として、決定係数が用いられます。

問題 82　　　　　　　　　　　　　　　　　　　　　　　[答] C

GDPR は、2018 年 5 月に施行された EU 域内の各国に適用される法令であり、個人情報やプライバシーの保護の強化を目的にしています。EU 域内の居住者が法令適用対象となるため、日本から EU にサービスを提供している場合は対応が必要となります。また、原則的に EU 域外への個人情報の持ち出しを禁止していますが、EU が「個人情報の保護レベルが高水準で保てている国である」という認定を出した国であれば、例外的に持ち出しが可能となります。以上より、C が正解です。

問題 83　　　　　　　　　　　　　　　　　　　　　　　[答] A

設問のヒストグラムから、大きな隔たりがある 2 つの分布に分かれていることが見てとれます。よって、A が正解です。グループ分けの数はヒストグラムを描く便宜上、任意で設定した数なので、その数をもとに考察することはできません。ヒストグラムからは、正規分布に沿っていないこともおおよそ見てとれます。なお、中央値をヒストグラムから読み取るのは難しいです。

問題 84　　　　　　　　　　　　　　　　　　　　　　　[答] A

k-fold 交差検証法は、データを k 個のサブセットに分割し、訓練データと検証データを入れ替えながら機械学習を k 回繰り返し、それぞれの結果の平均を求めて評価する手法です。機械学習ごとにデータを入れ替えることによって、すべてのデータが検証データとして用いられます。よって、A が正解です。なお、k-fold 交差検証法でデータを 800 件の訓練データと 200 件の検証データに分割した場合、5 個のサブセットに分割したことになるため、機械学習は 5 回行われます。

問題 85　　　　　　　　　　　　　　　　　　　　　　　[答] D

公開鍵暗号方式と共通鍵暗号方式を組み合わせた SSL（Secure Socket Layer）という仕組みがあります。よって、D が正解です。公開鍵暗号方式では、公開鍵は送信者と受信者で共有し、秘密鍵は受信者のみが保持します。送信者が公開鍵を使用

して暗号化を行い、受信者は秘密鍵を使用して復号を行います。公開鍵暗号方式において、秘密鍵で暗号化したデータは公開鍵で復号できます。

問題 86 [答] D

A、B のディープフェイクや文章生成 AI による偽情報の作成・拡散や、C の「偏りのある学習データを AI に学習させることにより、AI が誤った判断を行ってしまう」ことは、倫理観の欠如による AI 関連の事件・出来事として社会的な問題となりました。D は、AI が人類の知能を上回ることで起きるシンギュラリティの説明であり、倫理観の欠如に起因するものではありません。よって、D が正解です。

問題 87 [答] C

準委任契約は、法律行為ではない事務作業を遂行してもらうことが目的です。準委任契約で負う責任は善管注意義務であり、成果物の完成は必須ではなく、成果物が完成しなくても報酬は受け取れます。また、成果物を納品後に不備があった場合でも、契約不適合責任はありません。よって、C が正解です。

問題 88 [答] A

INNER JOIN は内部結合です。結合では、ON 句の後に結合条件を記述します。本問では、社員.部署 ID = 部署.部署 ID（社員テーブルの部署 ID と部署テーブルの部署 ID が一致している）という結合条件になります。また、ORDER BY 句でカラム名の後に ASC を付与した場合、カラム名の昇順でソートを行います。よって、A が正解です。

問題 89 [答] D

原始関数を用いてある区間の面積を求めるのが定積分です。よって、D が正解です。ある区間の面積を算出することによって、その区間の変化量の積み重ねが求められます。

第 7 章　模擬試験

問題 90　　　　　　　　　　　　　　　　　　　　　　　　[答] D

　あるデータ群の中で他のデータに比べて極端に大きい値や極端に小さい値を外れ値といい、そのうち異常の原因が特定できている値を異常値といいます。平均値から標準偏差の 3 倍以上離れていれば外れ値と判断する手法はありますが、前述のように、異常値と判断するには異常の原因を特定する必要があります。欠損値が発生した原因は特定できないことも多く、その場合でも適切な方法により補完する必要があります。よって、D が正解です。

問題 91　　　　　　　　　　　　　　　　　　　　　　　　[答] D

　5 フォース分析とは、分析対象の業界について、「新規参入者の脅威」、「買い手の交渉力」、「業界内での競争」、「売り手の交渉力」、「代替品の脅威」の 5 つの要素を分析して競争状況を把握するためのフレームワークです。よって、D が正解です。

問題 92　　　　　　　　　　　　　　　　　　　　　　　　[答] A

　ハルシネーションが起きていることに気付くための行動として、B、C、D のように、生成 AI が出力した結果を、他の信頼できる正確な情報や他の生成 AI が出力した結果と比較して正当性を検証することや、生成 AI に他の信頼できる正確な情報を追加して指示を出し、出力結果の変化を見ることなどが挙げられます。A は、ハルシネーションが起きる確率を下げる行動です。よって、A が正解です。

問題 93　　　　　　　　　　　　　　　　　　　　　　　　[答] D

　ドリフトは、時間の経過とともにデータの分布が変化し、モデルの予測性能が劣化する事象です。ドリフトによる影響を低減するために、開発担当者と運用担当者が協調する考え方である MLOps を取り入れ、データの傾向やモデルの精度を監視し、モデルとビジネス環境の溝を適宜埋めるような運用が効果的といえます。よって、D が正解です。

問題 94　　　　　　　　　　　　　　　　　　　　　　　　[答] A

　グラフ理論を基礎とするネットワーク分析では、ノード（点）とエッジ（辺）から成るグラフでオブジェクト（物体や要素）同士の関係性を可視化します。エッジに向きがあるグラフを有向グラフ、向きがないグラフを無向グラフといいます。各エッジに対して重みと呼ばれるコスト情報を付与することで、より細かい条件を可視化できます。よって、A が正解です。

398

7.2 模擬試験問題の解答と解説

問題 95 [答] B

　セマンティックセグメンテーションは、セグメンテーション（画素単位での領域分類）の一手法で、背景などを含むすべての画素に対して領域を分類します。ただし、同一クラスの物体が1つのクラスとして数えられるため、厳密に物体を個別に識別できる形式で分類はされません。よって、Bが正解です。なお、Aは畳み込みニューラルネットワーク、Cはインスタンスセグメンテーション、Dはバウンディングボックスの説明です。

問題 96 [答] D

　期待値は、各値とその値が起こる確率の積の総和で求められるため、1,000,000 × 0.00001 + 100,000 × 0.0001 + 50,000 × 0.001 + 10,000 × 0.01 + 1,000 × 0.1 = 270 となります。また、この宝くじの還元率は54%と発表されているため、還元率から算出できる期待値も 500 × 0.54 = 270 と求められ、公式から算出した期待値と比較することも可能になります。よって、Dが正解です。

問題 97 [答] C

　関数 $f(x, y)$ を、y を定数とみなして x で偏微分すると x の項は1になり、$2y$ の項と定数 + 1 は 0 になります。また、x を定数とみなして y で偏微分すると x の項と定数 + 1 は 0 になり、$2y$ の項は2になります。各偏微分の結果を並べると、$\nabla f = (1, 2)$ となります。よって、Cが正解です。

問題 98 [答] B

　テレビCMに接触する機会は、性別によって偏る可能性があります。そのため、商品の性質に関係なく、性別の項目は視聴者アンケートに積極的に含めるべきです。よって、Bが正解です。調査をする中で何らかの処理を加えたグループを処置群、対照となる処理を加えなかったグループを対照群といいます。偏りをなくすためになるべく調査の要素や条件を多くすべきですが、すべての要素や条件を含めることは現実的ではないため、結果に大きな影響を与えない要素や条件は省いても問題ありません。また、因果推論はあくまで「推論」であって、種々の分析のように完全な分析結果を出せるものではありません。

399

第 7 章　模擬試験

問題 99 　　　　　　　　　　　　　　　　　　　　[答] C

　Temperature パラメータは、モデルが次に生成する単語を選ぶ際の、確率分布の広がりを制御します。Temperature が高い場合、生成されるテキストはランダム性が高くなります。つまり、出力が予測不可能で創造的になります。一方、Temperature が低い場合、モデルは最も確率の高いトークンを選びやすくなり、出力の一貫性が増します。よって、C が正解です。

問題 100 　　　　　　　　　　　　　　　　　　　[答] C

　Web API（REST）を使用して分析機能や学習済み予測モデルを呼び出す際には、HTTP リクエストで JSON 形式のデータを送信し、結果を受け取ります。このとき、セキュリティの観点から、ほとんどの Web API（REST）では認証が必要です。また、分析結果は必ずしもローカルに保存する必要はありません。よって、C が正解です。

索引

数字

2 階の導関数	54
2 値分類	129
2 値分類問題	97
5W1H	295
5 フォース分析	286, 341

A〜E

Accuracy	130, 131
AI	121, 264, 302, 315
AIOps	123
AND 演算子	195
API	181, 339
API パラメータ	252
ARIMA	150
ARIMAX	150
ARMA	150
ASC キーワード	196
AUC	132, 338
AutoML	122
AVG 関数	201
AVI	160
BETWEEN 演算子	195
BI ツール	210
BMP	155
Bot	263
CaboCha	153
CCPA	265
CER	160
Chain-of-Thought Prompting	250
CIA	236
COUNT 関数	201
CSV	209
DataFrame	193
DataSet	193

DDL	194
DESC キーワード	196
DML	194
Docker	175
Docker Engine	176
Docker イメージ	176
DWH	191
DWH アプライアンス	191
ELSI	264, 317, 341
ER 図	185, 339
EU 一般データ保護規則	264

F〜J

Few-shot Prompting	250
FFP	261, 341
FPR	132
FTP	183, 339
FTP サーバー	211
F 検定	140
F 値	131
GDPR	264, 341
Git	232
GitHub	232
GLUE	152, 338
GPT-3	106, 337
GROUP BY	202
Hadoop	192
HAVING	202
HA クラスタ	174
HDFS	192
HPC クラスタ	173
HTTP	183
HTTPS	183
IMPORT コマンド	210
INNER JOIN	197, 339

401

INSERT 文	209
IN 演算子	195
IoT	302
Janome	153
JDK	181
JPEG	155
JSON	209, 222, 340
JUMAN	153
Jupyter Notebook	225, 340

K〜O

k-fold 交差検証法	127
KGI	258, 280, 340
k-means 法	111, 337
KNP	153
KPI	258, 280
KPI ツリー	280
k 平均法	111, 337
LEFT OUTER JOIN	198
LightGBM	104
LIKE 演算子	195
LOAD コマンド	210
macro 平均	134
MAE	129
MAPE	129
MapReduce	192
Map 処理	192
matplotlib	223
MAX 関数	201
MeCab	153
MECE	272, 341
micro 平均	134
MIN 関数	201
MLOps	122, 338
MOV	160
MP3	164
MP4	160
NoSQL データストア	193
NOT NULL 制約	210
Notebook 環境	225

NumPy	223
OAuth	238, 340
OpenCV	156
ORDER BY	196, 339
OR 演算子	195

P〜T

Pandas	223
PKI	244
PNG	155
Precision	131
Python	216, 223
p 値	137
R	216
RDB	185
RDBMS	191
RDD	193
Recall	131
Reduce 処理	192
ReLU 関数	105
REST	212, 224
RMSE	128, 338
RMSLE	129
ROC 曲線	132
RStudio	224
scikit-learn	223
SDK	181
SLA	295, 342
SOAP	212
Society 5.0	302, 342
Spark	193
Specificity	131
SQL	194, 216
SSH	183
SSL	242
Subversion	231
SUM 関数	201
Temperature	253
TIFF	155
Top	253

TPR	132
TSV	209
t検定	138
t値	139

U〜Z

UNION処理	199
UPDATE文	209
VLOOKUP関数	207
WAV	164
WBS	294
Web API	224
Webクローラー・スクレイピングツール	183, 339
WER	160
WHERE	194
WHYの並び立て	275
XGBoost	104
XML	209, 222
YARN	193
z検定	140

あ行

アウトカム	66, 336
アクセス権限	237
アクセストークン	239
アクティブラーニング	96
アソシエーション分析	86
アトリビュート	185
アニメーション	71
アノテーション	95
アルゴリズム	219
暗号化	240
暗号鍵	240
アンサンブル学習	104, 337
アンサンブル平均	60, 336
アンダーフィッティング	113
暗黙の型変換	217
意思決定	260
異常値	68

一意性制約	210
一元配置	64
一次情報	260, 341
移動平均	145
委任契約	267
意味合い	274
色の三原色	155
因果関係	26
因果推論	65
インスタンスセグメンテーション	158
インフォデミック	289
ウェルチのt検定	140
ウォード法	110
ウォームスタンバイ	174
請負契約	267
エイリアシング	154
エビデンスベース	289, 341
エルボー法	111
エンコード	159
エンタープライズBI	210
エンティティ	185
オートエンコーダー	263
オーバーフィッティング	112
オープンデータ	170
オープンデータ憲章	170
オッズ	101
オッズ比	102
オブジェクト	217
オブジェクト指向	217
オブジェクト指向言語	219
重み	85
重み付け平均	134
音声処理	160
音声認識	160

か行

カーディナリティ	186
回帰	97, 128
回帰係数	98
回帰分析	98

403

外在的ハルシネーション	317
改ざん	261
改正個人情報保護法	265
階層クラスター分析	107
カイ二乗分布	32
外部結合	198
外部参照制約	210, 339
外部ライブラリ	223
顔認識	159
過学習	112, 337
係り受け解析	153
拡張性	173
確率分布	31
確率変数	31
確率密度関数	55, 336
過少適合	113
過剰適合	112
仮想化	175
画像加工処理	155
画像処理	154
画像生成 AI	251
画像認識	156
画像分類	156
画像変換処理	155
画像補正処理	155
片側検定	138
片対数グラフ	29
型変換	217
価値反復法	95
活性化関数	105
カプセル化	218
仮名加工情報	265
可用性	236
カラム指向型 DB	191
カリフォルニア州消費者プライバシー法	265
間隔尺度	27
関数	223
関数従属性	187
完全性	236

ガントチャート	294, 342
偽陰性	130
機械学習	93, 112
記号除去	153
記述統計学	134
季節変動	146
期待値	19
基本統計量	202
機密性	236
機密保持契約	268, 341
帰無仮説	136, 338
逆行列	44
境界値分析	229, 340
強化学習	95
共起頻度	86
教師あり学習	93, 337
行指向型 DB	191
教師データ	95
教師なし学習	94
偽陽性	130
偽陽性率	132
協調フィルタリング	120
強調プロンプト	252
共通鍵	240
共通鍵暗号方式	240
共分散	27
行ベクトル	39
業務委託	267
業務委託契約	267
行列	42
極小点	54
局所管理	65
局所的な説明	114
極大点	54
クエリ文字列	182
区間推定	135
組み合わせ	14, 334
組み込み関数	223
クラス	217
クラスター	107

クラスター分析	107
クラスタ構成	173
クラスタリング	94, 107, 174
クリーニング処理	152, 155
グレースケール	155
クレンジング処理	203
クローリング	182
クロス集計表	61
群平均法	110
訓練誤差	112
訓練データ	127
傾向変動	145
継承	217
形態素	153
形態素解析	153
結合処理	197
欠測データバイアス	67, 336
欠損値	68, 336
決定木	103
決定係数	129
言語化能力	274
原始関数	51
検証データ	127
検証的分析	260
検定	136
検定力	137
公開鍵	241
公開鍵暗号方式	241, 340
公開鍵認証基盤	244
高可用性	174
交互作用特徴量	119
降順	196
構造化データ	184, 339
恒等関数	105
勾配	106
勾配消失問題	106, 337
勾配ブースティング	104
勾配ベクトル	57
交絡因子	66
交絡バイアス	67

コーディング支援	253
コーデック	160
コードカバレッジ	228
コールドスタンバイ	174
誤差逆伝播法	106
個人関連情報	265
個人情報	265
個人情報の授受に関する契約	268
小文字化	153
固有値	45
固有ベクトル	45, 335
コンセプトドリフト	116
コンテナ	175
コンテナ型仮想化	175, 339
コンテンツベースフィルタリング	119
混同行列	129
コンピュータウイルス	237
コンプライアンス	264

さ行

サービス品質	295
再現率	131
最小二乗法	98, 337
最短距離法	110
サイバー空間	303
サイバーフィジカルシステム	303
最頻値	22
差集合	16
サブクラス	218
差分バックアップ	173
サポートベクターマシン	102
サポートベクトル	102
三次情報	260
散布図	62
散布図行列	72
サンプリング	161
サンプリング処理	205
サンプリングバイアス	67
サンプリングレート	161
サンプルサイズ	63

405

サンプル数	63	重心法	110
時間平均	60	重相関係数	99
事業領域	285	集中リポジトリ方式	230
シグモイド関数	100, 105, 337	自由度調整済み決定係数	129
時系列データ	145	主キー	187
時系列分析	145	樹形図	107
時系列分析モデル	150	主成分分析	45
次元圧縮	94	出力層	105
次元の呪い	113, 337	準委任契約	267, 341
事後確率	33, 335	循環変動	147
自己結合	199	順序尺度	26
自己選択バイアス	67	順列	14
自己相関分析	149	障害報告書	295
支持度	87	条件付き確率	19, 334
次数	85	条件網羅	227
指数分布	32	昇順	196
システム CPU 時間	221, 340	状態空間モデル	151
システム企画	170	冗長構成	174
システムコール	221	情報バイアス	67
システム設計	171	常用対数	29, 335
姿勢推定	159	処置群	65
事前確率	33	真陰性	130
自然言語処理	151	真偽値型	216
自然対数	29	深層学習	106, 337
四則演算	205	真陽性	130
実験群	65	真陽性率	132
実験計画法	64	信頼区間	135
質的データ	26	信頼度	87, 135, 336
質的変数	97	推移的関数従属性	188
自動運転	159	推測統計学	134
四分位数	22	推定	135
ジャギー	154	数値型	205
尺度	26	数値置換	153
尺度の変更	69	スーパークラス	218
収益方程式	280	スカラー	39
重回帰分析	99, 337	スクレイピング	182
周期性	146, 149	スケーラビリティ	173
集計処理	201	スケーリング	69, 119
集合	15	スケーリング処理	156, 338
集合演算	17	スコーピング	285, 341

スチューデントのt検定	140, 338	相関係数	27, 335
ステークホルダー	259	増分バックアップ	172
ステミング	153	ソート処理	196
ストーリーライン	275, 341	ソフトマックス関数	105
ストレージ	192	空・雨・傘	276

た行

スパイウェア	237
スピアマンの順位相関	28
スロー・チェンジ・ディメンション	204
正解率	130, 131
正規化	69, 119, 187, 339
正規表現	208
正規分布	25, 334
正規分布の標準化	25
制御フロー関数	206
制御フローテスト	227
整数型	216
生成AI	249, 263, 305, 316
静的コンテンツ	182
正の相関	28
成分	39, 42
積集合	15
積分	51
セキュリティ	236
セキュリティの3要素	236, 340
セグメンテーション	96, 157
接線	50
説明可能性	114
説明能力	279
説明変数	93
セマンティックセグメンテーション	158
セルフBI	210
ゼロ行列	43
ゼロベクトル	40
線形回帰	100
線形関係	28
全数調査	63
選択バイアス	67
層化	60, 336
相加平均	21
相関関係	26

第1種の過誤	137
第2種の過誤	137
大域的な説明	114
第一正規化	188
対応のあるデータ	138
対応のないデータ	138, 338
大規模言語モデル	116, 249, 253, 263
第三正規化	190
対照群	65
対称差集合	16, 334
対数	29
対数グラフ	29
対数平方平均二乗誤差	129
対数変換	119
第二正規化	189
代表値	20, 334
対立仮説	136
対話型の開発環境	224
タグ付け	95
多元配置	64
多態性	218
畳み込みニューラルネットワーク	156
多値分類	133
多値分類問題	97
脱落バイアス	67
ダミー変数	68, 336
単位行列	43
単位ベクトル	40
単回帰分析	98
短期的変動	147
単語誤り率	160
探索的分析	260
単調関係	28, 335

チャットボット	264	盗用	261
中央値	21	特異度	131, 338
中間因子	66	特徴量	93
中間層	105	特徴量エンジニアリング	118
超スマート社会	302	特徴量選択	114
直交法	65	匿名加工情報	265
通信プロトコル	183	独立	20
ディープフェイク	262, 341	取り扱う課題領域	285
ディープラーニング	106, 337	ドリフト	115
定常性	148	トレンド	145, 338
定積分	51	トロイの木馬	237, 340

な行

内在的ハルシネーション	317
内部結合	197
二項分布	32, 335
二次情報	260
二進対数	29
二値化	118
ニューラルネットワーク	104, 337
入力層	105
認可	237
人間中心の AI 社会原則	264, 315
認証	237
認証局	244
ネガティブプロンプト	252
捏造	261
ノイズ	148
ノーコードツール	177

データインク比	70
データ型	205, 216
データドリフト	116, 337
データ濃度	71
データの加工	60, 194
データの可視化	60, 72
データの共有	209
データの収集	181
データの蓄積	191
データの入手	287
データの比較	311
データバイアス	262
データフローテスト	228
データリテラシー	311
データ倫理	261
適合率	131
敵対的生成ネットワーク	263
デコード	160
デザイン思考	259
テストデータ	127
転移学習	107
電子署名	243, 340
点推定	135
デンドログラム	107, 337
動画処理	159
同値分割	229
動的コンテンツ	182
透明性の原則	115

は行

場合の数	14
バージョン管理	230
パーセンタイル	22
バイアス	67
ハイアベイラビリティ	174
バウンディングボックス	96, 157
バギング	104
外れ値	68
バックアップ	171

ハッシュ関数	242, 340
ハッシュ値	242
パノプティックセグメンテーション	158
ハルシネーション	263, 317
半角変換	153
汎化誤差	112
汎化性能	112, 127, 338
半教師あり学習	96
販売許諾契約	268
反復	64
ピアソンの積率相関	27, 335
ヒートマップ	74
非階層クラスター分析	111
非キー属性	187
非構造化データ	184
ビジネス	258, 285, 289
ビジネスマインド	258
ヒストグラム	60, 336
非正規形	188
ビッグデータ	302
日付型	205
ビニング	119
微分	50
秘密鍵	241
評価	127, 129, 133
評価指標	128, 131, 134
標準化	69, 119
標準誤差	63
標準正規分布	25
標準偏回帰係数	99
標準偏差	23, 334
標準ライブラリ	223
標本	24
標本化	154, 161
標本誤差	63, 336
標本数	63
標本調査	63
標本分散	24
標本平均	24
比例尺度	27, 335

ファイル共有	211
ファイル共有サーバー	211
フィジカル空間	303
フィルタ処理	155
フィルタリング処理	194
ブースティング	104
プール型	216
フェイク動画	262
フェイクニュース	263
復号	240
復号鍵	240
不正行為	261
物体検出	157
不定積分	51, 335
浮動小数点型	216
負の相関	28
不必要な誇張	71
部分関数従属性	187
不偏分散	24
プライバシー強化技術	117
ブラックボックステスト	228
フルバックアップ	171
フレーム	159
フレームレート	159
フローチャート	219, 340
プログラミング	216, 221
プログラミング言語	216
プロジェクトマネジメント	292
プロブレムソルビング	259
プロンプト	249
プロンプトエンジニアリング	249, 306
プロンプト技法	249
プロンプトルール	251
分岐網羅	227
分散	23, 334
分散技術	192
分散分析	64
分散リポジトリ方式	231
分類	97
平均	21, 60

409

平均絶対誤差	129
平均絶対パーセント誤差	129
平均平方二乗誤差	128
平行座標プロット	73
ベイズの定理	33
ベクトル	39, 41, 335
ベルヌーイ試行	32
ベルヌーイ分布	32, 335
偏回帰係数	99
偏自己相関分析	150
変数	216
偏導関数	56
偏微分	56, 336
ポアソン分布	32
方策反復法	95
ホールドアウト法	127
補集合	17
母集団	24, 334
ボット	237
ホットスタンバイ	174, 339
母分散	24
母平均	24
ポリモーフィズム	218
ホワイトボックステスト	227

ま行

マインドマップ	294
前処理	203
マッピング処理	203, 339
マネージドサービス	176
マハラノビス距離	109
マルウェア	237
マンハッタン距離	109
未学習	113
無向グラフ	84
無作為化	64
無相関	28
名義尺度	26, 335
明示的な型変換	217
命令網羅	227

メタ認知思考	259, 340
メディアン法	110
目的変数	93
文字誤り率	160
文字型	205
文字コード	208
文字列型	216
モニタリング	291
問題解決力	259

や行

有意水準	137
ユークリッド距離	109
有向グラフ	84
ユーザーCPU 時間	221
要素	39, 42
要約値	242

ら行

ライブラリ	181
ランサムウェア	237
乱数	205
ランダムサンプリング	205
ランダムフォレスト	104
離散化	60, 119
離散型確率分布	31, 335
リソース	239
リフト値	88
リポジトリ	230
両側検定	138
量子化	154, 162
量子化ビット数	162, 339
両対数グラフ	29
量的データ	27
量的変数	97
リレーショナルデータベース	185
リレーションシップ	185
レコメンデーション	86
レコメンド	86
レコメンドアルゴリズム	119

列指向型 DB 191
列ベクトル 39
レピュテーションリスク 295
連合学習 117, 338
連続型確率分布 32
ローコードツール 177
ログ 183
ログ出力 183
ロジカルシンキング 259
ロジスティック回帰分析 100
ロングテール知識 116
論理演算 18
論理構成 258, 288
論理的思考 259, 272

わ行

ワーム 237
和集合 16

参考文献

【書籍】

- 菅 由紀子 他，『最短突破 データサイエンティスト検定（リテラシーレベル）公式リファレンスブック 第 3 版』，技術評論社，2024 年

- 日本統計学会，『改訂版 日本統計学会公式認定 統計検定 3 級対応 データの分析』，東京図書，2020 年

【Web サイト】

- 一般社団法人データサイエンティスト協会，「データサイエンティスト スキルチェックリスト ver.5」
  https://www.datascientist.or.jp/common/docs/skillcheck_ver5.00_simple.xlsx

- 数理・データサイエンス教育強化拠点コンソーシアム，「数理・データサイエンス・AI（リテラシーレベル）モデルカリキュラム ～データ思考の涵養～」
  http://www.mi.u-tokyo.ac.jp/consortium/pdf/model_literacy.pdf

- 国立社会保障・人口問題研究所，「日本の将来推計人口」
  https://www.ipss.go.jp/site-ad/TopPageData/Pyramid_a.html

- 東京大学 数理・情報教育研究センター，「4-4 時系列データ解析」
  http://www.mi.u-tokyo.ac.jp/consortium2/pdf/4-4_literacy_level_note.pdf

- Ramprasaath R. Selvaraju 他，「Grad-CAM: Visual Explanations from Deep Networks via Gradient-based Localization」
  https://arxiv.org/pdf/1610.02391.pdf

- 厚生労働省，「育児休業取得率の推移」
  https://www.mhlw.go.jp/stf/wp/hakusyo/kousei/20/backdata/1-8-1.html

- 総務省，「AI の研究開発の原則の策定」
  https://www.soumu.go.jp/joho_kokusai/g7ict/main_content/ai.pdf

- 日本経済新聞社，「日経平均プロフィル」
  https://indexes.nikkei.co.jp/nkave

- 気象庁，「過去の気象データ・ダウンロード」
  https://www.data.jma.go.jp/gmd/risk/obsdl/

- 東京電力パワーグリッド株式会社，「過去の電力使用実績データ」
  https://www.tepco.co.jp/forecast/html/download-j.html

- 内閣府, 「Society 5.0」
  https://www8.cao.go.jp/cstp/society5_0/

- 総務省統計局, 「人口推計 − 2022 年（令和 4 年）1 月報 −」
  https://www.stat.go.jp/data/jinsui/pdf/202201.pdf

- 内閣府（統合イノベーション戦略推進会議決定）, 「人間中心の AI 社会原則」
  https://www8.cao.go.jp/cstp/aigensoku.pdf

- 総務省, 「オープンデータ基本指針」
  https://cio.go.jp/sites/default/files/uploads/documents/kihonsisin.pdf

- 外務省, 「オープンデータ憲章（概要）」
  https://www.mofa.go.jp/mofaj/gaiko/page23_000044.html

▶ 著者プロフィール

園部 康弘（そのべ やすひろ）

株式会社クロノス　システムエンジニア。ITバブル期に新卒でSI企業に入社し、黎明期の
Java MVCフレームワークの開発などに始まり、オープン系システム、C/Sシステム、POS
システム、地磁気測位システムなどさまざまな技術や業種のシステム開発に携わってきた。
AIには現職から本格的に参画しているが、アミューズメント系の画像認識、工場の品質管理、
DXにおける異常検知など多岐にわたっている。エンジニアとしての生き甲斐は、お客様の
本当に喜ぶ顔がみられるモノづくりができることに尽きる。

藤丸 卓也（ふじまる たくや）

株式会社クロノス　IT講師兼システムエンジニア。新卒で東京の某IT企業に入社、業務
基幹システムを中心とする数多くのシステム開発案件に携わる。その後、アフリカ・モザン
ビーク共和国の教員養成学校にてICT講義の実施やIT環境の整備などに尽力する。現在は、
Webアプリケーションや AIなどの開発に従事しながらIT講師として数多くの研修に登壇
する。ユーザーやエンジニアが抱える悩みや疑問を解消し、1つでも多くの開発現場を成功
に導くことを理念に活動している。座右の銘は「人は繰り返し行うことの集大成である。ゆえ
に優秀さとは行為ではなく、習慣である。」。
主な著書：『スッキリわかるディープラーニング G 検定（ジェネラリスト）テキスト & 問題演習
　　　　　第2版』（TAC出版、2022年刊行）

安福 香花（やすふく きょうか）

株式会社クロノス　IT講師兼システムエンジニア。新卒でクロノスに入社後、学校向け
Webシステムや医療関連管理システム、ガス契約システムなどの開発案件に従事し、さま
ざまな開発現場でシステムエンジニアとしての経験を積む。現在は、Webアプリケーションの
開発に携わりながら、IT研修に登壇している。プログラミングの楽しさを伝えることを信条
に、自ら進んで技術習得ができるITエンジニアの育成に努めている。
主な著書：『基礎から学ぶ Tailwind CSS』（C&R研究所、2024年刊行）

住原 達也（すみはら たつや）

株式会社クロノス　IT講師兼システムエンジニア。工場の監査業務やセールスドライバー
などの異業種から現在のIT会社に入社。入社後は大手通信会社の施工管理システムや某税理
士法人の顧客管理システムなどの開発案件に携わり、システムエンジニアとしての経験を積む。
現在は自身の経験を伝えるためにIT講師として研修に登壇し、「小さな感動の積み重ねがプロ
グラミングの定着に繋がる」を理念としてITエンジニアの育成に尽力している。

合格対策
データサイエンティスト検定 [リテラシーレベル]
教科書 第2版

©株式会社クロノス 園部康弘、
藤丸卓也、安福香花、住原達也 2025

2023年 6月 2日 第1版第1刷発行	監　　修	一般社団法人データサイエンティスト協会
2023年10月31日 第1版第2刷発行	著　　者	株式会社クロノス 園部康弘、藤丸卓也、
2025年 4月18日 第2版第1刷発行		安福香花、住原達也
	発 行 人	新関卓哉
	企画担当	蒲生達佳
	編集担当	古川美知子
	発 行 所	株式会社リックテレコム

〒 113-0034
東京都文京区湯島 3-7-7
振替　　00160-0-133646
電話　　03(3834)8380(代表)
URL　　https://www.ric.co.jp/

本書の全部または一部につい
て、無断で複写・複製・転載・
電子ファイル化等を行うことは
著作権法の定める例外を除き
禁じられています。

装　　丁　　長久雅行
組　　版　　株式会社トップスタジオ
印刷・製本　　シナノ印刷株式会社

●訂正等
本書の記載内容には万全を期しておりますが、
万一誤りや情報内容の変更が生じた場合には、
当社ホームページの正誤表サイトに掲載します
ので、下記よりご確認ください。

＊正誤表サイトURL

https://www.ric.co.jp/book/errata-list/1

●本書の内容に関するお問い合わせ
FAXまたは下記のWebサイトにて受け付けま
す。回答に万全を期すため、電話でのご質問に
はお答えできませんのでご了承ください。

・FAX: 03-3834-8043

・読者お問い合わせサイト：
https://www.ric.co.jp/book/のページから
「書籍内容についてのお問い合わせ」をクリック
してください。

製本には細心の注意を払っておりますが、万一、乱丁・落丁（ページの乱れや抜け）がございましたら、
当該書籍をお送りください。送料当社負担にてお取り替え致します。

ISBN 978-4-86594-431-0